中国民用航空飞行学院飞行训练系列教材

飞机飞行指南

（第 2 版）

主　编　　欧阳霆

副主编　　葛志斌　　余绍焱
　　　　　王聿铭　　王　强

编　委　　孔　亮　　熊英博　　黄　康
　　　　　周政达　　宋午阳　　邓　飞
　　　　　赵云翔

西南交通大学出版社
·成　都·

图书在版编目（CIP）数据

飞机飞行指南 / 欧阳霆主编. —2 版. — 成都：西南交通大学出版社，2018.1（2024.5 重印）
中国民用航空飞行学院飞行训练系列教材
ISBN 978-7-5643-5950-8

Ⅰ. ①飞… Ⅱ. ①欧… Ⅲ. ①飞机－飞行－指南
Ⅳ. ①V323.1-62

中国版本图书馆 CIP 数据核字（2017）第 301876 号

中国民用航空飞行学院飞行训练系列教材

飞机飞行指南

（第 2 版）

主编　欧阳霆

责 任 编 辑	牛　君
封 面 设 计	何东琳设计工作室
出 版 发 行	西南交通大学出版社 （四川省成都市二环路北一段 111 号 西南交通大学创新大厦 21 楼）
发 行 部 电 话	028-87600564　028-87600533
邮 政 编 码	610031
网　　　址	http://www.xnjdcbs.com
印　　　刷	四川森林印务有限责任公司
成 品 尺 寸	210 mm × 285 mm
印　　　张	18
字　　　数	536 千字
版　　　次	2018 年 1 月第 2 版
印　　　次	2024 年 5 月第 7 次
书　　　号	ISBN 978-7-5643-5950-8
定　　　价	88.00 元

课件咨询电话：028-81435775
图书如有印装质量问题　本社负责退换

总　序

自改革开放以来，在党中央、国务院的正确领导下，顺应国家经济社会全面发展的大潮，中国民航持续快速健康发展，规模、质量和效益都跃上了一个新台阶。作为向中国民航运输航空和通用航空输送飞行等各类航空专业人才的主力院校，为保证飞行训练教学内容的先进性、准确性和全面性，中国民航飞行学院决定在原有的飞行训练教材基础上，结合数十年的飞行教学经验和当前最新的航空理论知识，编写该套《飞行训练系列教材》。

《飞行训练系列教材》是飞行教学质量管理体系的基础，是统一飞行标准、抓好飞行教学、提高教学质量的重中之重。因此，学院为本系列教材挑选的编者都是民航飞行训练及安全管理领域具有丰富教学和实践经验的一流专家。同时，经过编委会多次召开会议，审定教材的大纲，落实教材的主要知识点，本系列教材的编写充分考虑了教学内容的先进性和成熟性之间的协调关系，确保教材既能够反映飞行训练领域的前沿信息，又能使学生掌握基础的核心知识和成熟稳定的飞行技能。

在本系列教材的编写过程中，我们得到了民航局飞行标准司、民航西南地区管理局、民航四川安全监督管理局的大力支持，在此深表感谢！

尽管通过反复讨论修改，但因实际水平和其他客观条件限制，本系列教材难免存在疏漏和值得商榷之处，敬请各位读者批评指正。

中国民航飞行学院

飞行训练系列教材编委会主任

2015 年 5 月

第2版前言

本教材作为飞行训练系列教材核心部分之一，自2013年8月第一版出版以来，受到飞行训练一线师生的一致好评。目前，本教材已经成为我校飞行初始训练的必备参考教材之一。飞机复杂状态以及由此导致的飞行中失控，已经成为运输和通用航空致命事故的首要原因。为此，国际民航组织、中国民用航空局等相继发布了复杂状态预防与改出训练指南或手册。同时，通过4年的使用，飞行训练一线师生也对本教材提出了一些宝贵的建议和意见。基于上述原因，教材编委会决定修订再版。本次修订再版，保留了第一版的体系、风格和特点，并根据国际民航组织、中国民用航空局、美国联邦航空局等飞机复杂状态预防与改出手册和指南对第4章内容进行了大量修订；同时，根据广大飞行训练一线师生的建议和意见，对其他章节个别疏漏进行了修订。

本次再版由飞行训练系列教材编委会具体负责。

由于编者水平有限，书中难免存在疏漏之处，希望广大飞行训练一线师生在使用过程中不断提出新的意见和建议，以便本教材不断完善。

编　者

2017年8月

第1版前言

　　《飞机飞行指南》是一本专门为飞行员编写的介绍飞行知识和技能的基础技术性读物。它提供了各种飞机系统的基本操作方法，也介绍了过渡到其他种类飞机的训练要点。

　　编写这本指南的目的是帮助学生驾驶员更好地学习如何驾驶飞机，同时，对于那些希望扩展知识面、提升飞行专业性的飞行员，准备获得新的执照等级的飞行员和进行教学的飞行教员，本指南也大有用处。未来的飞行员们可以在书中找到各种程序和机动所需的信息和指导，最终达到飞行考试的要求，获得相应的执照和等级。当然，此书并未过多涉及诸如导航、通信、气象、航班信息发布、法规、航空决策等知识，这些必要的知识请参阅其他专业书籍。

　　本书依据民航飞行员执照培训的要求编写。其中飞行程序和飞行机动的教学和操作方法不拘一格，而对于空气动力学理论和原理的解释方法也是多种多样的。本书精选了与飞机飞行相关的方法和概念，其中对于概念的讨论和解释反映了目前最通行的做法和理念。本书所使用的语句中若出现了"必须"这个词，则说明该操作是必须履行的。

　　在本书编写的过程中，课题组得到了业内很多专家和组织的大力协助，在此对他们的无私奉献表示衷心感谢！

编　者
2013 年 5 月

本书中英美制单位与国际单位的换算关系

1 ft=0.304 8 m

1 m=3.281 ft

1 mile=1.609 km

1 n mile（nautical mile）=1.852 km

1 kn[*]=1 n mile（nautical mile）/h=1.852 km/h

1 lb=0.454 kg

1 kg=2.205 lb

1 gal（美）=3.785 L=3.785×10^{-3} m^3

1 qt=1.136 5 L

1 inHg=33.86 hPa

760 mmHg =29.92 inHg =14.7 lbf/in^2 (psi)=1 013.25 hPa

1 lbf·ft=1.356 N·m

1 马力（hp）=745.7 W

1 [米制]马力=735.5 W

---

* 国标规定为 kn，航空界习惯写为 kt。

目　录

1　飞行训练简介 ·· 1

1.1　飞行训练的目的 ·· 1

　　1.1.1　运动技能 ··· 1

1.2　相关法规 ·· 2

1.3　飞行安全训练 ··· 2

　　1.3.1　冲突避免程序 ··· 2

　　1.3.2　避免跑道入侵 ··· 3

　　1.3.3　失速意识 ··· 3

　　1.3.4　检查单的使用 ··· 4

　　1.3.5　明确的飞机操纵交接 ·· 5

2　地面操作 ··· 6

2.1　飞行前检查 ··· 6

　　2.1.1　驾驶舱内部 ··· 7

　　2.1.2　机翼外表面和尾部 ·· 9

　　2.1.3　燃油和滑油 ··· 10

　　2.1.4　轮胎、刹车和起落架 ·· 11

　　2.1.5　发动机和螺旋桨 ·· 12

2.2　驾驶舱管理 ··· 12

2.3　地面运行 ·· 13

2.4　发动机启动 ··· 14

2.5　手动螺旋桨启动 ··· 14

2.6　滑　行 ··· 15

2.7　起飞前检查 ··· 18

2.8　着陆后 ··· 19

2.9　脱离跑道后 ··· 19

2.10　停　机 ··· 19

2.11　关　车 ··· 20

2.12　飞行后 ··· 20

2.13　固定和维护 ··· 20

3　基本飞行机动 ··· 21

3.1　四个基本飞行机动 ·· 21

3.2　操纵装置的使用和效果 ·· 21

3.3　对飞机的感觉 ·· 22

3.4　姿态飞行 ·· 23

3.5　"操纵和性能"概念 ··· 24

　　3.5.1　操纵仪表 ··· 24

　　3.5.2　性能仪表 ··· 24

    3.5.3 导航仪表 ··· 25

    3.5.4 基于"操纵和性能"的飞行程序步骤 ····························· 26

3.6 内外结合的注意力分配 ··· 26

3.7 直线平飞 ··· 27

3.8 配平操作 ··· 29

3.9 平飞转弯 ··· 30

    3.9.1 协调转弯中心的操纵 ··· 30

    3.9.2 水平转弯的分类 ··· 30

    3.9.3 转弯操作及判读 ··· 34

3.10 爬升和爬升转弯 ··· 36

    3.10.1 爬升 ·· 36

    3.10.2 爬升转弯 ·· 38

3.11 下降和下降转弯 ··· 40

    3.11.1 下降 ·· 40

    3.11.2 下降转弯 ·· 42

3.12 俯仰姿态和功率 ··· 43

4 保持飞机可控：复杂状态预防与改出训练 ······························· 44

4.1 飞机复杂状态定义 ··· 44

    4.1.1 协调飞行 ··· 44

    4.1.2 迎角 ·· 45

4.2 小速度飞行 ··· 45

    4.2.1 实施小速度机动飞行 ··· 47

    4.2.2 小速度机动 ·· 47

4.3 失速 ··· 48

    4.3.1 失速识别 ··· 49

        4.3.1.1 迎角传感器 ··· 49

        4.3.1.2 失速特性 ··· 50

    4.3.2 失速改出基础 ·· 51

    4.3.3 失速训练 ··· 52

        4.3.3.1 接近失速（初始失速）——带功率或无功率 ····················· 52

        4.3.3.2 完全失速——无功率 ··· 52

        4.3.3.3 完全失速——带功率 ··· 53

        4.3.3.4 二次失速 ··· 54

        4.3.3.5 加速失速 ··· 55

        4.3.3.6 交叉操纵失速 ··· 55

        4.3.3.7 升降舵配平失速 ··· 56

        4.3.3.8 常见错误 ··· 57

    4.3.4 螺旋意识 ··· 57

        4.3.4.1 螺旋程序 ··· 58

        4.3.4.2 进入阶段 ··· 59

        4.3.4.3 初始阶段 ··· 60

        4.3.4.4 成熟阶段 ··· 60

4.3.4.5　改出阶段 ⋯⋯⋯⋯⋯⋯⋯⋯⋯⋯⋯⋯⋯⋯⋯⋯⋯⋯⋯⋯⋯⋯ 60

4.3.4.6　有意螺旋 ⋯⋯⋯⋯⋯⋯⋯⋯⋯⋯⋯⋯⋯⋯⋯⋯⋯⋯⋯⋯⋯⋯ 61

4.3.4.7　螺旋相关的重量与平衡要求 ⋯⋯⋯⋯⋯⋯⋯⋯⋯⋯⋯⋯ 61

4.3.4.8　常见错误 ⋯⋯⋯⋯⋯⋯⋯⋯⋯⋯⋯⋯⋯⋯⋯⋯⋯⋯⋯⋯⋯⋯ 61

4.4　复杂状态预防与改出 ⋯⋯⋯⋯⋯⋯⋯⋯⋯⋯⋯⋯⋯⋯⋯⋯⋯⋯⋯⋯⋯ 62

4.4.1　非正常姿态与复杂状态 ⋯⋯⋯⋯⋯⋯⋯⋯⋯⋯⋯⋯⋯⋯⋯⋯⋯ 62

4.4.2　环境因素 ⋯⋯⋯⋯⋯⋯⋯⋯⋯⋯⋯⋯⋯⋯⋯⋯⋯⋯⋯⋯⋯⋯⋯ 62

4.4.3　机械因素 ⋯⋯⋯⋯⋯⋯⋯⋯⋯⋯⋯⋯⋯⋯⋯⋯⋯⋯⋯⋯⋯⋯⋯ 62

4.4.4　人为因素 ⋯⋯⋯⋯⋯⋯⋯⋯⋯⋯⋯⋯⋯⋯⋯⋯⋯⋯⋯⋯⋯⋯⋯ 63

4.4.4.1　VMC 至 IMC ⋯⋯⋯⋯⋯⋯⋯⋯⋯⋯⋯⋯⋯⋯⋯⋯⋯⋯⋯ 63

4.4.4.2　IMC ⋯⋯⋯⋯⋯⋯⋯⋯⋯⋯⋯⋯⋯⋯⋯⋯⋯⋯⋯⋯⋯⋯ 63

4.4.4.3　注意力转移 ⋯⋯⋯⋯⋯⋯⋯⋯⋯⋯⋯⋯⋯⋯⋯⋯⋯⋯⋯ 63

4.4.4.4　任务饱和 ⋯⋯⋯⋯⋯⋯⋯⋯⋯⋯⋯⋯⋯⋯⋯⋯⋯⋯⋯⋯ 63

4.4.4.5　感觉过载或丧失 ⋯⋯⋯⋯⋯⋯⋯⋯⋯⋯⋯⋯⋯⋯⋯⋯ 63

4.4.4.6　空间定向错觉 ⋯⋯⋯⋯⋯⋯⋯⋯⋯⋯⋯⋯⋯⋯⋯⋯⋯ 64

4.4.4.7　惊吓反应 ⋯⋯⋯⋯⋯⋯⋯⋯⋯⋯⋯⋯⋯⋯⋯⋯⋯⋯⋯⋯ 64

4.4.4.8　惊奇反应 ⋯⋯⋯⋯⋯⋯⋯⋯⋯⋯⋯⋯⋯⋯⋯⋯⋯⋯⋯⋯ 64

4.4.5　复杂状态预防与改出训练（UPRT） ⋯⋯⋯⋯⋯⋯⋯⋯⋯ 64

4.4.5.1　UPRT 核心概念 ⋯⋯⋯⋯⋯⋯⋯⋯⋯⋯⋯⋯⋯⋯⋯⋯ 65

4.4.5.2　理论训练内容（知识和风险管理） ⋯⋯⋯⋯⋯⋯ 65

4.4.5.3　通过航空决策和风险管理预防复杂状态 ⋯⋯⋯ 66

4.4.5.4　通过比例逆反应预防复杂状态 ⋯⋯⋯⋯⋯⋯⋯⋯ 66

4.4.5.5　改　出 ⋯⋯⋯⋯⋯⋯⋯⋯⋯⋯⋯⋯⋯⋯⋯⋯⋯⋯⋯⋯ 66

4.4.5.6　常见错误 ⋯⋯⋯⋯⋯⋯⋯⋯⋯⋯⋯⋯⋯⋯⋯⋯⋯⋯⋯⋯ 67

4.4.6　UPRT 中飞机和 FSTD 的角色 ⋯⋯⋯⋯⋯⋯⋯⋯⋯⋯⋯⋯ 67

4.4.6.1　基于飞机的 UPRT ⋯⋯⋯⋯⋯⋯⋯⋯⋯⋯⋯⋯⋯⋯⋯ 67

4.4.6.2　全姿态/全包线飞行训练方法 ⋯⋯⋯⋯⋯⋯⋯⋯⋯ 67

4.4.6.3　基于 FSTD 的 UPRT ⋯⋯⋯⋯⋯⋯⋯⋯⋯⋯⋯⋯⋯ 68

4.4.7　急盘旋下降 ⋯⋯⋯⋯⋯⋯⋯⋯⋯⋯⋯⋯⋯⋯⋯⋯⋯⋯⋯⋯⋯ 68

4.4.8　UPRT 小结 ⋯⋯⋯⋯⋯⋯⋯⋯⋯⋯⋯⋯⋯⋯⋯⋯⋯⋯⋯⋯⋯ 69

4.5　本章小结 ⋯⋯⋯⋯⋯⋯⋯⋯⋯⋯⋯⋯⋯⋯⋯⋯⋯⋯⋯⋯⋯⋯⋯⋯⋯⋯ 69

5　起飞与离场爬升 ⋯⋯⋯⋯⋯⋯⋯⋯⋯⋯⋯⋯⋯⋯⋯⋯⋯⋯⋯⋯⋯⋯⋯⋯⋯⋯ 70

5.1　综　述 ⋯⋯⋯⋯⋯⋯⋯⋯⋯⋯⋯⋯⋯⋯⋯⋯⋯⋯⋯⋯⋯⋯⋯⋯⋯⋯⋯ 70

5.2　术语和定义 ⋯⋯⋯⋯⋯⋯⋯⋯⋯⋯⋯⋯⋯⋯⋯⋯⋯⋯⋯⋯⋯⋯⋯⋯⋯ 70

5.3　起飞前准备 ⋯⋯⋯⋯⋯⋯⋯⋯⋯⋯⋯⋯⋯⋯⋯⋯⋯⋯⋯⋯⋯⋯⋯⋯⋯ 71

5.4　正常起飞程序 ⋯⋯⋯⋯⋯⋯⋯⋯⋯⋯⋯⋯⋯⋯⋯⋯⋯⋯⋯⋯⋯⋯⋯⋯ 71

5.4.1　起飞滑跑 ⋯⋯⋯⋯⋯⋯⋯⋯⋯⋯⋯⋯⋯⋯⋯⋯⋯⋯⋯⋯⋯⋯⋯ 71

5.4.2　离　陆 ⋯⋯⋯⋯⋯⋯⋯⋯⋯⋯⋯⋯⋯⋯⋯⋯⋯⋯⋯⋯⋯⋯⋯⋯ 72

5.4.3　初始爬升 ⋯⋯⋯⋯⋯⋯⋯⋯⋯⋯⋯⋯⋯⋯⋯⋯⋯⋯⋯⋯⋯⋯⋯ 73

5.5　侧风起飞 ⋯⋯⋯⋯⋯⋯⋯⋯⋯⋯⋯⋯⋯⋯⋯⋯⋯⋯⋯⋯⋯⋯⋯⋯⋯⋯ 74

5.5.1　起飞滑跑 ⋯⋯⋯⋯⋯⋯⋯⋯⋯⋯⋯⋯⋯⋯⋯⋯⋯⋯⋯⋯⋯⋯⋯ 74

5.5.2　离　陆 ⋯⋯⋯⋯⋯⋯⋯⋯⋯⋯⋯⋯⋯⋯⋯⋯⋯⋯⋯⋯⋯⋯⋯⋯ 75

　　　5.5.3　初始爬升 ·· 75

　5.6　起飞中的地面效应 ·· 76

　5.7　短跑道起飞和最大性能爬升 ··· 77

　　　5.7.1　起飞滑跑 ·· 78

　　　5.7.2　离　陆 ·· 78

　　　5.7.3　初始爬升 ·· 79

　5.8　在松软/粗糙场地起飞和爬升 ·· 79

　　　5.8.1　起飞滑跑 ·· 80

　　　5.8.2　离　陆 ·· 80

　　　5.8.3　初始爬升 ·· 80

　5.9　中断起飞/引擎失效 ··· 81

　5.10　减小噪声 ··· 81

6　**参考地面的机动** ·· 82

　6.1　目的和范围 ·· 82

　6.2　以地面物体为参照的机动飞行 ·· 82

　6.3　偏流和地面航迹控制 ··· 83

　6.4　矩形航线 ··· 85

　6.5　S 形转弯 ··· 87

　6.6　围绕地标转弯 ··· 89

　6.7　基础 8 字飞行 ··· 90

　　　6.7.1　沿道路 8 字飞行 ·· 91

　　　6.7.2　穿越道路 8 字飞行 ··· 92

　　　6.7.3　绕塔 8 字飞行 ·· 92

　6.8　双标点 8 字（标杆 8 字）飞行 ·· 94

7　**机场起落航线** ·· 99

　7.1　机场起落航线及其运行 ··· 99

　7.2　矩形起落航线 ··· 99

　7.3　标准起落航线 ·· 101

8　**进近与着陆** ·· 103

　8.1　正常进近与着陆 ··· 103

　　　8.1.1　四　边 ·· 103

　　　8.1.2　五　边 ·· 104

　　　　　8.1.2.1　襟翼的使用 ··· 105

　　　　　8.1.2.2　判断高度和运动趋势 ·· 106

　　　8.1.3　拉　平 ·· 108

　　　8.1.4　接　地 ·· 109

　　　8.1.5　着陆滑跑 ·· 110

　　　8.1.6　稳定进近概念 ··· 111

　8.2　有意侧滑 ·· 113

　8.3　复飞（终止着陆） ··· 115

　　　8.3.1　功　率 ·· 115

　　　8.3.2　姿　态 ·· 115

　　　8.3.3　构　型 ·· 116

8.3.4 地面效应 ···································· 116

8.4 侧风进近与着陆 ····································· 117

 8.4.1 侧风中五边阶段 ···························· 117

 8.4.2 侧风中拉平 ································ 119

 8.4.3 侧风中接地 ································ 119

 8.4.4 侧风中的着陆滑跑 ·························· 119

 8.4.5 最大安全侧风速度 ·························· 120

8.5 湍流中的进近与着陆 ································· 121

8.6 短跑道进近与着陆 ··································· 121

8.7 软跑道进近与着陆 ··································· 124

8.8 无功率精确进近 ····································· 125

 8.8.1 90° 无功率进近 ··························· 126

 8.8.2 180° 无功率进近 ·························· 127

 8.8.3 360° 无功率进近 ·························· 128

8.9 假设迫降 ··· 129

8.10 进近与着陆中的偏差 ······························ 131

 8.10.1 五边下滑线低 ···························· 131

 8.10.2 五边下滑线高 ···························· 132

 8.10.3 五边进近速度小 ·························· 133

 8.10.4 油门的使用 ······························ 133

 8.10.5 拉平高 ································· 133

 8.10.6 拉平太晚或太快 ·························· 134

 8.10.7 拉平过程中平飘 ·························· 134

 8.10.8 拉平时拉飘 ····························· 134

 8.10.9 接地时飞机跳跃 ·························· 135

 8.10.10 海豚跳 ································ 136

 8.10.11 推小车 ································ 137

 8.10.12 重着陆 ································ 137

 8.10.13 偏移中接地 ···························· 137

 8.10.14 打地转 ································ 138

 8.10.15 接地后机翼上偏 ························ 138

8.11 滑 水 ··· 139

 8.11.1 动态滑水 ······························ 139

 8.11.2 橡胶还原滑水 ···························· 139

 8.11.3 黏性滑水 ······························ 139

9 性能机动 ·· 141

9.1 大坡度盘旋 ······································· 141

9.2 急盘旋下降 ······································· 143

9.3 急上升转弯 ······································· 144

9.4 懒 8 字 ·· 146

10 夜间飞行 ··· 149

10.1 夜间视觉 ·· 149

10.2 夜间错觉 ·· 150

10.3 飞行员装备 ······································ 151

10.4 飞机设备与照明 ··· 151

10.5 机场和导航灯光助航系统 ··· 152

10.6 飞行前准备 ··· 153

10.7 启动、滑行和暖机试车 ··· 153

10.8 起飞和爬升 ··· 154

10.9 定向和导航 ··· 154

10.10 进近和着陆 ··· 155

10.11 夜间应急情况 ·· 156

11 过渡到复杂飞机 ·· 158

11.1 复杂飞机 ··· 158

11.2 襟翼 ·· 158

11.2.1 襟翼的功能 ·· 159

11.2.2 襟翼的类型 ·· 159

11.2.3 操作程序 ··· 160

11.3 变距螺旋桨 ··· 161

11.3.1 恒速螺旋桨 ·· 161

11.3.2 起飞、爬升和巡航 ·· 161

11.3.3 桨叶角控制 ·· 162

11.3.4 调速范围 ··· 162

11.3.5 恒速螺旋桨的操作 ·· 163

11.4 涡轮增压 ··· 164

11.4.1 地面增压与高度增压 ··· 165

11.4.2 操作特性 ··· 165

11.4.3 温度管理 ··· 166

11.4.4 涡轮增压器失效 ·· 166

11.4.4.1 过度增压 ··· 166

11.4.4.2 低进气压力 ··· 166

11.5 可收放起落架 ··· 167

11.5.1 起落架系统 ·· 167

11.5.2 操纵装置和位置信号指示器 ·· 167

11.5.3 起落架安全设备 ·· 168

11.5.4 起落架应急放下系统 ··· 169

11.5.5 操作程序 ··· 170

11.5.5.1 飞行前 ··· 170

11.5.5.2 起飞和爬升 ··· 171

11.5.6 进近和着陆 ·· 171

11.6 过渡到复杂飞机的训练 ··· 172

12 过渡到多发飞机 ·· 173

12.1 概述 ·· 173

12.1.1 多发飞机 ··· 173

12.1.2 多发飞行的训练 ·· 173

12.2 名词与定义 ··· 173

12.3 系统的运行 ··· 175

12.3.1 螺旋桨 ·· 175

12.3.2　螺旋桨的同步 ···177

12.3.3　燃油交输 ···177

12.3.4　燃烧加温装置 ···178

12.3.5　飞行指引仪/自动驾驶仪 ···178

12.3.6　偏航阻尼器 ···179

12.3.7　发电机 ···179

12.3.8　机头部位行李舱 ···179

12.3.9　防冰/除冰系统 ···179

12.4　性能与限制 ···180

12.4.1　名词定义 ···180

12.4.2　飞机的性能和限制 ···181

12.5　重量与平衡 ···183

12.5.1　重　量 ···183

12.5.1.1　相关名词定义 ···183

12.5.1.2　重量与平衡的计算 ···183

12.5.2　平　衡 ···184

12.6　地面运行 ···185

12.7　正常和侧风情况下的起飞与爬升 ··185

12.8　改平飞与巡航 ···187

12.9　正常进近与着陆 ···187

12.10　侧风进近与着陆 ···188

12.11　短跑道起飞与爬升 ···189

12.12　短跑道进近和着陆 ···189

12.13　复　飞 ···190

12.14　中断起飞 ···191

12.15　起飞后一台发动机失效 ···191

12.16　飞行中一台发动机失效 ···194

12.17　一台发动机失效时的进近与着陆 ··195

12.18　发动机失效的飞行原理 ···196

12.19　低速飞行 ···198

12.20　失　速 ···199

12.20.1　无功率失速（进近和着陆） ··199

12.20.2　带功率失速（起飞和离场） ··199

12.20.3　螺旋的警觉意识 ···200

12.21　发动机失效——失去方向控制的示范 ·······································200

12.22　多发训练考虑因素 ···204

13　过渡到涡轮螺旋桨动力飞机 ··206

13.1　概　述 ···206

13.2　燃气涡轮发动机 ···206

13.3　涡桨发动机 ···207

13.4　涡桨发动机的种类 ···208

13.4.1　固定轴 ···208

13.4.2　分轴式/自由涡轮式发动机（双转子发动机） ··························210

13.5　反拉力及 BETA 范围的操纵 ···212

13.6　涡桨飞机的电力系统 ································213

13.7　运行方面的考虑因素 ································215

13.8　训练方面的考虑因素 ································217

14　过渡到喷气式飞机 ································219

14.1　概　述 ································219

14.2　喷气式发动机基础 ································219

14.3　喷气式发动机的操作 ································221

14.3.1　喷气式发动机点火 ································222

14.3.2　连续点火 ································222

14.3.3　燃油加温装置 ································222

14.3.4　功率设定 ································222

14.3.5　推力与油门杆的关系 ································223

14.3.6　转速对应的推力变化量 ································223

14.3.7　喷气式发动机的慢加速性 ································223

14.4　喷气式发动机效率 ································224

14.5　没有螺旋桨效应 ································224

14.5.1　没有螺旋桨滑流 ································225

14.5.2　缺少螺旋桨阻力 ································225

14.6　边界速度 ································226

14.7　超速状况改出 ································227

14.8　马赫抖振界限 ································228

14.9　低速飞行 ································229

14.10　失　速 ································230

14.11　阻力装置 ································233

14.11.1　扰流板 ································233

14.11.2　减速板 ································234

14.12　反推装置 ································234

14.13　喷气式飞机的飞行感觉 ································235

14.14　喷气式飞机的起飞和爬升 ································236

14.14.1　相关速度 ································236

14.14.2　起飞前程序 ································237

14.14.3　起飞滑跑 ································238

14.14.4　抬前轮和离地 ································239

14.14.5　初始爬升 ································239

14.15　喷气式飞机进近和着陆 ································239

14.15.1　着陆要求 ································239

14.15.2　着陆速度 ································240

14.15.3　性能差异 ································241

14.15.4　稳定进近 ································242

14.15.4.1　进近速度 ································243

14.15.5　下滑道控制 ································243

14.15.6　拉　平 ································243

14.15.7　接地和滑跑 ································244

15 应急程序 246

  15.1 紧急情况 246

  15.2 紧急着陆 246

    15.2.1 紧急着陆的种类 246

    15.2.2 心理危险 247

  15.3 基本的安全理念 247

    15.3.1 概　述 247

    15.3.2 姿态和下降率的控制 249

    15.3.3 地形选择 249

    15.3.4 飞机构型 249

    15.3.5 进　近 250

  15.4 地形种类 250

    15.4.1 受限区域 250

    15.4.2 树木（森林） 251

    15.4.3 水面（水上）和雪地迫降 252

  15.5 起飞后发动机失效（单发） 252

  15.6 紧急下降 253

  15.7 飞行中起火 254

    15.7.1 发动机起火 254

    15.7.2 电气系统起火 255

    15.7.3 座舱起火 255

  15.8 飞行操纵机构故障/失效 256

    15.8.1 襟翼全部失效 256

    15.8.2 不对称襟翼 256

    15.8.3 升降舵失控 256

  15.9 起落架故障 257

  15.10 系统故障 258

    15.10.1 供电系统故障 258

    15.10.2 全静压系统故障 260

  15.11 发动机仪表指示异常 261

  15.12 飞行中舱门意外开启 262

  15.13 目视飞行时无意进入仪表气象条件 262

    15.13.1 概　述 262

    15.13.2 识　别 263

    15.13.3 保持对飞机的控制 263

    15.13.4 姿态控制 263

    15.13.5 转　弯 264

    15.13.6 爬　升 264

    15.13.7 下　降 265

    15.13.8 综合机动飞行 266

    15.13.9 转为目视飞行 266

参考文献 267

1 飞行训练简介

1.1 飞行训练的目的

本书将初级和中级飞行训练的总目的概括为获得并提高基本飞行技能，而要完成一次良好的飞行需要三个方面的有机结合——知识、技能和态度。在飞行学习阶段这三个方面可以简单地描述如下：

- 知识——全面了解飞行的原理；
- 技能——在地面和空中准确操纵飞机的能力；
- 态度——应用良好的判断以完成安全高效的运行。

1.1.1 运动技能

人们经常将学习飞行与学习驾驶汽车相比较，这种类比容易引起误解。因为飞机的操作环境是三维空间，与驾车不同，它需要形成一种对处境更灵敏的运动技能。

这些运动技能包括：

- 协调性（Coordination）——身体作用肌群的时机正确，动作方向及速度恰当，平衡稳定且有节奏感。飞行中是指飞行员同时使用手脚，并相互协调以获得所需操纵结果的能力。
- 时机的选择（Timing）——在恰当的时机协调肌肉运动，使飞行以及所有的机动持续稳定的进行。
- 操纵感觉（Control Touch）——通过感觉和估计从操纵面传送到驾驶舱飞行操纵杆力量的变化来感知姿态、速度改变，以此感知飞机状态改变及可能发生变化的能力。
- 速度感知（Speed Sense）——立即感知到任何正常的速度变化，并作出反应的能力。

飞行员应和飞机成为一体而不是作为一个机器的操作者。一个受过良好训练的飞行员能够快速、准确评估飞行情况，并能判断在当时的情况下需要执行的正确程序；对当时的环境或准备执行的程序，能够准确分析可能发生的结果；谨慎和充分注意当时情况，保证安全；准确评估飞机性能；认识到个人的局限、飞机的局限并避免进入各自的临界点。

飞行技能的形成需要学员和教员两者的努力和付出。最初的飞行训练，是培养学生养成良好飞行习惯的时机，教员应该教授正确的操作方法。

每架飞机都有它自己独特的飞行特性。然而，初级和中级飞行训练的主要目的不是学习如何飞某一特定构造和型号的飞机，其根本目的是获得可以转换到任何飞机的飞行技能和安全的飞行习惯。基本的飞行技术技能（Airmanship Skills）是获得这些能力的坚实基础。在训练中获得了必需的飞行技术技能，并能够在小型教练机上以准确、安全的飞行习惯演示这些技能的飞行员将能够容易地过渡到更为复杂和更高性能的飞机。要记住，飞行训练的最终目的是培养出安全并称职的飞行员，而为获取执照而进行的实践考试只是该目标的一个附带事件。

1.2　相关法规

CCAR-61 部规章适用于飞行员、教员和地面教员的合格审定。61 部规定了颁发各种飞行员合格审定类型的资格要求、航空知识、飞行熟练程度、训练和考试要求。

CCAR-67 部规定了颁发空勤人员体检合格证并保持有效体检合格证的医学标准和审定程序。

CCAR-91 部包含一般运行和飞行规则。该部分范围广泛，并提供通用航空飞行规则、目视飞行规则（VFR）、仪表飞行规则（IFR）、飞机维护、定检和变更等范围的全面指导。

1.3　飞行安全训练

基于形成安全和良好的行为模式的考虑，教员必须强调一些基本的飞行安全习惯和程序，并从第一次带飞开始，教员和学生都应遵循这些安全习惯和程序。这些安全习惯和程序至少应包括：冲突避免程序（包括正确的目视对外观察）、避免跑道入侵、失速意识、检查单的使用、明确的飞机操纵交接。

1.3.1　冲突避免程序

所有飞行员必须警惕半空中的冲突和近半空中冲突的可能。CCAR-91.113 条 b 款详细地解释了"观察与避免相撞（See and Avoid）"这一概念：当气象条件许可时，无论是按仪表飞行规则还是按目视飞行规则飞行，航空器驾驶员必须注意观察，以便发现并避开（See and Avoid）其他航空器。这个概念要求在所有飞行时间中每个操纵飞机的人都应保持警惕，不管操作是在仪表飞行规则（IFR）还是在目视飞行规则（VFR）条件下实施，不管飞的机型和飞行的目的，在航空器运行期间保持对外观察是飞行员的职责。大多数空中冲突事故和报告的空中冲突事故征候往往出现在好的目视天气条件下和白天。大多数事故和事故征候出现在距机场和/或导航台 8 公里以内。

"观察与避免相撞"的概念依据人眼局限性方面的知识，并使用正确的目视观察以弥补这些局限性。飞行训练一开始就应该让学员明确目视扫视的重要性并传授其正确的方法。教员可参考相关资料如"飞行员在防止空中相撞中的职责"和"目视观察和防止空中相撞信息"。

目视防撞程序有很多类型，其中大多数是使用清障转弯。清障转弯的基本概念是确定下一个机动不会进入另一架飞机的飞行路径上。一些飞行员训练程序有强制性的规定，例如，在执行任何机动前要求先做两个方向上的 90 度转弯。个别教员可能使用一些其他类型的目视防撞程序。不管首选的方法是哪种，教员应教会新学员一个有效的目视防撞程序并坚持使用它。学生驾驶员应在所有转弯和执行任何训练机动前执行适当的目视防撞程序。适当的目视防撞程序与恰当的目视观察技巧相结合，是最有效的防止空中相撞的策略。

1.3.2　避免跑道入侵

跑道入侵是指在机场中包括飞机、车辆、人员或地面物体引起碰撞危险，或导致正起飞、着陆或计划着陆飞机失去间隔的任何事件。引起跑道入侵的三个主要方面是：

- 通信；
- 关于机场的知识；
- 保持定向感和情景意识的驾驶舱程序。

滑行操纵要求不只是操纵飞机的飞行员而是所有机组成员保持警惕，这在飞行训练中尤为重要。学员和教员都需要始终注意其他飞机和机场活动区域地面车辆的运动和位置。许多飞行训练活动在通用航空机场进行，在通用航空机场运行更有必要加强对外观察。

机场地面运行中有计划且清楚的通信和较强的情景意识将减少潜在的地面事件。如果飞行员初始飞行培训中进行正规、标准的滑行程序的训练，并在所有飞行中坚持执行，就能完成安全的飞机操作并避免冲突事故。这要求在滑行操作中进行正规的安全运行教学，教员是该教学的关键。教员应慢慢灌输给学生跑道入侵可能性的意识，由于大部分训练机场为单跑道，教员应从受训者职业发展的角度来考虑，进行相应的避免跑道入侵程序的训练。

1.3.3　失速意识

CCAR-61部规章要求学员在单飞前接受并记录失速和失速改出的飞行训练。在训练中，教员应强调引起每种失速的直接原因是过大的迎角。学员应完全理解有许多会引起机翼迎角增大的飞行机动，但直到迎角"过大"，失速才会出现。这个"临界"迎角根据飞机的设计从16～20度不等。

教员必须强调，不一定仅是小的速度才会引起失速，机翼在任何速度都能进入过大的迎角，大的俯仰姿态不是接近失速的绝对指示。一些飞机有以适当的小迎角垂直飞行的能力。大多数飞机完全能够在水平或近似水平的姿态失速。

失速意识的关键，是飞行员能想象任意情况下机翼的迎角，并能够据此评估失速的安全裕度。这是一个必须在飞行训练早期学习并需要坚持的技巧。飞行员必须理解并充分意识到空速、俯仰姿态、过载、相对气流、功率设置和飞机构型等因素的重要性，以能想象任意情况下一个比较准确的机翼迎角的图像。飞行员在进入任何飞行机动前想象机翼迎角的情景对飞行安全是不可缺少的（图1.1）。

图1.1　过快的改出俯冲也会造成大速度下超过临界迎角

1.3.4　检查单的使用

　　检查单是标准操作程序（SOP）和飞行安全的基础。检查单是辅助记忆，并确保机组执行飞机安全运行必需的关键项目。然而，如果飞行员不遵循执行检查单的程序，那么检查单是没用的。没有在适当的时候遵循并坚持使用检查单，或没有按照正确的方式执行检查单都有可能造成事故。不认真对待检查单的飞行员就会变得自满而只依靠记忆进行操作。

　　要坚持执行检查单，首先应充分认识到人的局限性，意识到人会犯错误，而严格按照标准执行检查单是防止人犯错误的关键。检查单应按照其标准的程序来执行，不管是机组程序还是单人制程序，检查单都是按照"提出项目—检查或证实—确认后回答"的模式设计。

　　检查单中每一项包含两个部分，左边的部分实际上表示的是一个问题，在完成了现有状态检查后才能对提问作出回答，如果与检查单不一致，应在完成动作或者项目后再回答；如果无法或有意使其不一致，以实际情况进行回答（特殊回答）；对于那些"按需"的检查单项目，应按照实际情况或系统状态来回答。

　　在执行检查单时需要证实的是该项目回答的最终结果，例如，检查单中"襟翼"应检查襟翼指位表（器），"起落架"应检查起落架指示（图 1.2）。

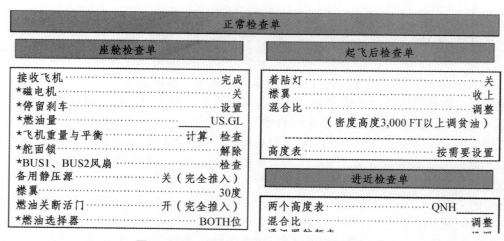

图 1.2　Cessna 172R NAVIII 正常检查单

　　在飞行训练中始终如一按照正确的方式执行检查单非常重要。在初始飞行训练中的主要目的是使飞行员形成一种习惯模式，这种模式将伴随其整个飞行生涯。教员必须对使用检查单采取积极的态度，而学员必须认识到它的重要性。正常检查单通常包括以下飞行阶段：

- 飞行前检查；
- 开车前；
- 发动机启动；
- 滑行前；
- 起飞前；
- 起飞后；
- 巡航；
- 下降；
- 着陆前（五边）；
- 着陆后；
- 关车和系留。

1.3.5　明确的飞机操纵交接

飞行训练中，在学生和教员之间必须始终对谁操纵飞机有清楚的认识。在任何飞行训练前，应进行一个包含交换飞行操纵程序的简述。强烈推荐使用下面的交换飞行操纵三步程序。

当教员希望学生操纵飞机时，应对学生说"你操纵"，学生应立即回答说"我操纵"，教员通过再一次说"你操纵"确认。程序应包含目视检查并确保另一个人真正在操纵飞机。当将操纵还给教员时，学生应按照教员给学生操纵的相同程序。学生应保持操纵直到教员说"我操纵"。许多事故的出现都是由于对实际上谁操纵飞机缺乏沟通或误解，特别是在学生和教员之间。在初始训练期间建立正确的飞行操纵交接程序，将确保学生形成良好的飞行习惯。

2　地面操作

2.1　飞行前检查

作为一名合格的飞行员，要保证每一次飞行的安全，首先就是要对飞机进行仔细的飞行前检查。飞行前检查的主要目的有两个：一是确保飞机符合相关法规要求，处于适航状态；二是飞机本身的状态能够保证安全飞行。

CCAR-91 部规定，一架适航的飞机在飞行时必须配有以下这些证书和文件（图 2.1）：

- 适用的现行适航证件；
- 中国民用航空总局颁发的该航空器的航空器国籍登记证；
- 经局方批准的飞机飞行手册（AFM）或飞行员操作手册（POH）。

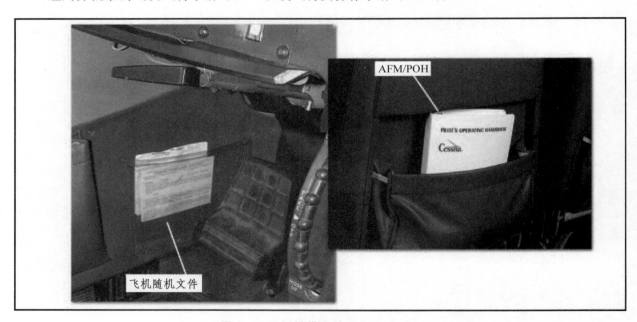

图 2.1　飞机携带文件和 AFM/POH

在中国民航飞行学院运行的航空器还必须携带以下证书和文件：

- 无线电电台执照；
- 飞机技术记录簿；
- 飞行检查单。

在飞行前必须检查飞行记录本的近期飞行记录、维护记录、放行签字等内容，以确定飞机已经通过了必需的测试和检查，并解决了所有问题，准备好飞行。适航法规要求在一定时间内保存飞机机体和发动机的维修记录，部分机型可能还包括额外的螺旋桨维护记录。

如果飞机上安装有应答机，必须确定前 24 个日历月内对其进行过检查。如果要在管制空域、仪表飞行规则下飞行，也必须在前 24 个月内检查过飞机的全静压系统。

每隔 12 个日历月还需要进行飞机年度适航检查。按照 CCAR-91 部规章要求飞机必须完成 100 小时定期检查。

需要检查的设备还包括紧急定位发射机。紧急定位发射机是由电池驱动，因此应检查电池是否超过更换或充电的日期。

总的来说，飞机的适航性跟很多东西都有关，通常应该着重核查机身、发动机、螺旋桨的定期检查是否符合适航规定。

要判断飞机本身的状态能否保证安全飞行，就要在飞行前对飞机及其部件进行详细的外部和内部检查（图 2.2）。飞行前检查的内容和顺序应该符合飞机制造商提供的地面检查清单的要求，而以下列出的常规部件的通常检查方式对多数飞机都适用。

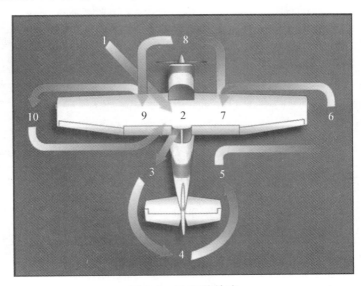

图 2.2　飞行前检查

在逐渐走近停放在机坪上的飞机时，飞行员对飞机的飞行前检查就已经开始了。此时我们应该注意飞机的整体外观，检查是否与正常情况有明显差异，如起落架高度不一致、机体扭曲、舵面变形、表皮损伤、燃油滴落或滑油泄漏等。在走向飞机的过程中，必须证实移除所有的机体固定锁链、舵面锁、空速管套、静压孔塞和轮挡等地面系留装置。

2.1.1　驾驶舱内部

驾驶舱内部的检查应当从驾驶舱门开始。如果驾驶舱门很难打开或关上，或者座椅有被雨打湿的痕迹，那么舱门和机身之间的相对位置很有可能发生了偏移。请注意，这可能就是飞机结构出现损伤的迹象。

检查前挡风玻璃和侧窗时，应当注意有无裂缝和龟裂纹。龟裂纹是塑料脱胶分层的第一个表现，它会影响飞行员视线。当太阳光在一定角度范围内时，严重的风挡龟裂纹上的反射光会导致飞行员完全看不见舱外的景物。

然后应检查的是座椅、座椅滑轨、座椅插销，以及安全带连接点的磨损、裂纹和使用可靠性。用于固定座椅的定位孔也要检查。定位孔的位置在座椅滑轨上，它应该是圆形而不是椭圆形的。

在驾驶舱内部，有三个重点安全检查项目（图 2.3）：

（1）蓄电池和磁电机点火开关——关闭。

（2）舵面锁——取下。

（3）起落架操纵手柄——放下位，并锁好。

图 2.3　驾驶舱内部检查

检查燃油选择器在所有的位置（包括关断位）都能灵活操作。如果燃油选择器的操作困难或者卡位模糊，将影响飞行安全。如果飞机装配有手动注油器，感觉一下注油杆推入和拔出时的阻力是否合适，然后将其安全锁好，放在错误位置有可能影响发动机的正常工作。柔和地全行程活动所有的发动机操纵杆，看操作是否顺畅，同时调节操纵杆的松紧（图 2.4）。

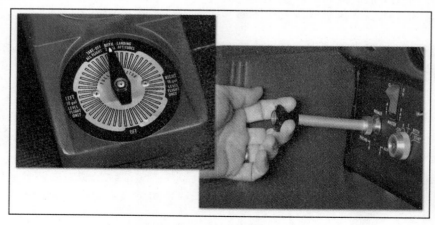

图 2.4　燃油选择器和手动注油杆

空速表的刻度盘应该处于正确的位置，并且指针指零。如果没有指零，说明此仪表没有正确校准。同样的，当飞机在地面上，升降速度表指针也应指零。如果没有指零，可以用一个小螺丝刀把它调零。升降速度表是飞行员自己有权校准的唯一飞行仪表，其他的仪表必须通过有资质的机务人员来校准。

磁罗盘是飞机上最基本的仪表之一，无论是目视飞行还是仪表飞行都离不开它。它应该和配套的误差修正卡一起被牢固安装。仪表的表面要清晰，仪表内部要装满液体。表面太花、液体里有气泡或者表内液体不满都会影响磁罗盘的使用（图 2.5）。

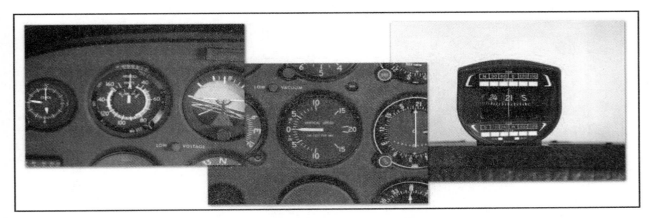

图 2.5　空速表、升降速度表和磁罗盘

在启动前要检查气动地平仪。仪表内侧若有白雾则表示密封不好，会使水汽和灰尘能够进入仪表。

检查高度表时，需要调出机场的修正海平面气压，然后对照停机坪的标高检查两者是否一致。如果停机坪的标高和仪表指示之间的误差超过了 75 英尺，那么这块高度表的准确性就值得怀疑了。

飞行员应该打开总电门，此时油箱的燃油量表会有指示，检查油量指示与外部检查时所看到的油箱中的实际油量是否一致。

2.1.2　机翼外表面和尾部

飞行员应该检查飞机各部件的磨损、变形，铆钉和螺丝钉的松动和缺失，特别是在外部蒙皮和机体结构的连接处（图 2.6）。飞行员应当沿着机翼翼梁上的铆钉线，从翼尖到机身检查蒙皮是否变形。任何外部的异常凹凸或起皱都有可能是内部受损的迹象。

当铝质铆钉松动时，松动部分会很快被氧化成黑色，这是发现问题的一个简单的办法。按压铆钉旁边的蒙皮可以看出铆钉的松动程度。

当检查机翼外表面时，一定要明确机翼前缘的任何损伤、扭曲或变形都会导致飞机不适航。机翼前缘的严重凹痕或失速条、除冰带的缺陷都会导致飞机气动性能方面的不安全。检查翼尖时也要特别仔细，飞机翼尖通常是玻璃纤维制成的，很容易破碎。飞行员应当检查机务在裂纹顶端钻出的止裂孔，看裂纹是否继续发展，这些裂纹在某些条件下在空中将导致翼尖进一步损坏。

飞行员应当记住，机翼上无论何处的燃油污渍，即使看起来像是以前的痕迹，都需要更进一步的检查。燃油污渍可能是燃油泄漏的迹象。对于装有整体式油箱的飞机，可以在机翼下方沿着铆钉线寻找是否有燃油泄漏。

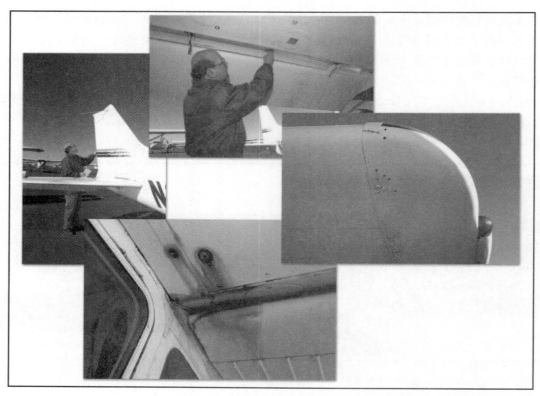

图 2.6　机翼和尾部检查

2.1.3　燃油和滑油

燃油油量、类型、标号和质量都需要我们特别关注（图 2.7）。很多油箱的最大燃油加注量会受飞机停放姿态的影响。前后起落架支柱的高低能大大影响飞机的停机姿态，从而影响油箱的最大容量。同样的，如果停机坪倾斜导致飞机一侧机翼稍高于另一侧，也会影响飞机的停机姿态。要经常目视检查油箱里的油量，确定油量表指示正确。

燃油类型、标号和颜色对于安全飞行非常重要。我国目前最常用的航空汽油是含铅辛烷值为 95 或 100 的燃油，颜色普遍为橙黄色，气味与普通汽油差不多。而在国外某些地区，航空燃油被染色以便于分辨它的等级。通常喷气机使用的是航空煤油，航空煤油只适用于涡轮发动机和特殊型号的活塞发动机，目前在国内未分等级。如果不小心把航空煤油加入普通的活塞发动机内，会造成严重后果。虽然使用航空煤油时，活塞发动机也可以启动、运转，但是发动机会很快因为发生爆震而损坏、失效。

航空煤油有一种特殊的煤油气味，用手指搓一下有油腻感，虽然与油箱里的航空汽油混合时会呈现颜色，但实际上航空煤油是无色透明的。

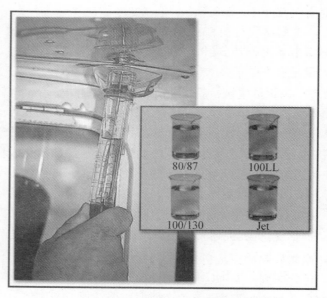

图 2.7　航空燃油的类型、标号和颜色

当把航空汽油滴在一张白纸上，它会很快蒸发，只留下一些染色的痕迹。相比之下，航空煤油蒸发缓慢，并会留下油污。航空煤油加油车和加油装备都有相应的航空煤油标记。细心的飞行员应当监督加油，以确保在油箱里加入了正确数量、类型和标号的燃油，每次加油后应当确保油箱盖盖好。

低标号的航空汽油发动机如果使用高标号的航空汽油，一般都能够正常工作，反之则不行。低标号的燃油绝不能取代高标号的燃油，否则在极短的时间内就会产生爆震，严重损伤发动机。

在某些特定的飞机上，有时可以把汽车用汽油作为替代燃油；但只有当这种飞机具有附加型号审定，证明其机身和发动机都允许使用时才可以。

检查油箱内是否有水或者其他沉淀混合物是飞行前检查的一个关键步骤。凝结产生的水珠易聚集在油箱内，特别是在飞机过夜停放前油箱不满的时候。因为水比油密度大，所以会聚集在燃油系统的最底端。当油箱气密性出现损坏，飞机暴露在雨中时，雨水也可能进入燃油系统。水还有可能从燃油库或加油车中进入油箱。在加油时，灰尘或污垢进入油箱会产生沉淀污染物，油箱橡胶老化或油箱密封剂也会产生沉淀污染物。

最好的预防措施是把水在油箱里凝结的概率减到最小。如果可能，每次飞行结束后，都应把油箱完全加满适当等级的燃油，或至少也应该在每天最后一次飞行后加满油箱。燃油加得越多，油箱内部空气越少，凝结水的可能性就越小。保持油箱满油还是缓解油箱密封橡胶和密封剂老化的最好方法。

在每次飞行前和加油后都必须对每一个油箱的燃油进行取样，从油滤或油箱放油口处放出足够的燃油，以检查其种类、颜色、气味、是否含水和沉淀。如果有水，水珠通常在样本的底部，一般是清澈明亮的，有时也是浑浊的。极端特例是整个取样全是水，尤其是在所取样本特别少的情况下。如果在第一杯样本中发现有水存在，就应当一直取样，直到样本里没有水出现为止。如果总是出现大量的水或沉淀物污染，就应该停止此次飞行，让有维修资格的机务人员做进一步的检查。

在放油时，使用适当的力量抵住放油口，如果力量太大，将损坏放油阀门，导致阀门无法关闭。在放油完毕后，确认每一个油箱的放油口关闭，没有燃油滴漏或者渗漏的现象。

检查油箱通气口是飞行前检查的一个重要部分。只有当外面的空气能够进入油箱时，燃油才能流出。通气口堵塞会导致油量表故障或者燃油不足。飞行前检查过程中，飞行员必须警惕任何通气口损坏或堵塞的征兆。通过打开一下油箱盖就能简单地检查通气口是否正常，如果油箱盖打开时有气流冲出，那么很有可能是通气口出现问题。

在每次飞行前都应检查滑油量，并在每次补充滑油后再检查。在冷发时，滑油量油尺上的滑油量显示非常清晰；热发时，滑油黏度变低，不易观察。在正常操纵下，活塞式发动机的飞机只消耗很少的滑油，如果滑油消耗量突然增大，就应当通知机务人员进行检查。如果是由维护人员给发动机添加滑油，飞行员应当确认滑油盖盖好（图 2.8）。

图 2.8 检查滑油

2.1.4 轮胎、刹车和起落架

轮胎检查的内容包括胎压、划伤、擦伤、磨损、异常凸起、异物扎入和老化情况等。通常来说，轮胎露线和侧面破裂都表示飞机不适航，需要更换轮胎。

对于刹车系统，应该检查整个系统的生锈和腐蚀情况、刹车盘磨损和裂纹、是否有松动的螺帽和螺母、刹车液压油泄漏的痕迹、液压管的磨损情况。

前起落架的检查内容应该包括减摆阻尼器（通常为白色）和扭力连杆（通常为红色）的情况，所有减震支柱的压力是否合适也需要检查。

2.1.5 发动机和螺旋桨

飞行员应当注意检查发动机整流罩是否正常（图 2.9）。如果整流罩上的铆钉头部显示有氧化铝残渣，并且铆钉周围的漆面破裂呈放射状，这是铆钉一直在旋转的迹象，它会导致铆钉孔越拉越大。如果继续这样下去，整流罩有可能在飞行中脱离飞机。

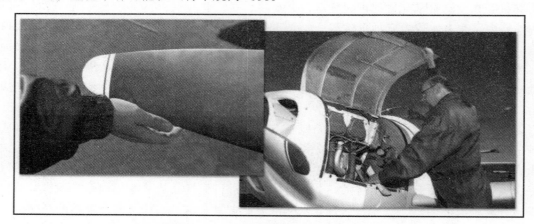

图 2.9　检查螺旋桨和引擎罩内部

很多螺旋桨前需要安装一个桨帽（螺旋桨整流罩），以便对发动机进行更好的冷却。在此情况下，如果没有正确地安装桨帽，不允许运转发动机。飞行员要检查桨帽和桨帽的固定盘，保证安装稳固，检查桨叶与桨帽是否存在摩擦及其造成的裂纹。如果桨帽破裂，则飞机不适航。

螺旋桨检查内容包括检查凹痕、划痕、剥蚀、腐蚀和安全情况。检查螺旋桨毂是否漏油，检查发电机传动带的松紧程度和磨损情况。

如果深入检查飞机发动机整流罩内部，飞行员应当首先寻找被燃油染色的部位，这可能是漏油的标志。还应检查滑油渗漏、滑油管路老化情况，确保滑油盖、过滤器、滑油冷却器和放油口处于安全位置。排气系统需要检查有无由于泄漏而产生于气缸连接部位的白色污点和排气管的裂纹。检查热交换器的整体状况以及裂纹和泄漏的痕迹。

空气过滤器需要检查清洁状况和安装是否可靠，液压管路需要检查是否老化和泄漏。检查还包括发动机整流罩的松动情况或整流罩内部有无异物，如鸟巢、碎屑或工具。应当检查所有可见的电线和管路的状况和安全性。最后，当整流罩盖上后，应当检查整流罩上锁扣或螺丝的稳固性。

2.2　驾驶舱管理

进入飞机后，飞行员首先要确保所有飞行必要的设备、文件、检查单、航图都在飞机上。如果使用了便携式内话机、耳机或手持 GPS，还应确保电线或者电缆不会影响任何其他操纵动作。

所有要用到的东西都要合理安排位置，以一定的顺序放好，以便使用时取放。座舱和机舱内那些遇到颠簸容易摇晃、松动的物品应当固定好。所有飞行员都应形成良好的驾驶舱管理习惯。

座椅的高度对视线的影响非常重要，特别是初始培训中应该将座椅高度调节合适并相对固定。有些飞机在飞机 AFM/POH 或飞机操纵手册中有关于如何调整座椅高度的说明，如果没有相关说明，调节的基本原则是飞行员必须能看到机内和机外相关参照物，并保证不影响飞行操纵。如果座椅的高度调节范围不够，可以加上垫子使座椅达到合适的高度。

调好座椅飞行员能舒适地坐下后，扣上安全带和肩带（若安装），并调节到舒适贴身的位置。CCAR-91.105 规定，飞行机组只要在岗位上都应当系紧安全带，在起飞、着陆期间，每个飞行机组成员在其岗位上必须系紧肩带，除非没有安装肩带或在系紧肩带时无法完成其职责。

如果座椅可以调节，一定要确保座椅在合适位置固定好。否则当起飞或降落、俯仰姿态变化以及加速时，会引起座椅滑动，当座椅突然滑动到离驾驶盘太远或太近时，飞行员很有可能一下子失去对飞机的操纵。

CCAR-91.107 要求，在发动机启动之前，飞行员要确保飞机上每一个人都收到如何扣紧和松开安全带、肩带（若安装）的指令。同时还要向乘客介绍正确使用安全设备和飞机出口的信息。一些飞机上配有飞机制造商印制的安全信息简介卡，这些卡片与航线飞机上的相似，它们可以用来补充飞行员所做的介绍。

2.3 地面运行

我们知道，很多不安全事故其实都发生在地面上，所以飞行员知道如何在地面上安全操纵飞机是非常重要的，这包括要熟悉停机坪工作人员使用的标准手势（图 2.10）。

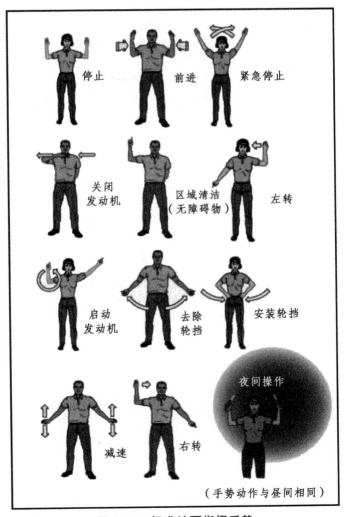

图 2.10 标准地面指挥手势

2.4 发动机启动

对于不同类型的发动机、燃油系统和启动条件，使用的启动方法会有所不同，因此在这里并不介绍发动机的详细启动程序，总之应当遵循开车前后检查单中的项目安排。不过大家需要知道一些开车时的通用规则，以下这些注意事项对所有的飞机都适用。

个别飞行员启动发动机时，飞机尾部对着打开的机库大门、停放的车辆或旁观的人群。这不仅仅是不礼貌的问题，而且可能造成他人的人身伤害或财产损失。要知道，螺旋桨引起的气流力量是惊人的，必须和这些设施保持足够的安全距离。

当准备好启动发动机时，飞行员应全方位观察，确保螺旋桨附近无任何人员或物体，因为地面上的人员和飞机可能被螺旋桨气流冲击，或是被气流卷起的地面上的杂物击伤。在发动机运转的全过程中，螺旋桨附近都是一个危险性很大的区域，任何人都不得靠近。为防止他人意外靠近，发动机启动前必须打开防撞灯，甚至白天操纵时也要打开，而在晚上，航行灯应一直打开。

飞行员在每次启动前，如果附近有监控的人员，需要向窗外打启动手势，并等待机务人员的确认，然后启动发动机。如没有监控人员，在目视确认后喊一声"清洁"（表示发动机周围无障碍物，准备好启动）。

当启动机接通时，飞行员应把一只手放在油门杆上，这样一旦发动机在启动时产生抖动，或者启动后发动机转速过大，飞行员就能通过控制油门迅速作出反应。发动机启动后推荐使用低转速（1,000 RPM左右）暖机，特别是冷发时。冷发启动是指距离上一次关闭发动机已有足够长的时间，发动机已完全冷却至常温后的启动；而热发启动正好相反，是发动机刚关闭不久，温度尚高时又启动发动机。

因为发动机刚启动时，滑油温度低、黏度大、润滑不足，不允许在启动后短时间内提高转速，否则发动机内部磨损很大，会产生金属屑或更严重的后果。转速必须在滑油温度升高之后才能够逐渐增大。外界温度较低时启动发动机，在滑油温度升高和发动机内部机件润滑正常之前，发生机械故障的可能性比较大。

发动机一旦开始稳定工作，应首先检查滑油压力。如果未达到制造商规定的压力值，发动机可能没有获得足够的润滑，应该立即关车以免发动机受到严重损坏。通常活塞螺旋桨飞机启动后 30 秒内无滑油压力就必须马上关车。

如果启动机在发动机启动正常后不能断开，仍继续工作，也应立即关闭发动机。这可以通过电流表上持续的高电流发现。某些飞机还装有专门的启动机工作指示灯，灯亮表示启动机在工作。

启动机是一种设计为用大电流来进行短时间启动的电动机，它会产生大量热量，同时也会在高温下烧毁。因此启动机的连续运行时间不能超过 30 秒，并且如果发动机没有启动成功，第二次启动之前应该有 30～60 秒的冷却时间（一些 AFM/POH 要求更长的时间），而第三次启动前应留有更长的冷却时间，否则高温下过度使用会极大地缩短其使用寿命。

2.5 手动螺旋桨启动

尽管现在绝大多数的飞机都装有电动启动机，但熟悉手动螺旋桨启动的程序及明确存在的危险对飞行员来说也非常有用。由于此方法比较危险，只有在必需时才能使用，并且要做好适当的准备措施。

当至少有两个熟悉飞机和手动螺旋桨启动的技术人员时，才可以通过手扳螺旋桨来启动发动机。

转动螺旋桨桨叶的人负责指挥所有的操作和程序。另一个熟悉飞机操纵的人必须坐在飞机上踩住刹车。同时也可以在主轮前放置轮挡防止飞机移动。如果没有轮挡，系住飞机尾部系留也是一样的。当进行手动螺旋桨启动时，绝不允许不熟悉飞机的人坐在飞行员的位置上，并且整个程序不能由一个人单独完成。

当有必要手动扳转螺旋桨时，螺旋桨附近地表要坚实稳固且没有任何碎片存在。如果站立的地方比较湿滑或松软，可以考虑移动一下飞机。另外，在发动机启动时如果脚下有松动的碎石、湿草、泥、油、冰或雪等，都可能使扳动螺旋桨的人滑向旋转的桨叶。

启动前两个操纵的人要讨论启动步骤并统一口令和动作。开始前，要调整燃油系统和发动机操纵杆（燃油选择器、注油器、燃油泵、油门杆、混合比杆）到常规启动状态，并且确保点火开关或磁电机开关在关断位。然后将要往下扳的桨叶旋转到稍高于水平面的位置。手转螺旋桨的人要站在螺旋桨前方，正对下扳的桨叶并保持稍短于一臂的距离。如果距离太远，可能要前倾身体才能够到桨叶，从而产生身体的不平衡。在发动机启动时，这样反而容易使人倒向旋转的桨叶。

手动启动的程序和指令：

- 站在飞机前方的人说："燃油选择器开，磁电机关，油门关，停留刹车设置。"
- 坐在飞行员位置上的人在确定燃油选择器已开，混合比全富油，磁电机开关关闭，油门关，停留刹车设好之后说："燃油选择器开，启动机关，磁电机关，停留刹车设置。"
- 飞机前方的人转动螺旋桨直至发动机注好油后，说："刹车，启动。"
- 坐在飞行员位置上的人检查并踩住刹车，接通点火开关，然后说："刹车，启动。"

站在飞机前方的人用两只手掌搭在桨叶上方，迅速向下扳动，让螺旋桨旋转起来。如果不用手掌而用手指抓紧桨叶，万一出现发动机启动失败、螺旋桨反向旋转的情况，操作者的身体很可能被带入螺旋桨。当向下推动螺旋桨时，人要后退一步，远离螺旋桨。如果发动机未启动，在确认点火开关关闭之前，不能重新定位螺旋桨以进行再次的启动尝试。

我们使用"启动"和"磁电机关"这两个词是因为它们的发音听起来差别很大，在吵闹的环境中和大风的情况下比使用"启动机开"和"启动机关"更不容易被误解。

当发动机启动后要移除轮挡时，飞行员尤其要记住螺旋桨转动起来以后不易看到螺旋桨。虽然听起来难以置信，但是，若某人刚启动了发动机就想去移除轮挡，却没有注意到螺旋桨，这样引发的重大事故确实发生过。因此，在移开轮挡之前，油门应设定慢车位，并从螺旋桨后方接近轮挡，绝不能从螺旋桨的前方或侧面接近。

当然，手动螺旋桨启动的步骤要遵循飞机制造商的介绍和检查单。热发、冷发或液锁、气锁的情况时要使用相应的特定启动步骤。使用外接电源时也会有不同的启动程序。

2.6 滑 行

这里介绍的基本滑行知识对前三点式和后三点式飞机均适用。

滑行是飞机用自身动力在地面上进行的可控移动。由于飞机靠自身动力在停机位和跑道间移动，飞行员就必须对滑行程序非常清楚和熟练。

为保证地面运行安全，飞行员应该随时知道起飞、着陆和滑行的飞机情况及各自的滑行优先权规则。滑行时飞行员应该对外观察，在保持观察前方的同时也要照顾到两侧。飞行员必须清楚飞机周围的整个区域情况，以确保飞机不会碰到障碍物和其他飞机。在任何时候，若不确认能避开障碍物，飞行员都要停止滑行，再确认是否能够通过，有时或许需要拖车或地面人员的帮助。

要安全滑行就要有一个安全滑行的速度。但要确立一个唯一的安全滑行速度很困难，在一定的情况下合理的速度可能在其他情况下就是轻率或危险的。安全滑行的必要条件是有把握的操纵、及时识别并避免潜在威胁的能力，以及不过度使用刹车，能够在任何需要的时候停住或转弯的能力。在拥挤繁忙的停机坪上的滑行速度应该谨慎选择，《中华人民共和国飞行基本规则》四十九条规定：在障碍物附近滑行，速度不得超过 15 公里/小时。通常，速度应控制在仅依靠油门就能调整飞机移动快慢的水平，也就是说，滑行速度应该小到收光油门就能马上停下来。当有黄色的滑行中线时，应该严格按照黄线滑行，除非是为了躲避其他飞机或障碍物。

滑行转弯前应减速慢行。突然或快速的转弯会给起落架带来过大的侧向载荷，并有可能造成失控的侧滑或打地转。这种地面侧滑多发生在从顺风转向逆风的情况下。风力较大时，飞行员会发现侧风滑行时飞机有往上风面偏转的趋势。

在静风时以合适的速度滑行，副翼和升降舵对飞机的方向几乎没有影响。它们此时不是飞机的转弯操纵装置，应保持在中立位。稍后将会讨论它们在有风条件下的正确使用方法（图 2.11）。

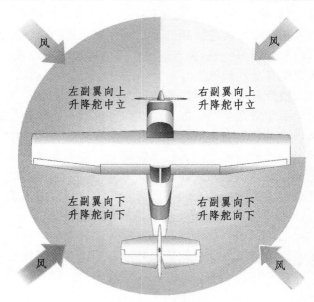

图 2.11　滑行中操纵飞机的方法

滑行时是通过方向舵和刹车来操纵飞机的。为使飞机在地面转弯，飞行员应该向转弯方向蹬舵，并通过调整油门和刹车来控制滑行速度。脚蹬应该持续蹬住直到转弯结束前，然后松舵或按需要往反方向蹬舵。

在飞机开始滑动或进入转弯时，可能需要比直线滑行更大的发动机功率。在增加功率、飞机开始移动的同时，应该随时做好收小油门的准备，防止加速过快。

飞机在开车后第一次开始滑动时，应该像下面这样测试刹车是否正常：增加功率让飞机开始缓慢前移，收小油门，同时柔和地增加刹车压力。如果刹车效果不明显，应立即关闭发动机。

在较强的顶风或强烈的螺旋桨滑流作用下滑行，平尾表面上产生升力，为了保持控制好飞机滑行时的俯仰姿态，必须将升降舵保持在一定位置。对于前三点式飞机来说，操纵杆应保持在中立位置，而后三点式的飞机，操纵杆应该带到后面，以压住尾部。

顺风滑行时，一般在飞机开始滑行后需要的发动机功率更小，因为风会向前推动飞机，如图 2.12。为避免长时间使用刹车控制速度使刹车过热，保持能够维持飞机滑行的最小发动机功率，在飞机增速到一定程度以后使用刹车减小滑行速度，然后松开刹车继续滑行，不要长时间带刹车滑行。除了低速大角度转弯的情况，在使用刹车之前，油门应该总是在慢车位。在留有一定油门的情况下用刹车来控制速度是学生中常见的错误，这其实等同于开汽车时踩油门的同时还踩刹车。

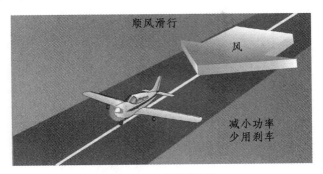

图 2.12　顺风滑行

　　在逆侧风中滑行时，应该向上风面压盘，保持上风面的副翼向上，否则上风面的整个机翼会被风往上抬，如图 2.13。上偏的副翼减小了该机翼上的升力。同时这个操纵动作使下风面的副翼下偏，这样该机翼上的升力增加，减小了上风面机翼上抬的趋势。

图 2.13　逆侧风中滑行

　　在顺侧风中滑行时，杆应该在最前，使升降舵保持在下偏位，同时压住下风盘，使上风面的副翼也在下偏位，如图 2.14。因为风从后面吹来，这样的操纵减少了到达尾翼和机翼的风量，从而减小了飞机被掀翻的可能。

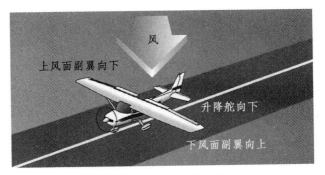

图 2.14　顺侧风中滑行

　　这些侧风滑行的修正动作可以帮助我们把风对飞机的影响最小化，最终使飞机更易于驾驶。

　　正常情况下，转弯都只需要蹬舵来偏转前轮。但在弯比较急、舵已经蹬满的情况下，可以适量使用刹车来辅助转弯。在每次停止滑行时，建议先摆正前轮，这样既消除了前轮的侧向载荷，又易于再次向前滑行。

　　在侧风滑行中，即使是前三点式的飞机也会有向上风面偏转的趋势。但其趋势会比后三点式飞机小，因为它的主轮位置比较靠后，前轮的地面摩擦力形成一个阻转力矩，帮助抵消了部分偏转趋势，如图 2.15。当然，和方向舵联动的前轮转弯机构为安全有效的地面操纵提供了适当的控制，通常情况下仅蹬舵就足以在滑行时修正侧风了。

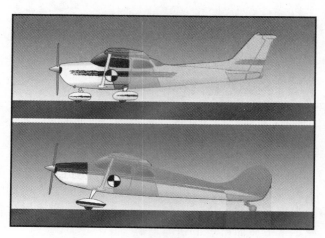

图 2.15　飞机表面受风影响最大的区域

2.7　起飞前检查

起飞前检查需要系统地检查包括发动机、操纵装置、仪表和航空电子设备等各个系统。有时候，起飞前检查是在飞机滑行到特定区域后进行的。一般在滑行到这个位置的过程中，发动机将有充足的预热时间以达到正常操作的最低温度限制。这保证了在大功率条件下运行之前，发动机内有足够的润滑和内部间隙。因此大多数发动机要求在使用大功率前滑油温度达到 AFM/POH 规定的最小值。

风冷式发动机一般都装有整流罩和导流板，以便在飞行中有足够的空气流向发动机使之冷却。不过当飞机在地面上时，吹进整流罩和导流板的空气就很少了。因此长时间的地面操作会造成气缸温度过高，并且此时气缸温度的升高远早于滑油温度的升高。如果飞机整流罩上装有鱼鳞板，这时候应当按照 AFM/POH 设定其位置。

开始进行起飞前检查时，飞机附近应该没有其他飞机，特别是后面不应有任何可能因螺旋桨的气流而受损的东西。试车的时候，为减小发动机过热的可能性，应尽量使飞机机头朝向风的来向。当飞机滑到试车位后，在停机前摆正前轮（或尾轮），与飞机纵轴平行。

发动机试车的区域，地面应当是坚固平坦的，且没有碎屑物。螺旋桨可能卷起小石子、泥沙、污垢或其他松动的东西，并把它们向后甩出，这可能损伤螺旋桨或飞机尾部。螺旋桨桨叶前缘的小缺口会引起桨叶局部某一点或一条线上应力过大，这种情况非常糟糕，很可能导致螺旋桨开裂和桨叶失效。

当发动机试车时，飞行员必须同时注意飞机内部仪表和外部参照物。如果停留刹车松动，或者脚踩刹车时用力不够，都可能引起飞机逐渐前移。如果飞行员注意力只在座舱内部，发现不了飞机的移动，其结果是难以预料的。

每一架飞机都有不同的设备和特点，因此除了以上的通用原则之外，试车时必须遵守由飞机制造厂商提供的起飞前检查单。

2.8　着陆后

飞机在跑道上着陆以后，在转弯脱离跑道之前要逐渐减速至正常的滑行速度。如果减速不够，大速度进入大角度的转弯有可能导致飞机进入地转甚至导致擦机翼，损坏飞机结构。

为了在着陆滑跑时能够集中精力操纵飞机，飞行员应该在飞机完全脱离跑道并停下来后进行着陆后检查。在一些飞机上，由于滑行时没有合理分配注意力，并且起落架和襟翼的操纵杆很类似，很多飞行员误收了起落架而不是襟翼。当然，如果飞机制造商推荐在着陆滑跑过程中完成特定的程序，也应该遵守。比如，执行短跑道着陆时，制造商可能推荐在滑跑时就收回襟翼以改善刹车效果，这种情况下，飞行员应该绝对区分开襟翼和起落架的操作。

2.9　脱离跑道后

飞机在完全脱离跑道后，要执行制造商提供的针对机型的着陆后检查单。为了保证飞行员在滑行的时候能够集中精力操纵飞机，通常在单人制机组运行的时候，需要将飞机完全停住再执行着陆后检查。

不同的飞机有不同的特征和设备，着陆后检查通常包含一些非常重要的内容，如果遗漏这些项目，可能对飞机或人员造成影响。例如，着陆后忘关空速管加温可能造成空速管失效，忘记关闭应答机可能对管制员或其他飞机造成干扰，忘记关闭机载气象雷达会对地面的设施和人员甚至雷达本身造成不良影响。

以下是一些常见的着陆后项目：
- 襟翼——证实收上；
- 鱼鳞板——打开；
- 变距杆——最前；
- 调整片——设置。

2.10　停　机

飞机在有管制员的机场应听指挥停放。如果是在无人管制的区域，飞行员可以选择适当的停机位置和机头朝向，以避免其他飞机的螺旋桨或喷气气流从侧面吹击自己的飞机。如果是露天停放，尽可能地把飞机朝向现有的风向或者预报的风向。当飞机滑到合适的停机位后，可以稍微向前再移动一点，使前轮（或后轮）能够摆正，与飞机纵轴平行。

2.11 关 车

飞机停靠好以后，飞行员不能为贪图简单而草草关车，应该每次都按照制造厂商提供的检查单上的程序关闭发动机并固定好飞机。有些飞机需要一定的发动机冷却时间，飞行员应该在落地后将发动机置于慢车运行满规定时间以后，再执行关车程序。一些常用的关车程序包括：

- 停留刹车设置。
- 油门慢车位或者 1,000 RPM。如果装有涡轮增压器，则执行飞机制造商的涡轮减速程序。
- 在慢车位短时关断磁电机电门，然后接通，以检查电门在关断位是否工作正常。
- 变距杆（如果有）推到最前。
- 关闭电子设备和无线电装置。
- 混合比杆慢车关断。
- 发动机停止工作后关闭磁电机开关。
- 关闭总电门。
- 锁上舵面锁。

2.12 飞行后

在发动机关闭和飞机固定好之前，飞行是没有结束的。飞行员应当明确，关车和系留都是一次完整飞行不可或缺的部分。

2.13 固定和维护

在发动机关车、乘客离开飞机后，飞行员应完成飞行后检查。这次检查包括飞机各部分的总体状况。为了下一次的飞行，应该检查滑油，如果有需要还应添加燃油。如果飞机短时间内不再飞行，最好加满油箱以防止内部水汽凝结。在完成了一天的飞行之后，飞机应停放在机库中或固定牢靠，并锁定好飞机的操纵舵面，以保证停放过程中的安全。

3 基本飞行机动

3.1 四个基本飞行机动

所有的飞行动作都是基于四个基本的飞行机动：直线平飞、转弯、上升和下降。所有的可控飞行都是由这些基本飞行机动中的一个或者多个组成的。如果一个学员能够基于精确的飞行感觉和控制分析而不是机械的运动来很好地完成这些机动动作，那么只要获得了某指定机动过程的清楚想象图及了解其基本概念之后就可以完成此机动。教员必须把这些基本飞行机动的详细知识传授给学员，并把这些基本飞行机动联系起来安排他们的飞行练习，做到本能而又不费力地、完美地完成每一个飞行机动。为了成功地完成飞行训练，这一点再怎么强调都不过分。当学员学习更加复杂的机动时，大多数学员难以掌握这些复杂机动，是因为没有掌握好一个或者多个基本飞行机动。

3.2 操纵装置的使用和效果

在解释操纵装置的作用时，教员必须强调：尽管飞行操作的方法是多样的，但操作达到的效果是确定不变的。飞行员必须把自己当作飞机运动的中心，或者把自己当作判断和描述飞机运动的参考。不管飞机相对于地面的姿态如何，下面的这些理论都是正确的：

- 当向后带杆时，机头相对于飞行员上抬；
- 当向前稳杆时，机头相对于飞行员下俯；
- 当向右压盘时，飞机相对于飞行员向右滚转；
- 当向左压盘时，飞机相对于飞行员向左滚转；
- 当向左抵舵时，飞机相对于飞行员机头向左偏转；
- 当向右抵舵时，飞机相对于飞行员机头向右偏转。

这样理解操纵装置的作用是让学员一开始就理解"上""下"这些术语是飞机相对于飞行员的运动状态，而不是相对于地面的"上升"或"下降"。这样能使飞行操纵更容易理解，特别是在大坡度盘旋或更高级的机动时。因此，学员必须能够确定合适的操纵方法，使飞机达到预期的姿态或飞行状态。

教员应该告知学员：飞机操纵装置（杆、盘、舵）存在"实时压力"，如果配平好飞机，飞机操纵装置会具有保持中立位的趋势。

理解这句话之后，学员应注意不要想着操纵装置的移动，而是要考虑施加在这些操纵装置上的反作用于实时压力或者阻力的力。飞机的机动是由持续施加在操纵装置上的一定大小的力引起操纵面的移动形成的，而不应该过于关注操纵装置的移动。

气流施加在操纵面上力的大小由空速和操纵面偏离其中立位置或平衡位置的程度所决定。因为各个机动的空速不同，操纵面的实际移动量并不相同，所以操纵飞机要考虑通过施加多少操纵力来获得预想的结果，而不是操纵面实际移动了多少。

应该用手轻轻握住驾驶杆，而不是抓紧或者攥紧。初学的飞行员常见的错误就是"紧攥操纵杆"。这种倾向应该被杜绝，因为它妨碍了对杆力的"感觉"，而这恰恰是飞机操纵的一个重要部分。

飞行员的双脚应该在方向舵踏板上自然放松，脚跟放在地板上以支撑脚部重量，两个前脚掌分别接触在两方向舵踏板上，放松双腿，双脚不要紧绷。

使用方向舵踏板时，要平缓加力，并用前脚掌施力。因为方向舵踏板间是相互连接的，并且向相反方向运动，所以对一个踏板加力时，必须相应地放松另一个踏板。当方向舵踏板必须大幅度移动时，要用前脚掌施加较大的力，伴随脚跟在座舱地板上的滑动。记住：每个前脚掌要放松地放在方向舵踏板上，以便能感觉到微小的压力变化。

总的来说，飞行中，是飞行员施加在操纵杆和方向舵踏板上的力引起飞机绕其轴线转动。当操纵面偏移其平衡位置时（即便很小的偏移），其表面的空气流动也会对其施加一个反作用力，使它回到平衡位置，这就是飞行员在操纵杆和方向舵踏板上感受到的力。

3.3 对飞机的感觉

不依赖座舱设备而感觉飞行状态的能力，通常被称为"对飞机的感觉"，但也包括"感觉"以外的知觉。

首先，飞行中的声音是"对飞机的感觉"中一个重要的知觉。现代轻型飞机座舱常常采用防声罩，但仍可听见气流声，当气流声音级别变大时，说明空速在增加。并且，在不同的飞行状态下发动机会发出不同类型的声音，巡航时发动机的声音与爬升和下降时都不同。定距螺旋桨飞机，转速的变化能造成声音的明显改变。飞机上滑流的声音掩盖了一部分噪声，根据滑流的声音和发动机声音的关系飞行员不但能够估计现有的空速，还能估计空速的变化趋势。

有三种对飞行员非常重要的实际"感觉"来源：一个是飞行员自身感觉到的加速度变化，也能感觉到加在机身上的 G 载荷；向心力使飞行员紧压向座椅或者推向安全带；径向加速度使飞机产生侧滑，从而使飞行员从座椅的一侧移向另一侧。这些力不需要很大，只要能被感觉到就行，有良好感觉的飞行员甚至能感觉到飞机极其微小的变化。

"感觉"的另外一个要素就是飞行员操纵副翼和方向舵时的触感，它直接提供空速的相关信息。如前所述，操纵面在气流中移动会受到与气流速度成正比的阻力影响。当气流流速快时，操纵装置难以移动；当气流流速慢时，操纵容易，但是需要操纵面偏转更大的距离。随着气流速度的减小，需要在操纵杆上施加的力和操纵延迟都会变大。

还有一类"感觉"主要通过是机身振动传递给飞行员的。比如飞机在失速前的抖动。

肌肉运动知觉，也就是对运动的方向或速度改变产生的感觉是飞行员可以培养的最重要的感觉之一。养成良好的运动感，可以使飞行员在空速改变、刚开始下沉或者控制器失灵时及时作出反应。

每个人都天生具有这些感觉飞机的意识，但是"感觉"这种能力是逐渐培养起来的。教员应该引导学员协调这些感觉，并使其知道在不同飞行状态时这些感觉的差异。为了更有效地达到此目的，教员必须充分了解感觉到变化和仅仅注意到变化之间的不同，另一方面也需要教员在飞机上给学生创造一个宽松的教学环境，因为在压力下人的感觉能力会有所下降。事实已经充分证明：在早期飞行训练中"对飞机有感觉"的飞行员更容易完成复杂机动飞行。

3.4 姿态飞行

在目视飞行中，姿态飞行是通过参考天地线建立飞机姿态的飞行（图 3.1）。飞机姿态是飞机轴线和天地线之间的角度差。俯仰姿态是纵向轴线和天地线之间的角度差。横侧姿态是横向轴线和天地线之间的角度差。飞机绕垂直轴的偏转（偏航）定义飞机的航迹，它与天地线无关。

图 3.1 飞机姿态基于飞机前端或者翼尖在自然天地线上的位置关系

在姿态飞行中，飞机控制包括四部分：俯仰操纵、横侧操纵、功率设置和配平操纵。
- 俯仰操纵是操纵升降舵使飞机绕横轴相对于天地线抬头或低头。
- 横侧操纵是操纵副翼使飞机绕纵轴转动来获得相对于天地线的预期坡度。

- 功率设置是当需要改变推力大小时进行的操纵。
- 配平操纵是获得期望的姿态后，用来消除杆力的操纵。

姿态飞行的主要公式是：

$$姿态+功率=性能$$

3.5 "操纵和性能"概念

通过控制飞机的姿态和功率，飞机的性能得以体现。飞机的姿态是飞机的纵轴和横轴与地球天地线之间的关系，飞行员通过参照目视参考和操纵发动机的功率输出来控制飞机姿态，使其达到所需的性能，这整个过程被称为姿态飞行的"操纵和性能"方法。为了方便讨论，我们将目视飞行所得到的飞行姿态通过飞机上的地平仪来描述，这样有助于我们将来过渡到仪表飞行训练。

3.5.1 操纵仪表

操纵仪表能够实时显示姿态和功率指示，并且可以进行精确的调节。在这里，我们用"功率"来代替从技术上说更为正确的术语"推力和阻力关系"。通过参考姿态和功率指示来决定如何操纵飞机。功率指示器根据飞机的不同而不同，可能包含进气压力表、转速表、燃油流量表等（图3.2）。

图 3.2　操纵仪表

3.5.2 性能仪表

性能仪表反映了飞机的真实性能。通过参考高度表、空速表、升降速度表、航向指示器和转弯侧滑仪来确定飞机的性能（图3.3）。

图 3.3　性能仪表

3.5.3　导航仪表

　　导航仪表指示飞机相对于所选导航设施或定位点的位置。这些仪表包括各种类型的航道指示器、距离指示器、下滑道指示器和方位指针（图 3.4）。现今的飞机配有更高科技的仪表，提供综合信息，可以给飞行员更精确的定位。

图 3.4　导航仪表

3.5.4　基于“操纵和性能”的飞行程序步骤

（1）使用操纵仪表，设定一个合适的姿态和功率，以获得所需性能。按照经验设置好姿态和功率，可以减小飞行员的工作量。

（2）配平飞机直到操纵力消除。操纵飞机要柔和、准确，并且尽量配平飞机，使得即使不握杆，飞行状态也不会改变。配平使飞行员有更多的精力履行其他的驾驶舱职责，并且使飞机不易从设定好的姿态偏离。

（3）交叉检查性能仪表，确定已建立的姿态和功率是否达到了预期的性能。交叉检查包括看和理解两个过程。如果发现偏差，则应选择合适的修正方向和修正量，以获得所需的性能。

（4）按需调整操纵仪表的姿态和功率。

3.6　内外结合的注意力分配

当对学员进行基本飞行机动的教学时，建议教会学生使用“内外结合”的飞行方法，它是指综合利用外部参考和飞行仪表，建立以及保持预期的飞行姿态（图3.5）。如果学员采用这种技巧，他们能够获得更加精细和全面的目视领航能力。尽管这种操纵飞机的方法是依靠经验积累形成的后天习惯，但是学员应该努力掌握这种技巧。

图 3.5　“综合的”或“复合的”飞行方法指导

下面是其最基本的原则：

● 飞行员应将90%的注意力放在驾驶舱外，通过参考飞机与天地线的相对位置关系来建立和保持飞机的姿态，并观察外界飞机。如果在检查俯仰和横侧姿态时，发现其中一个或者两个参数与预期的有偏差，应立即把飞机修正到合适的姿态。循环检查并及时修正，飞机与预期的航向、姿态和航迹就不会出现太大偏差。

● 参考飞机仪表和检查飞行数据以确定飞机姿态。如果飞机仪表显示飞行状态需要修正，要确定准确的修正量，参考天地线进行修正，再参考仪表检查飞机的姿态和飞行状态，然后通过参考天地线来保持飞机按正确的姿态飞行。

● 飞行员要不断地快速扫视飞行仪表来监控飞行数据，投入驾驶舱内的注意力不要超过10%。飞行员应该培养迅速集中注意力到适当仪表，然后立即转移注意力到外部参考来控制飞机姿态的技能。

飞行员应该非常熟悉外部参考点相对于天地线的位置关系及相应的飞行仪表显示。例如，某次飞机俯仰姿态的调整需要飞行员使选定的外部参考点相对于天地线移动几厘米的距离，但是相应的地平仪指示杆只移动几分之一厘米；当参考翼尖与天地线之间的位置关系时发现飞机有明显的坡度，但是地平仪上只有很小的变化，初学飞行的学员很难注意到。

初学者经常犯的错误是看着仪表来操纵飞机调整俯仰和坡度。在施加了操纵力之后，如果初学者不熟悉参考仪表飞行的复杂性，如仪表显示的延迟和陀螺的进动，所以总是修正过量，结果造成"追仪表"。天地线就像一个大的地平仪，如果参考天地线保持飞机姿态，可以快速、精确地判断飞机的姿态，而且其显示也比任何仪表显示都大很多倍。

内外结合的飞行方法仅适用于目视条件下的飞行，在仪表天气条件下不要使用。教员应告诉初始进入的学员，无论任何时候或由于任何原因，参考天地线不能建立或保持飞机姿态时，应当作紧急情况处理。

3.7　直线平飞

要重视在直线平飞中培养正确的飞行习惯，一些教员和学员倾向于认为自然而然地就能掌握直线平飞，但事实并非如此。有些飞行员的基本飞行技能总是低于标准要求，其原因就是没有掌握好正确的直线平飞方法。

直线平飞是维持恒定的航向和高度飞行。由于无意识的小的转弯、下降或者上升，都会引起航向和高度上的偏差，完成直线平飞就要对这些偏差进行及时而适量的修正。首先，平飞就是选取飞机上的某部分作为参考点，有意识地固定参考点和天地线之间的位置关系。在确定这些参考点的时候，教员应该先将飞机调整到平飞姿态，并帮助学员选取参考点。教员应该明白：不同位置所看到的参考点与天地线位置关系不可能完全相同。参考点的选取取决于学员坐的位置、身高和坐姿。因此，在确定天地线关系位置时，学员采用正常和固定的坐姿是非常重要的；否则，当改变坐姿时，这些点的关系位置将会发生变化。

在学习平飞时，首先教员要指导学员轻握驾驶杆，在盘上施加合适的力来控制飞机，这个力刚好能产生期望的操纵结果。学员应该学习将天地线位置关系的变化和引起这些变化的操纵力联系起来。这样，学员可以提高如下能力：在不参照仪表或者外部参考点的情况下，直接通过控制操纵力的大小和方向就能完成一次较小的修正。

选取机头的某一点作为参考点，然后固定这个点与天地线的相对位置（图 3.6），以获得平飞

图 3.6　直线平飞时机头的参考

（恒定飞行高度）所需的俯仰姿态。通过这种方法获得俯仰姿态，需要经常检查高度表来判断飞机的俯仰姿态是否正确，如果偏离了预定高度，根据需要重新调整天地线的相对关系位置，然后再检查高度表以确定是否保持预定的高度。通过向前稳杆或向后带杆来控制飞机的俯仰姿态。

地平仪上的俯仰姿态和天地线相对关系位置一样，也可作为如何操纵飞机保持平飞姿态的参考。但是，最重要的参照源是天地线。

在正常的机动飞行中，"增加姿态"意味着相对天地线使机头抬高；"减小姿态"意味着相对天地线使机头下俯。

通过目视观察飞机翼尖与天地线之间的位置关系来完成直线飞行（从侧面看飞机是水平的），两个翼尖都必须等距离地高于或者低于地平线（取决于飞机类型是上单翼还是下单翼），否则就需要通过调整副翼来进行修正，注意操纵力与坡度之间的关系（图 3.7）。学员必须明白：无论任何时候飞机带坡度，即使是非常小的坡度，都会引起飞机的滚转，直线平飞要达到的标准就是出现水平方向的偏差时，应立即发现并作出修正，此时仅需要较小的修正量。应通过检查航向指示器来发现航向上的偏差。

图 3.7　直线平飞时的翼尖参考

与通过仪表板或机头同天地线的关系来判断飞机是否带坡度相比，观察翼尖位置的方法更好。这样可以防止飞行员的视线固着，使飞行员的注意力从机头转开，增大了飞行员观察的区域，自然地扩大了飞行员的视野范围。在练习直线平飞时，翼尖不仅可用来确定飞机的坡度，也可以看出俯仰姿态的变化。此方法仅可在学习直线平飞时使用，不建议在进行其他练习时使用。

学员的视线范围也非常重要，因为如果视线被遮挡，学员往往持续看一个方向（通常是左侧），随之习惯了这种方式。这样不仅会导致学员通过不正确的角度进行判断和修正，并且使他无意识地向此方向压盘并向反方向蹬舵，造成飞机带侧滑飞行。

在机翼接近水平的时候，仅仅在方向舵上向期望的方向施加必要的力就有可能使飞机保持直线飞行，但是教员必须指出：仅使用方向舵的操作是不正确的，因为这样很难对飞机进行精确的控制。当飞机配平而且大气平稳的时候，直线平飞几乎不需要施加操纵力，因此，学员一定不要养成在不必要的时候移动操纵杆的习惯，并且要学会判断什么时候需要做出修正，然后自然而又不费力地作出准确的响应。

在直线平飞时，没有方向舵配平的飞机需要在方向舵上施加一个合适的力保持飞机不带侧滑。在飞机平飞时，应让学员体会为了保持直线平飞而施加在方向舵上的力。一个常见的错误就是初学者总是倾向于把视线集中在机头，试图通过观察整流罩与天地线的相对关系位置来保持机翼的水平，但是整流罩是有弧度的，使用这种方法，参考线非常短，与参考翼尖相比不易发现小的偏差，一旦没有发现偏差。飞机带坡度飞行，学员就会不自觉地抵反舵保持直线飞行，造成有关中立操纵力错误的概念。使用方向舵修正机翼拖曳的习惯一旦养成就很难去除，如果不采取纠正措施飞行员会很难掌握其他飞行机动。

为达到训练目的，直线平飞时一般都维持油门不变使飞机保持恒定的空速。通过增大或减小功率，有意改变空度，可以训练在不同速度下维持直线平飞。空速变化后需要相应的改变俯仰姿态和俯仰配平以保持高度不变。在收放襟翼和起落架时，也要对俯仰姿态和配平做相应的改变。

直线平飞中的常见错误：
- 选取了飞机上不合适的参考点来建立飞机姿态；
- 忘记了预先选取的参考点；
- 试图依据飞机仪表而非外部目视参考来建立或修正飞机姿态；
- 试图仅使用方向舵来保持方向；
- 习惯性带坡度飞行；
- 盲目追仪表而不坚持姿态飞行的方法；
- 握盘的力太大导致操纵粗猛，且缺乏对杆力的感觉；
- 推拉操纵装置而不是施加操纵力来克服气流；
- 注意力分配不当或者目视参考外部时间不够（埋头于驾驶舱）；
- 视线固着在机头的参考点上，仅照顾到俯仰状态；
- 不必要或者不恰当的操纵（如无意识地晃动驾驶盘）；
- 发现偏差后不能进行及时而准确的修正；
- 没有足够意识到依靠感官提高对飞机状态变化的判断。

3.8　配平操作

当正常重量和载荷条件下的飞机处于平飞状态时，飞机主操纵面（方向舵、副翼、升降舵）和飞机外表面成流线型。如果要使飞机改变其平衡状态，就需要持续施加力到操纵面上以使其偏离流线位置。使用配平能消除飞行员的操作力。正确的配平操作非常重要，但这种技巧的重要性常常被忽视。如果配平不当，要使飞机保持预定的飞行状态就需要飞行员长时间用人力控制，造成飞行员紧张和疲劳，分散飞行员注意力，严重的甚至导致飞机姿态异常。

由于小型飞机功率小、速度低，其座舱内不一定装备了所有的操纵面配平装置。如果飞机上装有方向舵、副翼和升降舵配平，配平的先后顺序是升降舵、方向舵、副翼。首先应配平升降舵或全动平尾，以消除保持恒定的俯仰姿态或飞行速度的操纵力。在空速变化时不要试图使用方向舵配平，因为空速变化会导致垂尾偏转时的力矩产生变化。当建立稳定的俯仰姿态或空速以后，再操纵副翼使机翼保持水平并对方向舵进行配平，最后配平副翼，消除驾驶盘上的操纵力。

配平操作的常见错误是试图用配平来控制飞机。为了避免这种错误，飞行员应该学会利用主操纵系统来建立并保持预期的飞机姿态。应该首先参考天地线来建立正确的飞行姿态，然后通过仪表进行检查，最后按上述顺序配平飞机，消除手或脚上的操作力。飞行员不应使用配平来建立或修正飞机的姿态。必须首先使用主操作系统来建立飞机的姿态，然后使用配平操纵达到"放手"飞行的状态。即使是经验丰富的飞行员，也常会犯"用配平飞行"的错误。

正确配平飞机是飞行员的基本飞行技能。飞行员感觉到的操纵力应该是飞行员有计划地改变飞机姿态期间进行有意的操纵输入产生的，而不是因飞行员任由飞机自己控制产生的力量。

任何操纵力应该是试图改变飞机姿态过程中飞行员有目的地操纵飞机的结果，而不是操作飞机过程中飞机施加给飞行员的。

3.9　平飞转弯

3.9.1　协调转弯中心的操纵

飞机转弯通过向转弯方向压坡度来实现。飞行员选择好坡度后，就需要压盘形成此坡度，并在坡度建立之后施加一定的操纵力以保持此坡度（图 3.8）。

协调转弯中要用到所有的四个主操纵，各操纵的基本功能如下：

● 副翼偏转使飞机形成坡度，以此确定特定空速下的转弯率。

● 升降舵控制机头上下运动，运动方向与机翼垂直，借此调整俯仰姿态并且在转弯中"带住"机头。

● 油门提供转弯中维持速度所需要的动力。

● 通过方向舵偏转来消除侧滑，转弯不是通过方向舵来完成的。

3.9.2　水平转弯的分类

水平转弯可以分为三个类型：小坡度转弯、中等坡度转弯、大坡度转弯。

● 小坡度转弯是指坡度小于 20° 的转弯。因为转弯坡度较小，飞机的横侧稳定性有减小飞机坡度的趋势，必须向转弯方向压盘来维持飞机的坡度。

● 中等坡度转弯指坡度在 20°～45° 之间。在这种情况下飞机能维持稳定的转弯坡度。

图 3.8　水平左转弯

● 大坡度转弯指坡度大于或等于 45° 的转弯。这种情况下飞机会有翻滚趋势（Overbanking Tendency），必须向反方向压盘来阻止坡度继续增大。

向某一侧协调使用副翼和方向舵，能够改变机翼上的升力方向，使飞机向该方向转弯（图 3.9）。

当飞机直线平飞时，飞机的总升力和机翼以及地面垂直。当飞机压坡度进入转弯时，飞机的升力可以分解为两个分量：升力的垂直分量与地面垂直，与飞机的重力相平衡；升力的水平分量与地面平行，作为飞机转弯的向心力。在水平转弯中，两个分量的合力垂直于飞机的机翼。在水平转弯时，使飞机转弯的是升力的水平分量而不是方向舵的偏转力。当利用副翼操作飞机绕纵轴滚转时，下偏副翼（在上偏的机翼上）比上偏副翼（在下偏的机翼上）产生的阻力更大（图 3.10）。产生更大阻力的副翼会使飞机朝上偏机翼方向或转弯的反方向偏航。为消除此反向偏航的趋势，保证协调转弯，需在偏转副翼的同时朝转弯的方向蹬舵。

图 3.9　改变升力使飞机进入转弯

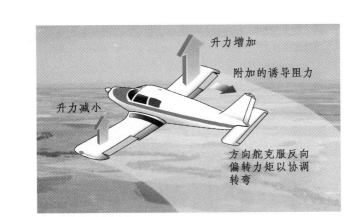

图 3.10　转弯中飞机的受力

当中等坡度转弯建立起来后，施加在盘上的力可以释放，飞机将继续保持恒定坡度转弯。因为副翼不再偏转，所以同样可以取消施加在方向舵脚蹬上的力，由于滑流作用，方向舵舵面将自动调整到其流线位置。如果水平转弯建立起来后继续蹬舵，飞机将产生外侧滑。如果不是让其自己回到流线型位置而试图将舵蹬平，方向舵会受到偏转反方向的力，飞机会有向转弯的反方向偏航的趋势，从而产生内侧滑。无论何时飞机出现侧滑，转弯侧滑仪将显示小球偏离中间位置，如图 3.11。只有在协调转弯时飞机才不带侧滑。在不参考转弯侧滑仪的条件下，能正确地感知飞机的不协调情况（有无侧滑）是飞行技能的基本要求。在这个训练阶段，教员应该加强学员这方面能力的训练，并且在随后的科目中坚持运用这种能力以达到完美的协调转弯。

在所有保持速度不变的平飞转弯中，升力的一部分被分解为水平分量，当形成坡度后，必须通过增加总升力来弥补这一部分的升力损失，否则飞机会损失高度。所以，当形成坡度后，必需带杆增加迎角以保持平飞。

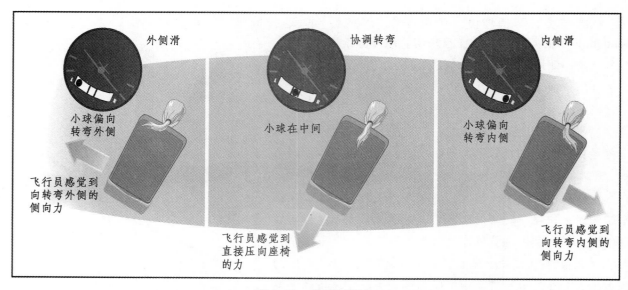

图 3.11　转弯侧滑仪

转弯改出时通过协调地向转弯反方向使用副翼和方向舵,使飞机恢复平飞状态。为了理解空速、坡度和转弯半径之间的关系,应该注意,在给定的空速下,转弯率由升力的水平分量决定,升力的水平分量的大小和飞机的坡度大小成正比。因此,空速不变,飞机的转弯率随飞机的坡度增加而增加。另外,当以较高真空速进行一定坡度的转弯时,由于惯性的作用需要更大的向心力,使得转弯率变小。因此,当坡度一定时,真空速越大,转弯半径越大,因为飞机转弯率将变小,如图 3.12。

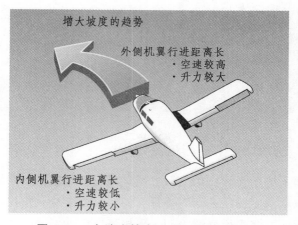

图 3.12　大坡度转弯时飞机有翻滚趋势

当从小坡度进入中等坡度转弯时,随着转弯半径减小,相对于内侧机翼,转弯外侧机翼表面的空速变大,外侧机翼上产生的额外升力抵消了飞机的固有横侧稳定趋势。因此,在任何给定空速的情况下中等坡度转弯都不需要操纵副翼来维持坡度。如果转弯坡度从中等坡度增加到大坡度,飞机的水平转弯半径继续减小,继续增大的外侧机翼升力将克服飞机的固有横侧稳定性,必须向转弯反方向压盘以防止飞机坡度继续增大。

随着飞机的转弯半径减小,飞机内侧和外侧机翼表面的空速差越来越大。外侧机翼相对于内侧机翼的行进距离更长,因此外侧机翼运动的速度更快,产生的升力也更大。因此在大坡度转弯时,会产生翻滚趋势,所以必须通过操纵副翼来防止坡度进一步变大,如图 3.13。因为外侧机翼产生的升力较大,所以同时也产生较大的诱导阻力,因此必须通过方向舵来消除由此产生的小的内侧滑。

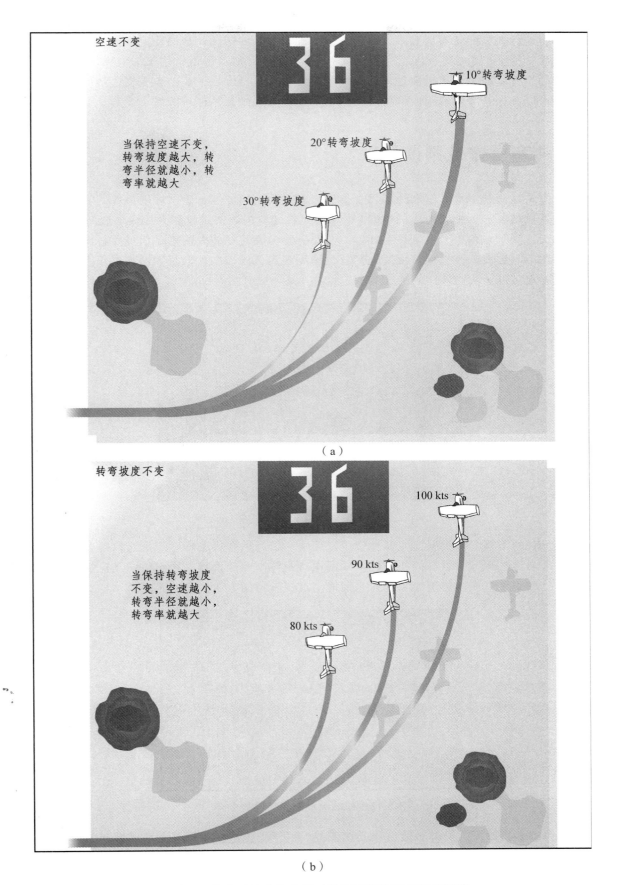

图 3.13　转弯时坡度和空速对转弯率和转弯半径的影响

在刚开始进行大坡度转弯训练时，有可能出现机头过低的情况，从而造成损失高度较多。对于这种状态的改出，飞行员首先应该盘舵协调地减小飞机的坡度，然后再带杆抬机头使飞机回到平飞状态。如果试图只利用升降舵来改出机头过低的大坡度转弯，将有可能进一步增大坡度，造成飞机过载。正常情况下，可以利用升降舵修正俯仰姿态的较小误差，利用副翼来保持坡度不变。

3.9.3 转弯操作及判读

飞行员应该综合利用地平仪和外部目视参考来建立预期的坡度。建立坡度最好的目视参考为下单翼飞机转弯外侧机翼和天地线形成的角度（上单翼飞机转弯内侧的机翼和天地线形成的角度），或发动机整流罩和天地线形成的夹角（如图 3.14）。因为小型飞机的发动机整流罩相对而言比较平坦，它和天地线的夹角能大致反映飞机的坡度。地平仪也能反映飞机的坡度，但是转弯侧滑仪上读出的是飞机的转弯率而不是坡度。

图 3.14　坡度的目视参考

学员飞行时的坐姿非常重要，尤其在转弯过程中。因为坐姿将影响飞行员对目视参考的判读。训练初期，有的学员在转弯时容易倾斜身体，试图保持身体与地面垂直，而不是同飞机横轴垂直。这种错误应该及时纠正，以便学员能够更好地掌握使用目视参考的方法，如图 3.15。

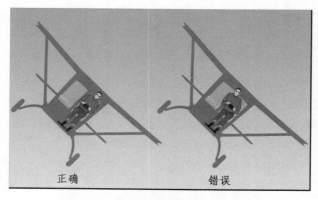

正确　　　　　错误

图 3.15　座舱内正确和错误的坐姿

学员和经验丰富的飞行员都可能出现判读误差。双座飞机滚转操作时尤其典型，因为飞行员都坐在纵轴的两边。当左转时容易产生飞机抬头的错觉，而当飞机右转时容易产生飞机低头的错觉（图3.16）。

（a）   （b）

图 3.16　判读误差

　　初始训练的学员操纵盘、舵的量不宜过大，因为大的操作量将使飞机绕三轴快速滚转，而且在建立预期坡度之前只有很短的时间用来进行修正。减小飞机滚转的速度，学员将有更多的时间对飞机姿态进行修正。一旦飞机进入转弯状态，飞机的机头将沿着天地线运动，并且其运动速度将随飞机坡度的增加而增大。

　　下列几种情况提供了很好的指导：

- 如果飞机的机头在飞机的坡度形成之前就沿着天地线运动，表明蹬舵过早。
- 如果在机头转弯之前飞机倾斜，或机头向飞机倾斜的反方向运动，表明蹬舵过晚。
- 如果当飞机开始转弯时，机头上抬或下俯，表明升降舵使用不当。

　　当建立了预期的坡度以后，应该放松副翼和方向舵，使其自然回到中立位置以阻止坡度进一步增大；但为了保持高度不变，应该持续保持带杆力。在转弯过程中，飞行员应该交叉检查空速表，如果空速下降超过 5 kts，需要适当地增加油门。交叉检查还应该包括外部参考点、高度表和升降速度表，这些将有助于判断飞机的俯仰姿态是否正确。如果飞机爬升或下降，应该参考天地线调整飞机的俯仰姿态，再循环检查飞机的高度表和升降速度表，确定飞机高度是否保持好了。

　　在所有转弯中，与直线平飞一样，使用副翼、方向舵和升降舵来调整飞机较小的俯仰和坡度偏差。

　　转弯改出同进入转弯非常相似，但飞机的操作方向恰好相反。向改出方向或者向上偏的机翼一侧压盘蹬舵。随着飞机的坡度减小，应放松施加在升降舵上的操作力以保持飞机高度。

　　只要坡度存在，飞机就将持续转弯，因此在到达预期航向之前就应该提前开始改出。提前量的大小和转弯中所用的坡度大小有关。正常情况下，提前量为坡度的一半，例如，如果转弯坡度为 30°，提前量应该为 15°。机翼改平时，应该逐步放松操作力，这样当飞机恢复平飞姿态时操纵面将处于中立位置。当转弯改出结束时，应该根据目视参考以及地平仪、航向仪来决定转弯是否结束，飞机是否处于平飞状态。

　　平飞转弯训练应该从中等坡度转弯开始，这样学员可以不用担心飞机会产生翻滚趋势，或由于飞机的固有横侧稳定性使飞机坡度减小，从而更好地抓住平飞转弯的操作要点。教员不应该要求学员从一个坡度直接变到另一个坡度转弯，而是应该练习从平飞到转弯，再从转弯改平飞。在完成每个动作之后都要有短暂的停顿，以消除错误操作对飞机状态的影响，并保证下一个转弯能从一个正确的状态开始。在训练过程中，让学员知道应根据杆力大小来选择适当的操纵力，并以此强调控制飞机姿态的是操纵力而不是操纵杆的移动。训练的开始阶段，应鼓励学员自由地使用方向舵。出现外侧滑表明蹬舵的方向是正确的，只是蹬舵量过大，这可以很容易地在以后的训练中进行纠正。如果出现几乎不蹬舵或蹬舵方向相反的情况，则表明其缺少用舵协调转弯的概念。

　　在转弯训练中，根据机头与天地线相对关系位置的变化可以判断出协调操纵的偏差。有时候，在飞机进入和改出转弯过程中，俯仰姿态容易发生变化，但在横侧状态稳定以后就能保持在正确的位置。这是由于在进入和改出转弯过程中，在升降舵和方向舵上施加操纵力的时机掌握不好，缺乏协调性。

这表明学员虽然能正确理解转弯操纵的原理，但进入和改出转弯的技术还存在问题。

因为升降舵和副翼都是通过驾驶盘控制的，在训练的开始阶段，学员在向其中一个操纵面施力时容易无意识地改变另外一个操纵面的位置。在左转弯时这种现象尤为明显，因为手的位置使进行正确的操作不太方便。这也是出现右转弯时飞机稍微爬升和左转弯时飞机稍微下降的现象的原因之一。导致此结果的原因有多个，包括由于螺旋桨反作用力造成左右转弯时所需的蹬舵力量不同。

对于并排双座飞机来说，发生右转时爬升和左转时下降的情况很普遍。产生这种现象的原因是由于并排双座飞机的飞行员坐在飞机滚转所绕纵轴的两侧，这使得在正常左转弯时产生飞机抬头的错觉，而在正常右转弯时产生飞机低头的错觉。如果根据错觉来修正飞机俯仰姿态，会使飞机在右转弯时爬升而左转弯时下降。

获得良好的协调操纵能力和掌握正确的操作时机需要大量的练习。良好的协调操纵能力必不可少，因为它是完成基本飞行机动的基础。

如果身体适当放松，当任何力作用在身体上时，它将类似钟摆一样地摆动。当有外侧滑时，身体将向转弯的外侧摆动；当有内侧滑时，身体将向转弯的内侧摆动。相同的效果将反映在身体和座椅间的滑动。随着飞行经验的日渐丰富，学员对身体的这种感觉变得敏感，甚至在仪表指示飞机侧滑之前就能察觉出飞机正在侧滑，或者将要侧滑。

水平转弯中常见的错误如下：

- 在转弯开始前，没有证实转弯区域内是否有其他飞机活动。
- 试图仅仅依靠仪表进行转弯。
- 试图将身体同地面垂直，而不是相对飞机座椅垂直。
- 不参考仪表的条件下不能很好地察觉飞机存在侧滑，对飞机的"感觉"不够。
- 试图参照有弧度的机头来维持坡度。
- 在转弯过程中注意力固着在飞机的机头，而不参考翼尖。
- "地面恐惧症"——在低高度条件下不敢让飞机带坡度，企图使用舵转弯，或有意无意地减小坡度。
- 中小坡度转弯过程中一直蹬舵。
- 只能向某一方向做熟练的转弯（通常为左转弯）。
- 盘、舵和油门杆的使用不协调。
- 转弯时上升或下降，不能保持平飞。

3.10 爬升和爬升转弯

3.10.1 爬升

当飞机进入爬升，飞机的飞行轨迹将从平飞转换到爬升姿态。在爬升中重力方向不再同飞行轨迹垂直，而是产生一个向后的分量，必须增加拉力来平衡阻力的增加。飞机只有具有足够拉力来平衡额外的重力向后分量时，才能维持恒定的上升角。因此爬升受可用拉力的限制。

与其他机动飞行一样，应同时使用仪表和目视参考来进行爬升。了解下列爬升状态所需的功率设定和俯仰姿态对飞行员而言至关重要。

正常爬升——正常爬升是指以该型号飞机制造商推荐的空速爬升。正常爬升的速度通常情况下比飞机的最大上升率速度稍大。较大的速度能提供更好的发动机冷却效果、操控性和视野。正常爬升有时也称作巡航爬升。但复杂飞机或大功率飞机除正常爬升外一般还有一个特定的巡航爬升。

最大上升率爬升——V_Y 是飞机能够获得最大上升率的速度，称为最大上升率速度或最佳上升率速度。最大上升率爬升是指飞机在以最少的时间获得最大高度的速度爬升（即以获得最大上升率的速度爬升）。由于上升率决定于剩余功率的大小，最大上升率速度（V_Y）就是可用功率与所需功率之差（即剩余功率）最大时的速度。以容许的最大功率保持 V_Y 爬升，即为当时的最大上升率爬升。必须明白，如果超出了飞机的能力范围，试图依靠增大上升姿态来获得更好的爬升性能，飞机的上升率反而会减小。

最大上升角爬升——最大上升角爬升是指飞机以在一定水平距离内能获得最大爬升高度的速度爬升。最大上升角速度（V_X）比最大上升率速度（V_Y）小很多，是在发动机具有最大剩余拉力（或推力）条件下的速度。虽然，相对于最大上升率爬升，最大上升角爬升获得相同的爬升高度所需时间更长，但最大上升角爬升将获得最陡的爬升轨迹。因此最大上升角爬升常用于起飞后越障（图 3.17）。

图 3.17 最大上升角爬升和最大上升率爬升

随着高度的增加，最大上升角爬升速度增加而最大上升率爬升速度减小。在特定高度这两个速度将相同，该高度为该型号飞机的理论升限，如图 3.18。

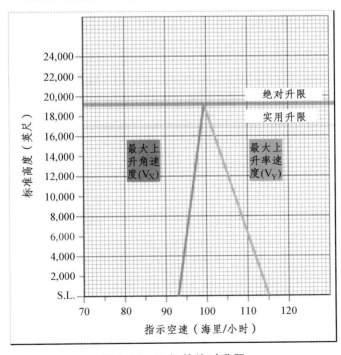

图 3.18 飞机的绝对升限

由平飞进入直线爬升的方法是向后带杆增加飞机的俯仰姿态到预定值，同时增加发动机功率至爬升功率。通常，当发动机功率增加时，由于水平安定面上的气流下洗作用增强，飞机会立刻主动抬头，使机头比预期的稳定位置高，飞行员必须要对这种现象有所准备。

当爬升开始后，飞机的空速将逐渐减小，这是由于飞机维持特定速度平飞时所需的拉力小于用该速度爬升所需的拉力。爬升时由于飞机重力的向后分量增大，导致飞机所受到的阻力增大，因此必须增加油门来抵消增加的阻力。

在设置为爬升功率时，螺旋桨效应变得更为显著，这是因为爬升时的空速比巡航时小，而迎角比巡航时大。在这种情况下，螺旋桨的反作用力和不对称桨叶作用将使飞机向左滚转并且向左偏航，应该抵右舵消除这种现象。

在开始做爬升和爬升转弯训练时，为消除螺旋桨的反作用力和不对称桨叶作用的抵舵操纵可能显得不够协调（如左转弯爬升时蹬右舵），但经过少量的练习后，修正螺旋桨的反作用力将成为飞行员的一种本能反应。

爬升中对飞机的配平也十分重要。当建立爬升姿态以后，应该配平飞机以消除操纵力。当飞机的俯仰姿态、功率、空速等任一因素改变后应该重新配平飞机。

当爬升时，发动机的功率应该设置为飞机制造商推荐的爬升功率。如果飞机的螺旋桨为变距螺旋桨，发动机的功率不但要参考转速表还要参考进气压力表。通常，襟翼和起落架（如果可收放）应该处于收上位以减小阻力。

随着飞机爬升高度的增加，进气压力表指示的进气压力（功率）逐渐下降，这是因为随着高度的增加，进入发动机的空气体积是相等的，但空气的密度会降低，所以导致进气压力下降。随着进气压力的降低，发动机的功率也降低。通常，高度每爬升 1,000 ft 进气压力大约降低 1 inHg（英寸汞柱）。因此对于长时间的爬升，为了维持恒定的功率，应该增加油门重新设置爬升功率。

由平飞转入爬升时，增加油门的同时向后带杆使飞机的俯仰姿态增大到相对于天地线的正确位置。当功率增加时，由于滑流扭转作用增强，作用在水平安定面上的下洗效应增大，飞机有抬头的趋势。随着飞机姿态增加和空速减小，为了消除螺旋桨效应，保持航向，应该增加抵右舵量。

当建立爬升后，为了维持恒定的上升姿态必须保持向后的带杆力。当空速减小时，升降舵会有回到中立位置的趋势，飞机有低头倾向，应向后打升降舵配平来消除向后的带杆力。整个爬升过程中由于功率始终设置为爬升功率，只能通过改变姿态来控制空速。

由爬升改平飞，应该提前上升率的 10% 开始改平操作。例如，如果飞机的上升率为 500 英尺/分钟，应该在低于预定高度 50 英尺时开始改平操作。改平时应该柔和稳杆使姿态逐渐减小，因为如果机头回到平飞位置而空速没有相应增加，飞机会掉高度。

当飞机在特定高度建立平飞姿态后，应该暂时保持爬升功率，这样可以使飞机尽快增速到巡航速度。当达到巡航速度后，油门和变距（变距螺旋桨）需要设置为巡航状态并将飞机配平。在发动机温度稳定后，按要求调整混合比。

3.10.2　爬升转弯

上升时为了保持正常的俯仰姿态，应该循环检查天地线相对关系位置、地平仪和空速表。同时，如果是直线爬升，应该保持恒定的航向，而如果是爬升转弯则应该保持恒定的坡度和转弯率（图 3.19）。

在爬升转弯时需要考虑以下因素：

- 因为爬升转弯相对于直线爬升需要更大的升力，所以如果使用相同的功率设置，将不能维持相同的俯仰姿态和空速。

图 3.19　爬升中的仪表指示

- 坡度不应过大，过大的坡度将减小上升率。坡度应始终保持恒定。
- 在爬升左转弯和爬升右转弯中应该保持恒定的空速和转弯率，关键是要协调使用各操纵机构。
- 功率设置相同，爬升转弯比直线爬升的上升率小，因为爬升转弯中升力的一部分将用于维持飞机转弯。
- 不要将注意力固着在机头上，而应该在座舱内外合理分配。

建立爬升转弯的方法有两种，其一是先进入直线爬升再转弯，其二是爬升的同时进行转弯。当爬升到训练空域时应该作爬升转弯。爬升转弯能使飞行员进行更好的扫视，并且转弯中的飞机更容易被发现。

在转弯中，由于迎角增大，升力的垂直分量将减小，诱导阻力将增大，而且随着坡度的增加，升力的垂直分量将进一步减小，诱导阻力将进一步增大。爬升转弯一般采用小坡度转弯以保持足够的上升率。如果用中等坡度和大坡度转弯，飞机的爬升性能将变差。

所有影响飞机平飞转弯的因素也将影响爬升转弯及其他飞行机动。应当注意：因为速度低，副翼阻力（反偏航趋势）的影响比平飞时更加明显。当改变坡度时，为了保持飞机协调飞行，应该增大蹬舵量。另外，为了保持俯仰姿态恒定，需要额外的带杆力以及配平操纵来平衡离心力并补偿升力垂直分量的损失。

爬升和爬升转弯中常见的错误如下：

- 试图通过参考空速表建立爬升的俯仰姿态，从而造成"追"空速表操作。
- 带杆动作过猛，造成爬升角过大。
- 改平时稳杆动作过猛，造成飞机负过载。
- 爬升转弯中方向舵使用不足或不当。
- 由于抵右舵不足，造成飞机直线爬升中偏航。
- 直线爬升中注意力固着于机头，造成爬升时飞机带坡度。
- 爬升转弯中由于升降舵和方向舵使用不当，导致转弯坡度过小，正确的爬升转弯中应该保持稳定的坡度。
- 动作不协调使飞机产生侧滑，使升力减小，影响飞机上升高度。
- 爬升转弯中不能保持稳定的俯仰姿态和坡度。
- 爬升时试图超出飞机的爬升能力范围。

3.11 下降和下降转弯

3.11.1 下 降

当飞机进入下降，飞机的飞行轨迹将从平飞转换到下降姿态。对于小型的活塞螺旋桨飞机，通常使用以下方式下降。

带功率下降——下降高度通常采用带功率下降，也常称为巡航下降。长时间下降时应该使用该型号的飞机制造商推荐的空速和功率设置。通常目标下降率为 400～500 英尺/分钟，带功率下降的速度范围一般在巡航速度与起落航线三边速度之间。但较大的速度变化范围并不意味着可以任意变化飞机的俯仰姿态，通常应该先选定合适的油门、空速、俯仰姿态，并保持不变。

最小安全速度下降——最小安全速度下降是在短跑道进近着陆时需要越障而实施的一种大姿态、有动力辅助的下降方法。该下降方法的空速为该型号飞机的制造商推荐值，通常不大于 $1.3V_{S_0}$。最小安全速度下降的特点为：下降角大于正常下降角，并且如果要使飞机在临界失速状态下飞行和/或以很大下降率下降，可能需要更多的功率在低速时提供足够的加速性。

滑翔（零拉力下降）——滑翔为飞机在零拉力或发动机处于慢车状态下，以可控下降率下降的一种基本机动。重力的分量维持飞机沿倾斜的轨迹向前运动，而飞机的下降率是靠飞行员平衡重力和升力来控制的。

滑翔与训练无功率准确着陆直接相关，同时对于正常进近着陆和发动机失效迫降也有重要意义。滑翔与其他机动操纵相比，应该更多地依靠潜意识来完成，因为在此过程中，飞行员更多注意的是实施的细节而不是滑翔操作的原理。滑翔通常在低高度下实施，所以操纵的准确性以及良好的技术和习惯尤为重要。

滑翔和带功率下降中使用的操纵方法有些不同，因此对于操纵技术的要求也不相同。操纵不同的原因主要有两点：其一为滑翔时没有螺旋桨的滑流扭转效应，其二为低速时各操纵面的操纵效应不同。

滑翔比是飞机在零拉力情况下水平前进距离和下降高度的比值。例如，如果一架飞机水平前进10,000 英尺时高度下降 1,000 英尺，那该飞机的滑翔比为 10∶1。

滑翔比受到作用于飞机上的升力、拉力、重力、阻力四个力的影响。如果作用于飞机上的力是恒定的，那么飞机的滑翔比也是恒定的。尽管本章没有涉及风对飞机的影响，但风对飞机相对地面的前进距离有很大影响。当顺风时，因为飞机的地速较大，所以滑翔距离较远；相反当逆风时，因为飞机的地速较小，滑翔距离较近。

因为影响飞机滑翔距离的是飞机的升阻比（L/D），所以飞机重量的变化不影响飞机的滑翔距离，只影响最大升阻比速度。滑翔比完全由作用在飞机上的空气动力来决定，飞机重量只影响飞机滑翔的时间，飞机越重，需要越大的空速来维持相同的滑翔比。例如，如果两架飞机具有相同的升阻比，但重量不同，在同一高度开始滑翔，较重的飞机滑翔速度更快并将在更短的时间内下降到着陆点。两架飞机将滑翔相同的距离，不同之处只在于较轻飞机滑翔的时间更长而已。

在各种飞行条件下，阻力随起落架和襟翼的收放而变化。当起落架或襟翼放下时，如果不减小飞机姿态，阻力将增加，空速将减小。当飞机姿态减小时，下滑角增大，滑翔距离减小。当发动机处于停车状态时，螺旋桨的风车效应将产生较大阻力，也会使滑翔距离减小。

螺旋桨的拉力主要由发动机的功率输出来决定，滑翔时发动机的油门处在关断位，因此拉力基本恒定。滑翔时飞机处于零拉力状态，只有通过调整俯仰姿态来维持恒定的空速。

滑翔的最佳速度（即最小阻力速度 V_{MD}）是飞机在静风中下降相同高度，前进的水平距离最远时的速度。使用最佳滑翔速度飞行时飞机的升阻比最大（L/D$_{MAX}$），所受到的阻力最小（图 3.20）。对于螺旋桨飞机来说，此时飞机的迎角一般是4°。

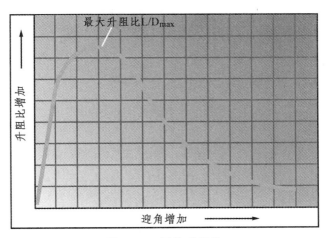

图 3.20　最佳升阻比

滑翔速度的任何变化将导致滑翔比的相应变化。最佳滑翔速度将产生最小的滑翔阻力，任何其他速度将产生更多阻力。因此随着滑翔速度偏离最佳滑翔速度，滑翔比也将相应变化。当速度小于最佳滑翔速度，诱导阻力增加；而当速度大于最佳滑翔速度，废阻力将增加。在以上任何情况下，飞机的下降率将增加（图 3.21）。

图 3.21　最佳滑翔速度在相同下降高度下滑翔距离最远

学员必须记住，绝不能通过带杆使速度减小到最佳滑翔速度以下来延长滑翔距离，这样会导致下降率和下降角增加，甚至导致意外失速。

进入滑翔，飞行员应该收光油门同时前推变距杆（如果安装）使桨叶角变小。在速度减小到推荐的最佳滑翔速度之前，应该带杆保持飞行高度。因为当功率下降时，作用在水平安定面上的下洗效应减弱，飞机会立刻主动低头，低头量比其实际稳定位置要低，飞行员对此要有所准备。当功率变化时，为了保持俯仰姿态，有必要立即使用配平。如果在进入滑翔时没有带住杆，俯仰姿态减小，速度增加，会妨碍飞机获得正确的滑翔角和滑翔速度。在飞机低头之前，应该让飞机减速，当飞机速度很慢时这点尤为重要，因为轻微的低头将使飞机速度立即增加。当飞机速度达到飞机的正常滑翔速度或最佳滑翔速度时，应该参考天地线调整飞机姿态以维持最佳滑翔速度。当速度稳定时，重新配平飞机。

当飞机的滑翔姿态建立以后，应该检查空速。如果空速比推荐的最佳滑翔速度大，则俯仰姿态小；如果空速比推荐的最佳滑翔速度小，则俯仰姿态大。如果空速偏离滑翔速度，需要参考天地线对飞机的俯仰姿态进行重新调整，并重新配平，以消除保持恒定的俯仰姿态所需的带杆力。**姿态飞行的原则为首先通过外部目视参考建立正确的飞行姿态，再参考仪表对飞机的姿态进行检查。**学员需要养成在每次俯仰姿态调整后对飞机重新进行配平的习惯。

以最佳滑翔速度作无功率下降通常称为正常滑翔。教员应该示范正常滑翔，并指导学员通过参考天地线目视检查飞机姿态，记住飞机的下降角度和速度，并且体会气流流过机体的声音、主操纵机构上的操纵力等对飞机的感觉。刚开始飞行的学员可能无法通过目视参考和操纵力立即察觉速度和坡度的轻微变化。开始阶段最容易的参考方法是利用听觉。教员应该让学员体会到飞机速度增加声音会增大，而速度减小声音会减小。当学会利用声音判断飞机速度的改变之后，学员应有意识地同其他两种感觉建立正确的联系。学员必须有意识地运用三种对飞机的感觉直到变成习惯。当注意力从飞机姿态控制上转移后，应保持警觉，一旦感觉到飞机主操作机构上的操作力或飞机声音变化，必须及时作出反应。

学员应该了解正常滑翔与非正常滑翔的区别。非正常滑翔是指偏离最佳滑翔速度的滑翔。如果不能深刻理解正常和非正常滑翔的区别，学员一般都不能进行精确的定点着陆。

定点着陆前，如果滑翔速度过快，将导致平飘距离过长，甚至飞过预定着陆点；而滑翔速度过慢，会导致无法到达预定着陆点和重着陆。不具备识别正常滑翔能力的飞行员，在紧急情况时将不能判断飞机飞向的地点，以及能够飞到某个地点。在正常滑翔时，飞行员可以通过飞机的飞行轨迹来目视判断接地点，而非正常滑翔时却不能做到这一点。

滑翔改平飞的提前量由下降率和飞行员的操纵技术共同决定。提前量太小，将导致下降到预定高度以下。例如，如果飞机的下降率为 500 英尺/分钟，必须提前 100～150 英尺改平飞，并且改平后的飞机速度大于滑翔速度。在改平飞时，应该增加功率至平飞巡航功率，以便飞机能在预定高度上获得预定速度。随着空速增加和尾翼下洗作用增强，飞机有抬头的趋势。飞行员必须柔和地控制飞机的俯仰姿态到平飞姿态，从而在预定的高度改平。

3.11.2　下降转弯

滑翔转弯——滑翔相对于带功率下降的操作有些不同，使得滑翔中机动飞行所需技术相对于带功率的机动飞行而言也有其自身的特点。造成这些不同的主要原因有两个：其一为螺旋桨滑流扭转作用消失，其二为操纵面在不同速度尤其是低速飞行中的舵面效应不同。低速飞行中，舵面效应的降低在滑流扭转作用消失时更为明显，使得缺少经验的飞行员更加难于进行协调的操纵。教员应该充分解释该原理，以便学员对协调操纵的变化有所准备。

作滑翔转弯时，下列三个因素会导致飞机低头和滑翔速度增大：

- 由于升力与重力之间存在一定的夹角，会导致有效升力减小。
- 同带功率转弯一样使用方向舵。
- 飞机的稳定性和固有特点导致飞机减小功率时机头降低。

这三个因素使得滑翔转弯相对于直线滑翔和带功率转弯而言需要更大的带杆力，因此对操纵动作的协调性要求更高。

从滑翔转弯改出时，必须减小带杆力，否则机头将会抬起，空速将大幅降低。要防止此类错误出现，在改出转弯建立正常滑翔的过程中，应该集中注意力并有意识地调整操纵。

为了在转弯时保持正常的滑翔速度以获取最佳的滑翔比，必须牺牲比直线滑翔更多的高度，这是因为在没有动力的情况下只能用高度换取速度。滑翔时转弯会比带功率的正常转弯损失更多的飞机性能。

带功率转弯和不带功率转弯的另一个不同是方向舵的操纵。在带功率转弯改出中要求在预期改出点之前使用舵，并且抵舵的力量通常较大。在滑翔转弯改出中，应使用相同的蹬舵动作，但蹬舵力要小得多。实际舵面的偏转量基本相同，但由于不存在螺旋桨滑流，滑翔转弯中使舵面偏转的阻力明显减小。因此，经常会出现在改出滑翔转弯时，由于蹬舵力过大导致转弯改出过快。在无功率迫降训练阶段该因素尤为重要，因为如果学员从最后一个转弯改出过快，并试图只用舵操纵飞机对正着陆方向，可能进入交叉操纵（Cross-Control），这将会造成飞机带侧滑着陆。

如果在滑翔转弯中用舵过量，飞机会出现侧滑，坡度增加，缺乏经验的飞行员在接近地面时可能产生"地面恐惧症"，害怕飞机带坡度而向转弯的反方向压盘，试图减小坡度。同时，蹬舵会使飞机低头，飞行员会向后带杆保持俯仰姿态。如果允许其继续发展，将形成典型的交叉操纵。在此情况下如果飞机失速，几乎必然会进入螺旋。

当改出或进入滑翔转弯时，要特别注意飞机的俯仰状态，尤其不能在转弯改出时抬头，这需要不断地改变作用在相应操纵面上的操纵力。

下降和下降转弯中常见错误：

- 在转弯开始前，没有证实转弯区域内是否有其他飞机活动。
- 进入滑翔时带杆量不足，导致滑翔下降过陡。
- 飞机还没减速到滑翔速度前减小俯仰姿态。
- 试图只参考仪表建立和维持正常滑翔。
- 不能通过声音和感觉来判断飞机的空速变化。
- 不能稳定滑翔状态（追空速表）。
- 试图通过带杆来延长滑翔距离。
- 未能深刻理解滑翔转弯中方向舵的使用与带功率正常转弯刚好相反，造成飞机滑翔转弯带外（内）侧滑。
- 进入滑翔转弯时没有使飞机低头，造成空速减小。
- 滑翔转弯改出时蹬舵过量。
- 从直线滑翔改平时俯仰姿态控制不够。
- "地面恐惧症"造成滑翔转弯接近地面时交叉操纵。
- 滑翔转弯中不能保持稳定的坡度。

3.12　俯仰姿态和功率

如果不清楚高度和速度由什么控制，任何关于爬升和下降的讨论都将无从谈起。飞行员必须明白任何飞行状态下功率和升降舵都是协同工作的。

关于姿态飞行有一个基本的原理："飞机以某个俯仰姿态飞行时，设置不同大小的功率将导致飞机上升、下降或保持该姿态平飞。"

但要切记，这句话的前提是该飞行姿态必须在一定范围内。若飞机处于较大的低头姿态时，下降是飞机唯一可能的飞行状态，这时增大功率只会导致更大的下降率和更快的空速。

在轻微的低头姿态和＋30°仰角姿态范围内，根据使用功率不同，典型的轻型飞机能获得爬升、下降或者平飞状态。从小的俯角开始前1/3姿态范围内，飞机能在慢车情况下下降而不会失速。然而，如果飞机姿态增大超出此1/3范围，就必须增加功率以避免失速。要保持高度或爬升将需要更大的功率设置。在飞机的俯仰姿态接近＋30°时，即使使用全功率也仅够维持高度，这时，俯仰姿态的轻微增加或功率的轻微减小都将导致飞机下降。在这种飞行状态下，即使轻微的诱因都有可能使飞机失速。

4 保持飞机可控：复杂状态预防与改出训练

为了保持飞机可控，当面对下述或其他条件时，飞行员必须意识到可能发生的飞行中失控（LOC-I），识别飞机接近失速、完全失速或其他复杂状态情况，理解并执行正确的程序，使飞机改出相应状态。

4.1 飞机复杂状态定义

复杂状态（Upset）的概念于 2004 年由业界工作组在"飞机复杂状态改出飞行员指南"中提出，而该指南为"飞机复杂状态改出训练帮助工具"中的一部分。工作组主要关注大型运输类飞机，寻求利用唯一术语描述"非正常姿态"或"失控"，例如，是否达到定义指定的参数范围。同飞机复杂状态改出飞行员指南一致，中国民航局将复杂状态定义为意外超过正常飞行或训练中的飞行参数范围。这些参数如下：

- 俯仰姿态超过 25°，机头上仰；
- 俯仰姿态超过 10°，机头下俯；
- 坡度超过 45°；
- 姿态虽在上述参数范围内，但空速不适合当前状态。

不适合的速度指若干非预期航空器状态，其中包括失速。但是，需要注意的是，失速同飞机迎角直接相关，而非空速。

为形成预防 LOC-I 的关键技能，飞行员必须接受复杂状态预防与改出训练（UPRT），该训练包括：小速度飞行、失速和非正常姿态。

复杂状态训练更多关注预防——即理解导致复杂状态的因素，因此飞行员可以避免进入相应状态。如果复杂状态已经发生，复杂状态训练能提高飞行员正确改出的技能。关于 UPRT 更详细的讨论，包括相关核心概念、训练内容，以及能用于训练的飞机类型和模拟设备，将在本章后续内容介绍。

4.1.1 协调飞行

当飞机转弯时，只要飞行员主动修正由于功率（发动机/螺旋桨效应）和副翼操纵导致的偏航效应，即可实现协调飞行。当飞机协调飞行时，机头正对相对气流，并且转弯侧滑仪小球位于中立位置（图 4.1）。

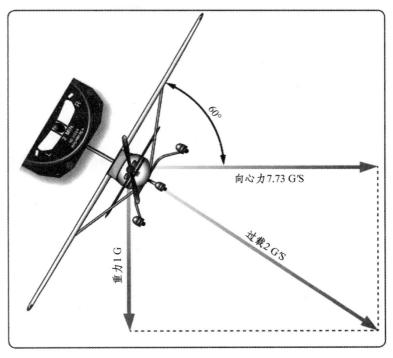

图 4.1　转弯中协调飞行

当飞机机头没有正对相对气流时，飞行员应该能感觉到所受侧向载荷，即飞机是否存在侧滑。应该向倾斜一侧抵方向舵进行修正，即转弯侧滑仪小球偏移一侧（例如，老话"踢小球"）。

4.1.2　迎　角

迎角是机翼翼弦和相对气流的夹角，翼弦为机翼前缘至后缘的连线。当处于小迎角时，气流平滑地流过机翼上表面，产生升力的同时产生较小阻力。随着迎角的增加，升力和阻力同时增加。但是，超过临界迎角时，机翼上表面发生气流分离，产生涡流，使升力减小，阻力增加。这种状态即为失速，如果不减小迎角，失速可能导致飞机失控。

飞行员应该理解失速是超过临界迎角造成的，而并非空速过低。术语"失速速度"常导致误解，因为该速度经常假定飞机处于 1G 过载和特定重量与构型。增加过载直接影响失速速度大小（就像其他因素一样，如重量、重心位置和襟翼设置）。因此，飞机可以在任意速度、姿态和功率设置条件下失速。例如，飞行员保持空速，进入坡度为 60° 的水平协调转弯，载荷因数为 2G，此时，飞机的失速速度将比平飞失速速度增加约 40%。在 2G 水平转弯中，飞行员为保持高度，需要增加迎角以增加升力。在这种情况下，飞机相对平飞迎角更接近临界迎角，失速速度也更大。因为失速速度不是一个常数，所以，飞行员必须理解所有环境中影响飞机可控性的潜在因素。

4.2　小速度飞行

小速度飞行时，飞机迎角稍小于触发抖振或失速警告迎角，前提是飞机安装该类迎角警告设备。此时，迎角少量的增加即将导致失速。在大部分正常飞行中，飞机不会如此接近失速警告迎角或临界迎角飞行，但在起飞、离场、进近和着陆阶段，飞机处于大迎角小速度飞行阶段，因此训练小速度飞行十分必要。在上述飞行阶段飞机接近地面，如果飞机失控将产生灾难性后果，因此，飞行员必须熟悉小速度飞行。

通过小速度飞行训练，飞行员能理解飞机接近失速警告时的飞行特性，以及该阶段的飞行操纵感觉。这能帮助飞行员获得识别接近失速时飞机的操纵感觉、声音和现象的能力。小速度飞行特征包括舵面效应下降和难以保持高度。小速度飞行训练能帮助飞行员通过操纵感觉、视觉、听觉和仪表指示识别即将发生的失速。

对于飞行员训练和考试，小速度飞行主要包括两部分：

（1）减速至小速度飞行速度，进行机动并改出。飞机始终保持可控，而未触发失速警告——1G失速速度以上 5 ~ 10 节是较好目标。

（2）以起飞、爬升、下降、进近和复飞构型实施小速度飞行。

为安全实施机动飞行，小速度飞行时的速度应该高于失速速度，但同时需要足够接近失速警告速度，以便飞行员体验以很低空速飞行的相关特点。一种确定目标速度的方法是先将飞机减速至特定构型下失速警告速度，然后稍向前稳杆消除失速警告。最后，增加功率保持高度，同时监控空速。

当训练小速度飞行时，飞行员应该学习如何在飞机操纵和其他要素之间分配注意力。在小速度飞行时，飞机的操纵感觉，能帮助飞行员理解随着速度减小操纵效率下降。例如，从失速速度以上 30节减小至 20 节，由于舵面气动效应下降，飞行操纵效率大大降低。随着速度进一步减小，操纵效率进一步降低，由于气动效应减弱，为实现相同的操纵，操纵机构需要更大的操纵行程。有时飞行员称这种操纵效率的下降的感觉为"反应迟钝"。

当高于最小阻力速度飞行时，即使少量的功率增加也将导致飞机明显增速。当低于最小阻力速度飞行时，也称为阻力背区飞行，为使飞机增速，需要显著地增加功率或减小迎角。因为小速度飞行在低于最小阻力速度范围内，飞行员为防止飞机减速，必须通过显著增加功率或减小迎角。这是因为在阻力背区飞行时，飞机迎角接近临界迎角，小的俯仰姿态增加将导致诱导阻力不成比例地变化，从而导致飞机速度连续减小。因此，在阻力背区飞行时，俯仰成为控制速度更有效的手段，而功率主要用来控制高度（例如，爬升、下降或平飞）。

另外需要注意的是当飞机在阻力背区飞行时，飞机具有速度不稳定特性，如无飞行员恰当的操纵动作，飞机将持续减速。例如，飞机受到气流扰动导致空速降低，如果飞行员没有实施恰当的动作减小迎角或增加功率，飞机将持续减速（图 4.2）。

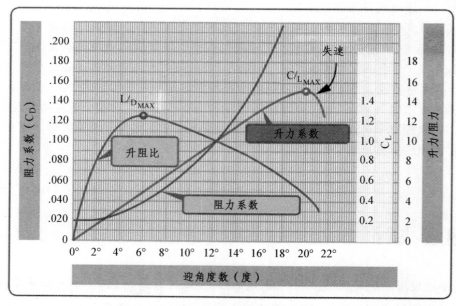

图 4.2　迎角度数

4.2.1　实施小速度机动飞行

小速度飞行应该在平飞、直线爬升、爬升转弯、无功率下降和下降转弯中训练，上述情景代表了典型起飞和着陆飞行阶段。小速度飞行训练中，柔和并迅速地将飞机从巡航速度减速至进近速度，在该过程中保持航向和高度不变。通过上述操纵理解维持小速度飞行所需的功率和配平设置。在小速度飞行训练中，应该保持航向和高度不变，但可以改变构型，如放下襟翼和起落架。在单发飞机小速度飞行训练中，应该在真高 1,500 英尺以上或制造商推荐高度实施科目。在所有情况下，小速度飞行训练应该有足够的高度，以便意外失速时能安全改出。

开始实施小速度飞行前需要获得管制许可，从巡航功率逐渐减小功率，调整俯仰姿态并保持高度减速。随着飞机速度的减小，注意飞机相对气流声音的改变。随着速度接近小速度飞行目标速度，通常该速度仅仅高于该构型失速警告速度（例如，比该构型失速速度大 5 ~ 10 节），为维持高度需要增加功率。在飞行状态改变过程中，利用配平补偿杆力的变化非常必要。因为如果飞机配平依然处于巡航速度（小迎角）配平状态，则需要较大的带杆力，这将导致精确操纵更加困难。

通常小速度飞行在着陆构型条件下实施。因此，襟翼和起落架应该处于着陆位置。为确认飞机构型，推荐实施着陆前检查单。减小巡航功率使速度减小，确保放下起落架和襟翼时不超限制速度。在其他构型，如光洁构型和起飞构型训练该科目，也是理想的训练或实践考试科目。

当迎角稍小于触发失速警告迎角时，舵面效应会明显减弱（图 4.3）。俯仰操纵响应迟钝，为维持飞机可控，需要更大的操纵行程。螺旋桨飞机的扭矩、滑流和螺旋桨效应将产生强的左偏航趋势，为维持协调飞行，需要施加右舵输入。越接近 1G 失速速度，所需右舵量越大。

图 4.3　小速度飞行——小速度、大迎角、高功率、高度恒定

4.2.2　小速度机动

当在平飞中建立小速度飞行所需俯仰姿态和速度时，飞行员为保持状态，需要保持外部目视参考并不断进行仪表交叉检查。飞行员需要注意飞行操纵感觉，尤其俯仰姿态调整导致的速度变化，以及功率调整导致的高度变化。飞行员需要进行转弯训练，以确认飞机在小速度时的操纵特性。在转弯中，必须增加功率以维持高度。在小速度飞行中任何粗猛操纵都可能导致失速。例如，突然收上襟翼可能导致飞机突然失速。

在稳定的小速度平飞中，飞行员可以通过调整功率训练爬升和下降。飞行员需要注意在大功率状态下，飞机继续增加的偏航趋势，这需要利用方向舵进行修正。

小速度飞行改出程序与失速改出程序相同：稳杆减小迎角，保持协调飞行且机翼水平，按需增加功率，恢复预期飞行轨迹。如果起落架和襟翼处于放下位置，随着速度增加逐步收上构型。飞行员应该理解当起落架和襟翼收上时，将导致迎角变化，以避免失速。

在进行小速度飞行时常见的错误有：

- 实施科目前没有证实空域内是否有其他飞机活动；
- 减小功率时带杆不够，造成掉高度；
- 减小功率时带杆过多，造成飞机上升，紧接着空速迅速减小，使飞机处于临界失速状态；
- 右舵量不足以修正左偏航；
- 注意力固着于速度表上；
- 收放襟翼时不能预见迎角变化；
- 功率管理不恰当；
- 注意力在飞机操纵与空间定向之间分配不好；
- 没有对飞行进行恰当配平；
- 对失速警告反应不当。

4.3 失 速

失速是流过机翼的平滑气流受到破坏，从而导致升力迅速减小。当飞机迎角超过临界迎角时将发生失速。失速可以在任何速度、姿态和功率设置下发生（图 4.4）。

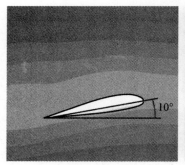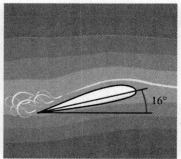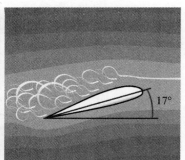

图 4.4　临界迎角和失速

理解导致失速的条件和状态，熟练识别并改出失速特别重要。实施有意失速能使飞行员熟悉导致失速的条件，有助于识别即将发生的失速，并形成正确的失速操纵反应。失速有两个不同的训练水平：

- 接近失速——当迎角增加导致失速警告时发生接近失速，但此时还未到达临界迎角。接近失速的现象包括抖杆和音响警告。

- 完全失速——当超过临界迎角时发生完全失速。典型的完全失速现象包括俯仰姿态不可控、掉机头和非指令性滚转。如果飞机装备有顶杆器，触发顶杆器也是完全失速的现象之一。

虽然高度损失取决于失速的深度，但在失速改出过程中通常会有高度损失。飞行员识别接近失速的时间越长，发生完全失速的可能性越大。有意失速训练应该在足够高度下实施，以便安全改出并恢复正常平飞。

4.3.1　失速识别

飞行员必须能够识别哪些飞行状态会导致失速,并且清楚如何采取相应的修正措施。我们可以通过目视、音响和感觉来识别飞机已接近失速。

对于装备了失速警告装置的飞机,失速通常伴随连续的失速警告。当接近临界迎角时,音响、灯光或抖杆等报警设备将给飞行员提供警告。适航标准允许制造商通过飞机固有气动特性或失速警告装置提供接近失速警告。但是,多数老旧飞机、某些轻型运动飞机和实验飞机并没有安装相应的失速警告设备。

飞行员的其他失速感觉线索包括:

* 感觉——飞行员能感觉杆力随速度的减小而变化。随着舵面效应的减弱,为获得期望的操纵,必须使用更大的操纵行程。飞行员应该注意到飞机对操纵的反应延迟。在失速即将发生之前,将出现抖振、非指令滚转和振动现象。
* 视觉——因为飞机可以在任何姿态失速,所以接近失速的视觉信息并非显而易见。但是,保持俯仰意识对于失速识别十分重要。
* 听觉——随着速度减小,飞行员将注意到沿飞机的气流声音发生改变。
* 运动知觉——对运动的方向或速度改变的感觉(有时指"压座感"),目视飞行中,运动知觉对经验丰富的飞行员至关重要。如果能够正确培养这种感知能力,飞行员就能在第一时间感觉到即将发生的失速。

训练中的飞行员必须牢记,平飞 1G 失速速度仅在下列情况下才有效:

* 非加速 1G 飞行;
* 协调飞行(转弯侧滑仪小球中立);
* 特定重量(通常最大重量);
* 特定重心位置(通常重心最靠前)。

4.3.1.1　迎角传感器

学习不依靠失速警告设备识别失速非常重要。飞机可以装备迎角传感器,当飞机接近临界迎角时迎角传感器可以提供视觉指示。

不同类型的迎角传感器计算迎角的方法不同,因此,正确的安装和训练使用特定类迎角传感器十分重要。迎角传感器能同时测量多个参数,确定当前迎角并提供目视接近临界迎角的指示信息(图 4.5)。一些迎角传感器能提供音响指示,当迎角接近临界迎角时,能早于失速警告系统提供音响警告。需要注意的是,一些迎角传感器考虑了襟翼位置的影响,但并不是所有迎角传感器都有此功能。

掌握飞机上安装了何种迎角传感器,该传感器如何计算迎角,当到达临界迎角时如何显示,以及如何应对特定显示都是迎角传感器相关训练的重要部分。鼓励通过小速度飞行、失速、起飞和着陆等机动飞行科目,训练理解迎角传感器显示信息,并训练针对特定显示的恰当操纵。

同样需要注意的是,一些原因可能限制迎角传感器的有效性(如校准技术、机翼污染、皮托管结冰等)。运行装备有迎角传感器飞机的飞行员,应该参考手册或联系制造商,获得针对特定传感器的相关限制信息。

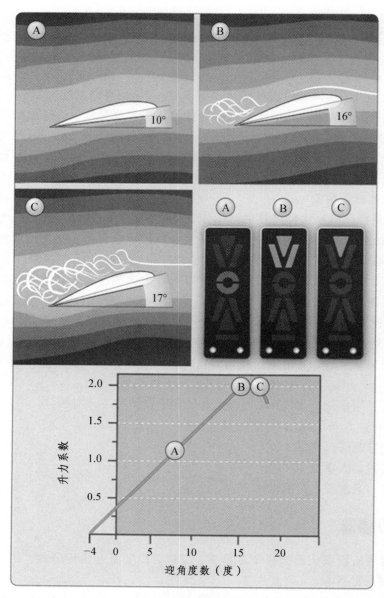

图 4.5　迎角传感器

4.3.1.2　失速特性

　　不同设计的飞机具有不同的失速特性。飞行员应该掌握所飞飞机的失速特性，以及制造商推荐的改出程序。影响飞机失速特性的因素有飞机气动外形、重心、机翼设计和增升装置等。众多不同的工程设计方案，导致不可能明确描述所有飞机的失速特性。但是，小型通用训练飞机有足够多的相同失速特征，以便提供通用准则。

　　多数训练飞机设计为翼根先于翼尖失速。一些机翼制造成下洗扭转形状，这导致机翼外侧相对内侧迎角更小。该设计能保证飞行中翼尖相对翼根具有更小的迎角。因此，翼根先于翼尖超过临界迎角并失速。所以，当飞机进入失速状态时，直到失速沿翼展向外发展至翼尖之前，副翼依然可控。虽然翼尖尚未失速，但飞行员在减小迎角之前应该谨慎使用副翼，因为副翼偏转可能恶化失速状态。例如，如果飞机向左滚转（掉翼尖），飞行员试图使用右副翼改平机翼时，左机翼副翼下偏将导致更大迎角（更多诱导阻力），当翼尖超过临界迎角时，发生更深失速，将导致飞机向左滚转加剧，这也是为何横滚操纵前减小迎角十分必要。

飞行员必须理解影响失速的因素之间如何相互关联。例如，带功率失速相对无功率失速抖振现象更加明显。无功率 1G 失速主要线索是升降舵操纵位置（向上满偏）和大下降率。

4.3.2 失速改出基础

根据飞机的复杂程度不同，失速改出由 6 个步骤组成。尽管如此，飞行员应该牢记接近失速和完全失速改出最重要的动作是减小迎角。大量的例子表明，飞行员没有首先减小迎角，为维持高度而过早调整功率，从而导致飞机失控。该部分为轻型飞机提供了一个通用失速改出程序，该程序修改自主流制造商提供的程序模板，可以根据所飞机型进行适当调整。但是，如果制造商有公布的有效改出程序，飞行员应该遵守特定机型制造商的推荐程序。

改出动作应该按程序执行，总结如图 4.6。下面讨论、解释 6 步改出程序中的每一步：

失速改出模板	
1. 自动驾驶仪	1. 断开

2. a）低头
   b）向下配平
	2. a）直到接近失速指示消失
	   b）按需

3. 坡度	3. 机翼水平
4. 推力功率	4. 按需
5. 减速板	5. 收回
6. 恢复至预期飞行轨迹	

图 4.6　失速改出模板

（1）断开自驾（如安装）。手动操纵在所有情况下都是失速改出的关键。立即断开该设备，允许飞行员尽快执行下一步关键动作。接通的自驾可能导致主舵面或配平机构意外操纵与调整，这在高工作负荷条件下通常难以识别。

（2）① 减小俯仰姿态。减小迎角是所有失速改出的关键。稳杆减小迎角至小于临界迎角，直到失速警告消除，然后再执行后续步骤。② 向前使用配平。如果升降舵没有提供所需操纵响应，必须使用俯仰配平。但是，过度使用俯仰配平可能使情况恶化，导致飞机失控或过大结构载荷。

（3）改平机翼。这将定向升力矢量，以便有效改出失速。十分重要的一点是，不要在减小迎角之前尝试改平机翼。机翼改出失速之后，滚转稳定性和操纵性都将大大提高。飞行员主动使用方向舵消除偏航的重要性也不容质疑，这能防止失速继续发展为螺旋。

（4）增加功率。应该按需增加功率，因为失速可以发生在不同功率和不同速度下。迅速并平滑地增加功率，按需使用方向舵和升降舵消除偏航和俯仰变化。在失速改出过程中增加功率通常能减小高度损失，增加功率并不能消除失速，减小迎角才是改出的首要手段。对于螺旋桨飞机，增加功率能增加机翼上相对气流，这有助于失速改出。

（5）收回扰流板（如安装）。这能增加升力和失速余度。

（6）恢复预期飞行轨迹。实施平滑协调飞行操纵，恢复飞机预期飞行轨迹，并防止进入二次失速。在失速改出过程中，飞行员应该同时意识到地形接近，并采取必要操纵避免发生碰撞。

上述程序可以根据具体机型进行修改。例如，单发训练机型没有自驾，可能只需要使用 6 步中的4 步。减小迎角直到失速警告解除成为第一步，使用俯仰配平也非必要，因为多数飞行员操纵能补偿配平操纵，在这些飞机中任何配平偏离能在恢复预期飞行轨迹后进行修正。下一步为改平机翼，然后为按需增加功率并保持协调飞行。飞机没有安装扰流板，因此扰流板步骤可以省略，改出步骤包括恢复至预期飞行轨迹。

4.3.3　失速训练

带功率失速和无功率失速训练都非常必要，因为这能模拟发生于正常机动飞行中的各种失速情景。飞行员理解可能导致失速的情景十分必要。失速事故通常由处于低高度的意外失速造成，高度过低导致坠毁前难以完成失速改出。例如，带功率失速模拟起飞、上升转弯、越障等飞行情景中，过多增加俯仰姿态导致的失速；无功率转弯失速模拟四转弯中操纵不当导致的失速；无功率直线失速模拟发动机停车后尝试增加滑翔距离，或低于下滑线进近着陆导致的失速。

与所有涉及高度和方向发生明显改变的机动一样，飞行员必须确保在当前及其下高度不存在其他飞机的交通冲突，并且执行机动后有足够的改出高度。对单发飞机，推荐失速训练改出后真高不低于1,500英尺，或高于AFM/POH推荐高度。通常失速改出会导致高度损失。

4.3.3.1　接近失速（初始失速）——带功率或无功率

接近失速是指飞机接近失速但不进入完全失速的状态。这种失速科目的训练主要是为了练习飞机在接近失速时如何立即识别，并重新恢复对飞机的完全控制。在这种情况下，一旦不能及时识别并采取措施，飞机就会立即进入完全失速。飞行员训练时，应该强调接近失速和完全失速使用的改出技术完全相同。

接近失速练习有助于培养学员对飞机最大性能机动的飞行感觉。该科目需要飞机处于接近失速的状态，当出现失速警告时立即实施改出。

在进行接近失速训练时，飞机进入时的姿态、构型与进行完全失速训练时相同，只是不能使飞机进入完全失速，而是一旦注意到抖杆或操纵性变差，就必须立即松杆，减小迎角，消除失速警告，改平机翼，保持协调飞行，并按需增加功率，以足够的速度和舵面操纵效率恢复预期飞行轨迹。在进行训练时，如果飞机进入完全失速，出现了过大的俯角，速度增加过多，高度损失过多，或进入螺旋，则视为该科目没有成功完成。

4.3.3.2　完全失速——无功率

无功率失速通常采用飞机的进近着陆构型进行训练，用于模拟在进近着陆中意外失速的情况。但是，无功率失速应该在全部襟翼设置条件下训练，以保证飞行员熟悉处置由于机械故障、结冰和其他非正常情况带来的相关情景。速度超过正常进近速度不会进入失速，因为这可能导致非正常的大仰角姿态。

进入直线无功率失速时，如果飞机有襟翼或可收放式起落架，训练时必须放在着陆位。放下起落架后，接通汽化器加温（如适用），并将油门收到慢车（或正常进近功率），保持飞机高度不变，直到速度减至正常进近速度。平滑减小飞机俯仰状态至正常进近姿态并维持速度。应该放下襟翼并通过调整俯仰状态保持速度。

当进近姿态和速度稳定后，飞行员应柔和地增加飞机俯仰姿态直至失速。通过协调使用副翼和方向舵，保持方向控制和机翼水平。一旦飞机达到失速姿态，使用升降舵保持俯仰姿态，直到发生完全失速。失速现象为前面描述的完全失速现象。

通过减小迎角改出失速，实施减小姿态操纵输入，消除失速警告，改平机翼，维持协调飞行，然后按需增加功率。在增加功率并减小姿态时，使用必要右舵对发动机扭矩效应进行补偿（图4.7）。如果模拟进近着陆时意外失速，飞行员应该通过建立正上升率实施复飞。一旦进入爬升，应按需收上襟翼和起落架。

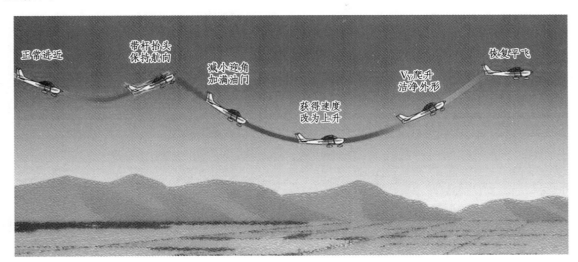

图4.7　无功率失速与改出

通过小坡度转弯中无功率失速改出训练，能模拟四转弯过程中无意进入失速。在转弯过程中训练无功率失速，需要确保飞机处于恒定坡度协调转弯。如果飞机带内侧滑，外侧机翼首先失速，飞机会突然改平坡度。无论是否一侧机翼出现掉翼尖，失速改出程序完全相同。飞行员必须稳杆消除失速警告，使用副翼改平坡度，协调使用方向舵，并按需增加功率。在训练转弯失速时，不要尝试在特定航向进入或改出失速。但是，为了模拟四转弯，该失速通常航向改变在90°之内。

4.3.3.3　完全失速——带功率

带功率失速在直线爬升、转弯爬升（15°～20°坡度）中训练，目的是帮助飞行员识别在起飞、复飞、爬升和越障时可能的失速。如果飞机有襟翼或可收放式起落架，训练时须放在起飞位。但是，带功率失速同样需要在洁净构型下训练，以保证训练全部可能的起飞和爬升构型失速。虽然一些飞机起飞时，可能减小功率至特定值，以避免过大俯仰姿态，但训练起飞失速情景应该使用全功率。

为进入带功率失速，首先使飞机建立起飞爬升构型，确认无交通冲突后使飞机减速至抬轮速度。到达目标速度后，设置起飞功率或推荐的爬升功率（常称离场失速），然后建立爬升姿态。在增加功率至推荐值之前，减速至抬轮速度的目的是防止飞机进入失速前长时间大仰角姿态。

在建立爬升姿态以后，柔和增加姿态和迎角，并保持该姿态直到完全失速。如上述讨论的失速特性，在保持姿态至完全失速过程中，必须连续地使用副翼、升降舵和方向舵，保持协调飞行。多数飞机随着速度降低，需要飞行员带杆同时使用右舵，保持爬升姿态直到完全失速。

当失速发生时，飞行员必须立即识别并采取措施阻止持续失速状态。飞行员应该立即按需实施飞机低头操纵减小迎角，消除失速警告并改出失速。使用副翼改平机翼，同时协调使用方向舵，并按需柔和增加功率。因为油门已经处于爬升功率状态，增加功率的步骤可能只是确认功率设置（图4.8）。

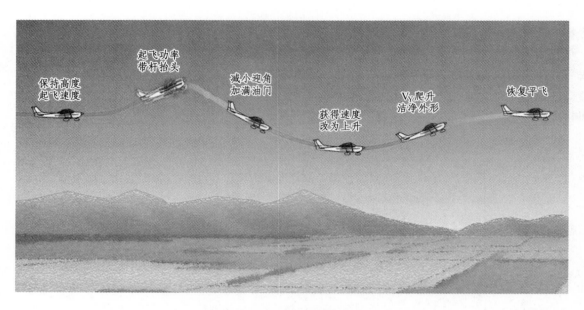

图 4.8　带功率失速与改出

最后一步是恢复飞机预期飞行轨迹（例如，平飞或离场爬升姿态）。在获得足够的速度和操纵效率后，将油门收至恰当的功率设置位置。

4.3.3.4　二次失速

二次失速发生于首次失速改出之后，所以称为二次失速。通常二次失速的发生是由于突然操纵输入或试图快速恢复预期轨迹，导致再次超过临界迎角。也可能发生于当飞行员没有充分减小迎角，或尝试仅使用增加功率改出失速时（图 4.9）。

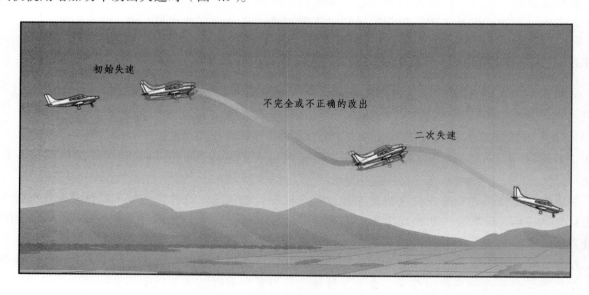

图 4.9　二次失速

当发生二次失速时，飞行员同样需要执行失速改出程序，使用升降舵减小姿态，消除失速警告，使用副翼改平机翼，协调使用方向舵，按需调整功率。当飞机改出失速，飞行员可以恢复预期飞行轨迹。除飞行教员等级实践考试之外，该科目仅作为演示科目。

4.3.3.5　加速失速

演示加速失速的目的是确认飞机的失速特性，体验以高于 1G 失速速度进入失速，培养本能地改出即将发生的失速的能力。该科目仅在商照和飞行教员等级实践考试中才作为考试内容。但是，所有飞行员都应该熟悉可能导致加速失速的情况，如何识别加速失速，以及当发生加速失速时如何改出。

如果飞机的重量、飞机构型、重心位置、功率设置和环境条件相同，飞机的 1G 失速速度不变（例如，稳定的非加速飞行）。但是，当过载高于 1G 时，飞机将在更大的指示空速失速，例如，当飞机转弯、带杆或其他粗猛改变飞行轨迹时。飞机的过载超过 1G 时的失速也称为"加速机动失速"。加速失速常在转弯、螺旋或失速改出、俯冲改出和四转弯过晚等情况下无意发生。训练中，加速失速通常在大坡度转弯中演示。

飞行员不应该在襟翼处于着陆构型条件下训练加速失速，因为襟翼处于着陆位时飞机过载限制更低。应该在坡度 45° 条件下，演示加速失速，同时，速度不应超过制造商推荐速度或机动速度 Va。

熟悉 Va 十分重要，如 Va 和加速失速的关系、飞机重量对 Va 的影响。当不超过最大正过载限制时，Va 是不产生结构破坏的最大速度，而过载可能由于阵风或舵面偏转产生。在 Va 以下实施加速失速训练，增加飞机迎角至临界迎角，在达到限制载荷之前，失速能卸载飞机机翼载荷。当速度高于 Va 时，飞机迎角小于临界迎角时就达到了限制过载。这意味着在达到临界迎角和加速失速之前，可能导致飞机结构损坏。了解所运行的飞机当前重量和 Va，对防止在机动过程中超过限制过载十分关键。

有两种实施加速失速的方法。最常用的加速失速程序是从平飞进入，速度保持 Va 或以下，平滑操纵飞机滚转进入 45° 协调转弯，通过升降舵不断增加迎角直到发生失速。另一种方法是在高于 Va 速度时，操纵飞机进入 45° 协调转弯，当飞机减速至 Va 或加速失速速度以上 5%～10%，通过升降舵不断增加迎角，直到发生失速。带杆能同时增加迎角、升力和过载。过载能将飞行员身体压在座椅之上。升力增加同时能增加阻力，这能导致空速降低。在实施机动之前，推荐提前了解 45°坡度襟翼收上时的失速速度，该数据通常在 AFM 中公布。

除了失速抖振更加剧烈外，飞机在水平协调转弯中失速，通常和机翼水平失速十分相似。如果在失速时飞机处于协调转弯，因为两侧机翼几乎同时失速，飞机和平飞失速一样出现低头趋势。如果飞机在失速时处于不协调飞行状态，在减小迎角之前失速将导致坡度变化。在失速现象出现后（接近失速）或完全失速后（完全失速）立即稳杆，减小迎角，使用副翼改平机翼，协调使用方向舵，按需调整功率进行改出。由于粗猛机动导致的失速比加速失速更难以处置，因为这种失速可能在高于正常速度或小于预期俯仰姿态时发生，经验不足的飞行员通常会感到迷惑。不允许进行持续失速，失速如果没有立即执行改出，可能导致螺旋或其他偏离可控飞行状态。

4.3.3.6　交叉操纵失速

演示交叉操纵失速的目的是展示非协调飞行对失速现象的影响，并强调转弯过程中保持协调飞行的重要性。这是演示科目，仅飞行教员等级实践考试中才需要实施该科目。但是，所有飞行员都应该熟悉可能导致交叉操纵失速的情况，如何识别以及如果发生交叉操纵失速如何实施改出。

非协调飞行对飞机气动的影响明显，交叉操纵失速可能使没有准备的飞行员感到奇怪，因为可能无预先警告而直接进入失速，如果失速发生在近地面，可能导致致命事故。失速过程中可能出现机头下俯和坡度的突然增加，飞机可能持续滚转至倒飞状态，这通常能导致进入螺旋。因此，飞行员必须按照失速改出程序，减小迎角，消除失速警告，然后使用副翼改平机翼，并在飞机进入急盘旋下降或螺旋之前协调使用方向舵输入。

当飞机超过临界迎角，且副翼和方向舵操纵相反，导致非协调飞行时发生交叉操纵失速。外侧滑交叉操纵失速常发生于起落航线四转弯，此时，如果四转弯时机过晚，飞行员试图增加坡度、带杆、向转弯方向使用方向舵（例如，向内侧抵舵到底），将导致机头与跑道中线产生更大的交叉量。内侧和外侧机翼的升力差异，导致飞机坡度意外增加；同时，机头相对地面下俯。飞行员对此的本能反应为带杆，增加迎角至临界迎角。如果在这种操纵状态下进入失速，飞机将快速进入螺旋。对于转弯过晚，最安全的措施是复飞。在高度较低的四转弯，飞行员通常不愿意使用超过 30° 坡度修正位置偏差。

实施交叉操纵失速之前，应确认有足够的高度以备可能发生螺旋的进入和改出，柔和减小功率的同时，确认空域内无交通冲突。然后，放下起落架（如果装备可收放式起落架），油门收光并保持高度，直到速度接近正常下滑速度。为防止超出飞机的载荷限制，不能放下襟翼。当飞机建立适合的下滑姿态和速度后，对飞机重新进行配平。一旦飞机的下滑稳定，操纵飞机进入中等坡度的转弯，以模拟四转弯过晚情况。

在转弯过程中，平滑地向转弯方向抵满方向舵，通过操纵副翼保持坡度不变。同时，向后带杆保持不掉机头。持续增加所有操纵输入，直到飞机失速。当发生失速时，通过稳杆减小迎角，直到失速警告解除，取消过量方向舵操纵，改平机翼，增加功率，恢复期望飞行轨迹。

4.3.3.7　升降舵配平失速

升降舵配平失速演示当飞行员使用全功率复飞时，没有维持对飞机有效操纵导致的失速（图 4.10）。这是演示科目，仅飞行教员等级实践考试中才需要实施该科目。但是，所有飞行员都应该熟悉可能导致升降舵配平失速的情况，如何识别以及如果发生升降舵配平失速如何实施改出。

图 4.10　升降舵配平失速

升降舵配平失速可能出现在复飞、模拟迫降或起飞时。此时配平在正常着陆位，油门处于慢车位。该科目的目的是演示平滑操纵油门的重要性，如何克服过量的配平力，保持对飞机的有效操纵，保持安全飞行姿态，以及使用及时恰当的配平技术。该科目培养飞行员如何避免能导致升降舵配平失速的动作，如何识别即将发生的升降舵配平失速，如何实施及时正确的操纵动作，阻止发生完全失速。在真实进近着陆过程中复飞时，必须避免发生升降舵配平失速。

在安全高度以上并确认空域无交通冲突，飞行员应该柔和减小功率，放下起落架（如果飞机装备可收放起落架），然后将襟翼放至中等角度，收光油门，保持高度，直到速度接近正常下滑速度。

当建立正常下滑速度后，飞行员将飞机配平至正常进近着陆下滑姿态。在模拟最后进近下滑时，平滑增加功率至最大允许功率，与实施复飞操纵相同。

增加的螺旋桨滑流和升降舵配平效应，共同作用使飞机姿态猛烈增加，同时向左转弯。随着油门增至最大功率，俯仰姿态增加超过正常爬升姿态。当飞机明显接近失速时，飞行员必须有效稳杆；减小迎角，消除失速警告，使飞机恢复正常爬升姿态。飞行员应该调整配平以减小杆力，然后完成正常复飞程序，并恢复预期飞行轨迹。如果发生完全失速，改出需要减小迎角至临界迎角以下，这将导致大量高度损失。

4.3.3.8　常见错误

在练习上述有意失速时的常见错误有：
- 没有确认空域内是否存在交通冲突；
- 过度依赖空速和转弯侧滑仪，而没有利用其他线索；
- 无功率和带功率失速进入时带杆过猛导致意外加速失速；
- 不能识别飞机接近失速；
- 实施接近失速训练时，不能及时执行改出动作，导致进入完全失速；
- 在转弯失速时不能保持恒定坡度；
- 在失速和改出过程中，不能恰当使用方向舵保持协调飞行；
- 训练完全失速时，在未达到临界迎角前改出；
- 减小迎角前未断开自驾（如安装）；
- 改出失速时未认识到俯仰控制和迎角的重要性；
- 在失速警告解除前未保持稳杆操纵；
- 在减小迎角前尝试改平机翼；
- 在减小迎角前尝试使用功率改出失速；
- 减小迎角消除失速警告后未改平机翼；
- 在改出失速过程中无意进入二次失速；
- 改出失速过程中，稳杆导致出现负过载；
- 改出失速过程中，速度增加过多；
- 改出失速后丢失情景意识，未能恢复预期飞行轨迹或遵守管制指令。

4.3.4　螺旋意识

螺旋是恶化的失速，螺旋通常发生于完全失速且存在偏航时，螺旋将导致飞机沿螺旋形轨迹下降。当飞机绕垂直轴旋转时，外侧机翼失速深度更浅，这将导致飞机滚转、偏航和俯仰复合运动。飞机由于重力作用下降，同时沿螺旋形轨迹滚转、偏航和俯仰（图4.11）。飞机的旋转是由机翼的不对称迎角导致。上行机翼导致迎角更小，相对升力增加而阻力减小；同时，下行机翼迎角增加，导致相对升力减小而阻力增加。

当飞机机翼超过临界迎角且存在侧滑或偏航时将导致螺旋。飞机偏航不只是由不恰当的方向舵使用造成，还可能是由副翼偏转导致的反偏航、发动机螺旋桨效应、陀螺效应、风切变包括尾流等原因造成。如果偏航是由飞行员方向舵使用不当造成，通常直到飞机向转弯方向失控偏航，飞行员才能意识到已经超过临界迎角。当飞机处于侧滑转弯时发生失速，无论坡度如何，飞机将向抵舵方向进入螺旋。如果不立即执行失速改出，飞机将进入螺旋。

保持方向控制，防止失速改出前机头偏航是避免螺旋的关键。飞行员必须实施正确的舵量，以避免机头偏航和飞机带坡度。

现代飞机相对于老式飞机具有更强的抗螺旋特性，但是，现代飞机并非不能进入螺旋。转弯中不恰当操纵、失速和Vmc速度飞行都可能导致抗螺旋能力较强的飞机意外进入螺旋。熟悉可能导致失速和螺旋的情景，并且及时采取正确的动作恢复正常飞行，是避免螺旋的关键。飞机进入螺旋必定失速且存在偏航，因此，重复进行失速识别和改出训练，能帮助飞行员对于即将发生的螺旋形成及时且本能的反应。当识别出螺旋或接近螺旋时，飞行员必须立即执行螺旋改出程序。

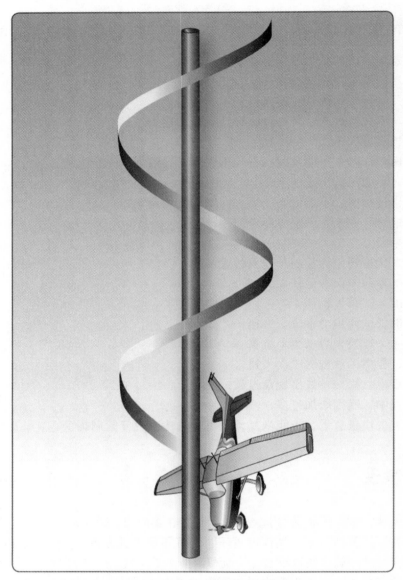

图 4.11　螺旋——恶化的失速和自动旋转

4.3.4.1　螺旋程序

演示螺旋首先需要确保飞机已经通过螺旋科目认证。请注意，本内容讨论的是通用螺旋程序，而非针对特定机型的特定螺旋程序或特殊技术。在任何飞机上实施螺旋前，都需要熟悉该机型的 AFM/POH 及相关规章。需要熟悉的内容包括如下部分：

- AFM/POH 的限制部分、铭牌或飞机型号认证数据，以确定飞机是否被许可实施螺旋科目；
- 重量和平衡限制；
- 推荐的进入和改出程序；
- 现行 91 部关于降落伞的相关要求。

另外一项关键内容为全面的飞行前检查，该检查需要重点关注可能影响飞机重量、重心和操纵性的多余或可移动物品。确保飞机重心在制造商确定的限制范围内也十分重要。某些飞机上，松弛的传动机构（尤其方向舵和升降舵）可能妨碍或影响螺旋的改出。

正确开始螺旋训练前，首先需要确认空域交通冲突。该步骤可以在减速准备进入螺旋时完成。另外，所有螺旋训练应该在改出高度不低于真高 1,500 英尺以上完成。

螺旋训练应该首先在光洁构型下，从无功率失速和带功率失速训练开始。失速训练能帮助飞行员熟悉飞机特定失速和改出特性。在所有训练阶段，飞行员应该根据制造商的推荐，对油门和汽化器加温的使用额外小心。

螺旋有 4 个阶段：进入阶段、初始阶段、成熟阶段和改出阶段（图 4.12）

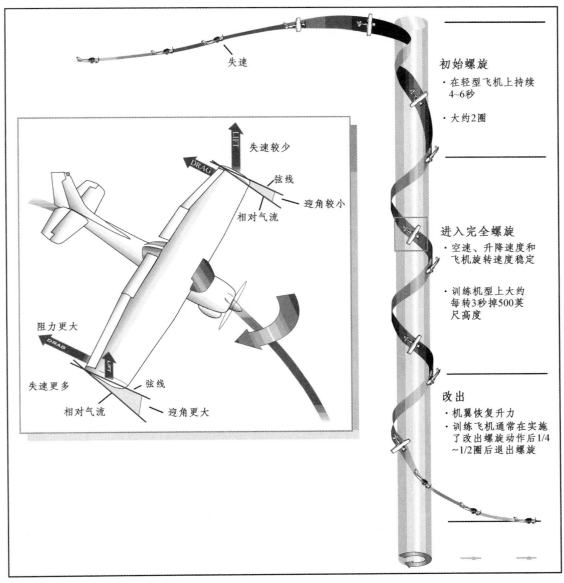

图 4.12　螺旋的进入与改出

4.3.4.2　进入阶段

在进入阶段，飞行员有意或意外提供了进入螺旋的必要条件。螺旋进入程序和无功率失速十分相似。在进入阶段，飞行员应该柔和减小油门至慢车状态，同时增加俯仰姿态，确保失速。当飞机接近失速时，平滑地向螺旋方向抵满舵，并带杆至最大限制行程。除非 AFM/POH 有特别声明，否则在螺旋程序中始终保持副翼中立位。

4.3.4.3 初始阶段

初始阶段从飞机失速并开始旋转至进入完全成熟螺旋为止。对多数飞机，该阶段常需要旋转 2 ~ 4 圈。在螺旋初始阶段，空气动力和惯性力尚未达到平衡。随着初始阶段继续发展，飞机空速通常稳定在较低的恒定速度，转弯侧滑仪能指示飞机旋转方向，但是侧滑仪小球的侧滑显示并不可靠。

飞行员应该在飞机旋转 1 圈之前实施初始螺旋改出程序，向螺旋反方向抵满舵，如果出现空间定向错觉，转弯侧滑仪偏转方向即为飞机旋转方向。

在螺旋的初始训练阶段，通常不允许初始螺旋发展为稳定螺旋（成熟螺旋）。

4.3.4.4 成熟阶段

当飞机的角速度、速度和垂直速度稳定在接近垂直飞行轨迹上时，表明螺旋进入成熟阶段。在螺旋成熟阶段，气动力和惯性力达到平衡，飞机的姿态、角度和绕垂直轴的角速度接近稳定，螺旋处于动力平衡状态。需要注意的是，一些训练飞机不会进入成熟螺旋阶段，而是直接从初始螺旋过渡至急盘旋下降。在急盘旋下降中飞机处于不平衡状态，速度和过载快速增加。

4.3.4.5 改出阶段

当飞机停止旋转并且机翼迎角小于临界迎角时为改出阶段。该阶段将持续 1/4 圈至几圈，这取决于飞机特点和螺旋种类。

为改出螺旋，飞行员通过施加操纵输入停止旋转并改出机翼失速，以打断螺旋平衡。为实现螺旋改出，必须遵守制造商推荐程序。当缺少制造商推荐程序时，使用如图 4.13 所示的改出程序。如果进入螺旋前机翼和起落架处于放下位置，应该在进入螺旋后尽可能快地收上。

螺旋改出模板
1. 油门慢车
2. 副翼中立位
3. 反向抵满舵阻止旋转
4. 快速主动稳杆过中立位
5. 螺旋旋转停止后中立方向舵
6. 带杆恢复平飞

图 4.13 螺旋改出模板

下面将介绍螺旋改出 6 步中的每一步：

（1）油门慢车。功率能恶化失速特性。增加功率可能导致平螺旋姿态并加速旋转。

（2）副翼中立位。使用副翼对螺旋改出有负面影响。向螺旋方向偏转副翼能导致旋转加速，增加螺旋姿态并延迟改出。向螺旋反方向偏转副翼能导致平衡螺旋姿态并延迟改出，甚至会导致不可改出螺旋。最佳方案是保持副翼中立。

（3）向旋转反方向抵满舵。向旋转反方向抵满舵并保持直到旋转停止，典型情况下，抵方向舵是最重要的改出操纵，对于单发飞机，应该迅速向旋转反方向抵满方向舵。在改出过程中，应避免延迟或过度关注方向舵的行程，导致实施阻止螺旋操纵延迟，这可能导致飞机产生不确定螺旋。迅速并积极的操纵技术能获得更加有效的螺旋改出效果。

（4）迅速并积极地向前稳杆（过中立位）。该步骤应该在执行抵满舵后立即执行。在执行稳杆操纵时，不要试图等待旋转停止。向前稳杆能减小迎角，改出失速。在一些情况下，螺旋改出需要稳杆到底。保持操纵状态直到螺旋停止（注意：如果空速增加，表明飞机已经改出螺旋。在螺旋中，飞机处于失速状态，指示空速较低并处于稳定状态）。

（5）旋转停止后中立方向舵。此时如果未中立方向舵，当空速增加时可能导致偏航和侧滑。

（6）带杆恢复平飞状态。旋转停止且方向舵中立后，小心不要带杆过量。带杆过量可能导致二次失速，并可能再次进入另一个螺旋。在带杆过程中，飞行员必须避免超过过载或速度限制。

需要注意的是，上述螺旋改出程序和技术仅在没有制造商推荐程序时使用。飞行员必须熟悉制造商推荐的螺旋改出程序。

4.3.4.6　有意螺旋

如果飞机没有被制造商批准进行螺旋训练，规章不允许该飞机进行有意螺旋。能确定飞机是否被授权实施螺旋的官方资源有：

- 型别认证数据单或飞机规格认证。
- 局方批准的 AFM/POH 限制章节。限制章节将提供额外指定螺旋授权要求，如总重、重心位置和燃油量等。
- 飞机上飞行员清晰能见的相关铭牌（如"禁止特技机动包括螺旋"）。如果飞机铭牌上写明禁止螺旋，不保证飞机能从成熟螺旋中改出。

不幸的是，事故数据显示，有些飞行员有意违反螺旋限制。尽管飞机上有禁止有意螺旋的铭牌，一些飞行员甚至飞行教员尝试进行螺旋，并认为螺旋限制仅仅是试航标准的一个术语。他们相信如果飞机在试航过程中进行过螺旋测试，进行有意螺旋演示就没有问题。

这些飞行员忽视了以下事实：正常类飞机试航仅要求能从 1 圈螺旋后 3 秒或额外 1 圈之内改出，以时间较长者为准。换言之飞机不允许进入成熟螺旋。因此，飞机上铭牌禁止螺旋，在任何环境下，该类飞机不能确保从成熟螺旋中改出。不允许进行有意螺旋的飞机意外进入螺旋可能导致飞机失控。

4.3.4.7　螺旋相关的重量与平衡要求

授权可以进行螺旋的飞机，必须严格遵守重量与平衡要求，这对于安全实施和改出螺旋至关重要。飞行员必须意识到即便少量的重量和重心变化，都可能导致飞机螺旋改出特性变化。重量和重心变化可能降低也可能提高螺旋的演示和改出特性。例如，在后行李舱增加重量或额外增加燃油，即便依然在允许重心范围内，仍可能严重影响飞机的螺旋改出特性。当重心移至后限或重量减小时，实用类飞机难以进入有意螺旋，而当重心前移或重量增加时，正常类飞机更易进入螺旋。随飞机迎角增加，上述情况更加明显。当实用类认证的飞机按照正常类装载时，如果螺旋超过 1 圈也可能无法安全改出。

4.3.4.8　常见错误

实施有意螺旋的常见错误有：

- 螺旋进入过程中没有向螺旋方向抵满舵；
- 螺旋进入过程中未向后带杆至最大行程，导致急盘旋下降；
- 螺旋进入前飞机未完全失速；
- 螺旋改出过程中没有向改出方向抵满舵；
- 螺旋改出过程中没有足够向前稳杆；
- 试图等待旋转停止后，才向前稳杆；

- 旋转停止后未回舵中立位，可能导致二次螺旋；
- 螺旋改出中动作迟缓，过分关注操纵行程；
- 螺旋改出中带杆不足，导致速度额外增加。

4.4 复杂状态预防与改出

4.4.1 非正常姿态与复杂状态

非正常姿态常指在仪表飞行中无意或意外进入的飞行姿态。非正常姿态在学生驾驶员训练期间作为基本姿态仪表训练科目，在后续的仪表等级、型别等级和航线执照中同样作为训练和考试的必备科目。飞行员通过训练，需要理解可能产生非正常姿态的条件和情况，重点是如何识别并改出非正常姿态。

如本章开始部分所讨论的内容，术语"复杂状态"包括非正常姿态。

根据复杂状态的定义，非正常姿态同复杂状态有若干区别。首先，复杂状态包括失速，而非正常姿态通常不包括失速。其次，复杂状态包括超速，或速度同给定飞行状态不匹配等情况，而速度不是非正常姿态所关注的问题。最后，复杂状态有明确的定义参数，而非正常姿态没有。例如，为了训练目的，教员可能将飞机建立 30° 坡度、15° 仰角姿态，并要求学员改出。这可以认为是非正常姿态而非复杂状态。本节下述内容能应用于非正常姿态，而关注的是复杂状态预防与改出训练。

四种最常见诱发复杂状态并导致 LOC-I 事故的因素是：

（1）环境因素；

（2）机械因素；

（3）人为因素；

（4）失速相关因素。

失速相关因素已在上述章节介绍，其余相关因素和导致 LOC-I 事故的原因将在下述内容讨论。

4.4.2 环境因素

颠簸和切变能导致复杂状态和 LOC-I。应该对能导致各种颠簸的气象条件，如晴空颠簸、山地波、风切变、雷暴和微下击暴流保持警觉。除了环境因素导致的颠簸之外，其他飞机的尾流也可能导致复杂状态和 LOC-I。

结冰能破坏翼型上的平滑气流，导致升力降低，阻力增加。因此，结冰能严重恶化飞机性能，如果处置不当，非常容易导致飞机失速。

4.4.3 机械因素

现代飞机设备高度可靠，但也会发生异常。一些机械故障能直接导致飞机偏离正常飞行状态，如不对称襟翼、操纵系统失效和配平失效。

复杂状态也可能由故障或错误使用自动飞行系统导致。先进的自动化系统可能掩盖系统异常的原因。断开自动驾驶仪和自动推力能使飞行员直接操纵飞机，可能消除由于系统故障导致的问题。因此，飞行员必须在各种飞行阶段保持熟练的手动飞行技能。

虽然飞行中系统故障不可避免，但是，系统的相关知识和 AFM/POH 推荐的程序能帮助飞行员最小化相应冲击，并能阻止发生复杂状态。在发生仪表系统失效时，飞行员为避免复杂状态和后续 LOC-I，需要熟练使用备用仪表或部分仪表飞行。

4.4.4 人为因素

4.4.4.1 VMC 至 IMC

不幸的是，事故调查报告表明，从目视气象条件（VMC）进入边缘 VMC 或仪表气象条件（IMC）后，继续保持目视飞行规则飞行是导致 LOC-I 的重要原因之一。丢失天地线能极大增加发生空间定向错觉的概率，进而导致发生复杂状态。

4.4.4.2 IMC

当在 IMC 条件下运行，保持情景意识，使用基本仪表技能——交叉检查、解释、操纵来预防复杂状态。

4.4.4.3 注意力转移

飞行中设备失效除了直接冲击之外，如果在故障发生后，诱发飞行员将注意力从基本操纵上转移，也容易导致复杂状态。对自动化系统的无效监控，或过分依赖自动化系统，或对自动化系统使用的知识与经验不足，都容易导致复杂状态。在操纵飞机的同时，如果飞行员专注于设置电子设备或导航设备，也容易发生注意力转移。

4.4.4.4 任务饱和

飞行员的能力和任务需求之间的差距，决定了安全余度的大小。无论何时任务需求超过飞行员的能力，都可能发生复杂状态甚至 LOC-I。例如，在飞机复杂状态事件中，需要从接近倒飞滚转至正飞姿态，这对飞行技能的要求可能超过只经过基本训练的技能水平。另一个例子中，一名疲劳的飞行员意外遇到夜间仪表气象条件，同时发生真空泵失效，或飞行员在仪表气象条件下忘记打开皮托管加温，可能由于未进行部分仪表飞行训练，导致发生空间定向错觉甚至 LOC-I。另外，过低高度飞行或即兴为朋友或其他人进行低空表演，经常导致任务需求超过飞行员的能力，进而导致致命事故。

4.4.4.5 感觉过载或丧失

在复杂状态中，飞行员关联来自于飞机的警告、通告、仪表指示和其他线索的能力可能受限。飞行员面对复杂状态情景，需要快速面对多重、并发的视觉、音响和触觉警告。而有时期望警告并没有提供足够信息，这种情景能像多重警告一样转移飞行员的注意力。

从干扰中确认紧急信息的能力，需要训练、经验和飞机系统的相关知识作为支撑。交叉检查不但能证实相关信息，而且能确定该信息是否遗漏或无效。例如，失速警告系统可能失效，因此飞行员未获得飞机已经接近失速的警告，但飞行员依然可以使用其他线索防止失速和可能的 LOC-I。这些线索包括气动抖振、滚转效率降低或不能保持高度。

4.4.4.6　空间定向错觉

空间定向错觉是导致很多复杂状态事故的重要因素。2008—2013 年的事故数据显示，接近 200 起事故同空间定向相关，而这些事故中超过 70% 是致命的。在夜间或特定气象条件下飞行，所有的飞行员都容易产生错觉。错觉能导致实际仪表姿态指示同飞行员感觉相冲突。发生错觉的飞行员通常并不能意识到错觉的存在。许多复杂状态的发生是由于飞行员专注于特定任务，而注意力从飞行仪表或外部参考转移。其他身体感觉和仪表指示冲突，如果不能有效解决，也可能导致飞机偏离预期飞行轨迹。

飞行员可能经历空间定向错觉或通过下列 3 种途经识别相应情况：

（1）识别空间定向错觉：飞行员识别发展中的复杂状态或复杂状态情景，并安全地修正当前情况。

（2）未识别空间定向错觉：飞行员未意识到复杂状态情景正在发生或已经发生，没有实施关键决策并采取修正措施以阻止 LOC-I。

（3）对空间定向错觉失能：飞行员由于下述组合原因导致不能实施有效改出策略：① 不理解相关事件的演变过程；② 缺乏减轻或修正当前形势的技能；③ 应对发生的事件的需求超出其心理和生理能力。

4.4.4.7　惊吓反应

惊吓反应为不可控的肌肉反射、心跳加速、血压升高等。暴露于突然、紧张且超出飞行员预期事件常导致惊吓反应。

4.4.4.8　惊奇反应

惊奇是意外事件违反了飞行员的预期。惊奇可以影响以往对特定事件的既定认知过程。

人类对意外事件的反应在飞行训练中往往被低估或忽视。事实上未经训练的飞行员当遭遇飞机复杂状态事件时，经常经历惊吓或惊奇反应。飞行员可以通过基于情景的训练，保护自己免于惊吓或惊奇反应，教员可以通过在训练中融入干扰等帮助触发惊吓和惊奇反应。为了有效控制训练情景，必须有足够可识别的风险和威胁，以评估飞行员的压力水平。该训练情景能确保当遭遇实际复杂状态时，飞行员能降低相应的心理和生理反应。

4.4.5　复杂状态预防与改出训练（UPRT）

复杂状态并非有意飞行机动，因此训练内容除了机动外还应包括意外特性。经验或训练不足的飞行员对意外非正常姿态的反应往往出于本能，而非经过明智思考且深思熟虑。这些飞行员经常出现突然的肌肉紧张，在低高度、偏离正常速度、颠簸等情况下出现无目的甚至危险动作。

未经过正确的复杂状态改出训练，飞行员可能快速恶化非正常飞行姿态，进而导致致命的 LOC-I 事故。因此，UPRT 主要关注复杂状态的预防，以及当复杂状态发生时如何改出。

- 复杂状态预防指飞行员避免飞机偏离预期的航空器状态。训练的主要目的是避免复杂状态和事故症候。更早地识别并实施恰当的预防措施，通常能减轻复杂状态的危害，避免进一步发展为 LOC-I 事故。

- 改出指飞行员采取措施，从发展中或已经形成的复杂状态情景中修正高度、速度和姿态偏差，将飞机恢复至预期航空器状态参数范围。一旦识别出复杂状态，需要立即执行改出策略，将飞机恢复至正常飞行模式。在复杂状态改出过程中，除非飞机立即接地，否则需要确保操纵输入和油门调整同飞机滚转、俯仰、偏航和速度成比例，以防止飞机过载超过限制。

4.4.5.1 UPRT 核心概念

飞机复杂状态是高压力事件，同时，复杂状态可能将飞行员置于非正常、非熟悉姿态，有时需要飞行员进行反直觉的操纵动作。复杂状态将飞行员置于潜在威胁生命的情景之中，同时混合惊恐、认知受限和空间定向错觉。因为真实复杂状态需的反应时间极短，通过在训练中经历意外复杂状态，能降低飞行员的惊奇和迷惑感，这非常关键。训练的目的是使飞行员能迅速识别逐步上升的威胁和感觉过载，快速识别并修正即将发生的复杂状态。

UPRT 强调任何时候当偏离期望飞行轨迹或速度时，飞行员首先需要尽快识别。飞行员必须识别并确认采取何种动作。作为通用法则，任何时候目视线索或仪表指示同基本飞行机动预期不一致时，飞行员应该推测可能发生了复杂状态，并进行交叉检查确认飞机姿态、仪表错误或失效。

为获得更好的训练效果，UPRT 概念需要在无威胁情景下进行正确的训练。通过有效训练能加强 UPRT 概念，并大大提高飞行员对相关概念的理解，进而提高相关技能水平。在精心设计的结构化训练环境中，飞行员能经历复杂状态相关事件，当在真实飞行中意外遭遇复杂状态时，有效的训练能帮助飞行员更加快速、决断和平静地处置相应复杂状态事件。但是，就像其他技能一样，UPRT 技能同样容易衰退，需要不断通过训练进行加强。

在飞机和模拟设备 UPRT 中，应该同时实施目视和仪表训练，以便在所有条件下飞行员均能识别和改出复杂状态。UPRT 应该让飞行员体验并识别相关心理因素，如由于复杂状态导致的迷惑和空间定向错觉。从超过 90° 坡度的复杂状态中改出，能进一步增强飞行员复杂状态识别和改出的整体知识和技能水平。对于上述训练，应该采取额外措施，以确保飞机和模拟训练设备以及授权教员资质能力和训练科目匹配。

UPRT 同特技训练不同（图 4.14）。在特技飞行中，飞行员知道科目相关机动细节，因此，特技飞行不存在惊奇和惊吓反应。特技训练的目的是训练飞行员如何有意地在三维空间内，对特技飞机进行精确机动。而 UPRT 的基本目的是帮助飞行员克服突然压力，以及避免、预防和改出可能导致 LOC-I 的意外偏离。

特技飞行和复杂状态预防与改出训练		
训练方面	特技飞行	复杂状态预防与改出训练
基本目标	精确机动能力	安全高效改出飞机复杂状态
第二结果	提高飞机手动操纵技能	提高飞机手动操纵技能
特技机动	基本训练模式	辅助训练模式
理论训练	辅助角色	基本部分
可用训练资源	飞机	全动模拟机

图 4.14 特技训练和 UPRT 差异

完整的 UPRT 包括 3 个相互支撑的部分：理论训练、飞机训练和运输类型别等级 FSTD 训练。每一部分都有相应的优缺点，在飞行员职业生涯中完整系统地实施训练，能使飞行员在复杂状态意识、识别、预防与改出中获得最大收益。

4.4.5.2 理论训练内容（知识和风险管理）

理论训练是形成情景意识、洞察力、知识和技能的基础。理论训练包括通用到特定型别的内容，通过强调每个基本概念的重要性，促进复杂状态预防与改出技能的形成。虽然理论训练在降低 LOC-I 威胁风险方面十分重要，但长时间的保持知识最好通过亲身体验的实践训练获得。

理论训练内容应该包括理解复杂状态相关概念、原理以及减轻复杂状态风险相关的技术和程序。对迎角、过载、升力和能量管理之间关系的理解至关重要，这能帮助飞行员更好地评估危险源，减轻风险，获得并实施预防技能。训练科目应提供能导致复杂状态或 LOC 的情景意识。除了本节前半部分提供的 4 个导致 LOC-I 事故的重要原因外，训练应该将飞行员和飞机置于能导致复杂状态的模拟情景和环境中。

UPRT 的理论训练部分，同样需要围绕航空决策和风险管理概念，强调预防复杂状态，以及按比例逆反应。

4.4.5.3　通过航空决策和风险管理预防复杂状态

实施预防策略通常需要几分钟至几小时的时间，通过基本的飞行技能和良好的判断进行分析、情景意识、CRM、事故链解释，以实现高效的航空决策和风险管理。例如，想象一种情景，飞行员计划在某机场下降前进行评估，发现一些对于安全着陆有重要影响的因素，从而放弃着陆选择备降。使用情景意识避免潜在威胁飞行安全的不利条件，这是通过有效风险管理预防 LOC-I 风险的恰当例子。每次飞行前飞行员都应对环境进行评估（包括设备和环境），寻找需要更高风险管理水平的情景，这包括可能导致低高度机动、大坡度转弯、非协调飞行和增加过载的相关情形。

航空决策的另一部分是 CRM 或 SRM，所有上述概念都同 UPRT 环境相关。对于潜在和发展中的复杂状态，当存在良好的机组合作时，能提高情景意识，增强相互支持，并提高安全裕度。在复杂状态情景中，未经过良好训练的机组可能是最不可预测的元素，初始 UPRT 中机组成员分别掌握相应技能，然后整合入多机组 CRM 环境。每一名机组成员必须能完成下列任务：

- 通过交流清晰并简明地证实情景；
- 将飞机操纵权交给情景意识更高的机组成员；
- 使用标准化程序，以团队形式协作，提高情景意识、管理压力并降低恐惧。

4.4.5.4　通过比例逆反应预防复杂状态

简而言之，逆反应为按需及时操纵飞机操纵机构和油门。无论是单人制还是多人制机组，及时按需操纵飞机，管理无意或飞行员导致的姿态和飞行包线偏离都是最重要的任务。

预防策略的时间尺度常在数秒或不足 1 秒之内，该策略包括对发展中的复杂状态的识别，并及时采取按比例逆反应阻止飞机进入成熟复杂状态。由于复杂状态的突然性和惊奇性，存在较高惊慌和过度反应导致情况恶化的风险。

4.4.5.5　改　出

最后同样重要的是，理论训练部分通过介绍安全改出复杂状态所需的知识、程序和技术，为形成 UPRT 技能打下良好基础。下述章节将介绍飞机和 FSTD 训练部分，该部分能将理论内容转变为结构化科目。这可以从教室内讲解改出程序开始，并在飞机上进行重复技能训练，然后在模拟设备上进一步扩展技能。

当通过外部参考不能提供更多关于飞机姿态的情景意识时，飞行员可以使用仪表识别并改出复杂状态。从大仰角和大俯角姿态中改出，飞行员应该遵守 AFM/POH 推荐的程序。通用的复杂状态改出程序归纳为图 4.15。

复杂状态改出模板
断开自驾
稳杆降低飞机过载
积极滚转至最近水平姿态
监控速度按需调整功率
恢复平飞状态

图 4.15　复杂状态改出模板

4.4.5.6　常见错误

复杂状态改出常见错误如下：
- 没有正确地评估飞机所处复杂状态的类型；
- 没有断开自动驾驶；
- 当必要时，没有降低飞机过载；
- 滚转方向错误；
- 在改出过程中没有很好地管理空速。

4.4.6　UPRT 中飞机和 FSTD 的角色

训练设备包括 FTD 和 FFS，其各自性能差异巨大。这些设备相对真实飞机都存在不同限制，只有高逼真度设备（C 或 D 类 FFS）才能完全替代飞机进行 UPRT 技能训练。除了这些高逼真度设备，初始训练应该在适合的飞机上完成，并伴随训练设备进行相应技能训练。

4.4.6.1　基于飞机的 UPRT

训练情景越真实，其学习体验越好。虽然，现代模拟设备能轻松模拟 110° 宽视景和 30° 坡度，但在安全的模拟设备座舱内的体验，与在真实飞机座舱内的体验并不完全相同。将飞行员置于可控但可以增加肾上腺素的复杂状态飞行情景之中，能提供最好的训练体验。因为除了上述原因之外，基于飞机的复杂状态训练还能提高飞行员克服恐惧的能力。

但是，基于飞机的 UPRT 也存在不足。复杂状态训练水平可能受限于特定飞机的机动性能，以及教员自身的 UPRT 能力。例如，在正常类飞机上由普通飞行教员实施 UPRT，同在特技类飞机上由具有特技飞行专长的飞行教员实施 UPRT，其效果毫无疑问存在差异。

当考虑在特技飞机上实施复杂状态训练时，聘请 UPRT 经验丰富的教员十分重要。就像仪表飞行或后三点式飞机飞行需要特殊技能一样，UPRT 同样需要教员具有监督学员进度的能力以及必要时进行专业干预的能力。与其他任何领域的训练一样，不正确地传授失速、螺旋和复杂状态改出经常会导致负训练，不但在该训练中产生严重的后果，而且会将错误的技能和思维定式带入座舱，从而给其他同乘人员带来生命威胁。

4.4.6.2　全姿态/全包线飞行训练方法

理想的 UPRT 包括在全飞行姿态和全飞行包线限制内运行。该训练对于飞行员应对意外的复杂状态至关重要。如前所述，完整 UPRT 训练首先是关注预防，然后才是从复杂状态中安全改出。与基本仪表飞行技能可以应用于不同飞机一样，复杂状态预防与改出的大部分技能和技术不针对特定机型。在轻型飞机上学到的基本的仪表技能可以应用于更加先进的飞机，同理，基本的复杂状态改出技术同样能使飞行员终身受益。

4.4.6.3 基于 FSTD 的 UPRT

UPRT 可以在高逼真度模拟设备（C 或 D 类模拟机）上高效训练，但是，教员和学员必须清楚使用 FSTD 和飞机进行复杂状态训练的差异，因为，不同设备训练其相应的技术和生理反应存在差异。

4.4.7 急盘旋下降

急盘旋下降属于大俯角复杂状态，该科目为下降转弯同时空速和过载快速增加，急盘旋下降通常由失败的转弯导致。在急盘旋下降中，飞机沿半径很小的螺旋线飞行，因为此时飞机并未失速，飞机姿态几乎垂直并处于加速状态。当意外进入仪表气象条件，飞行员可能会进入急盘旋下降，多数情况是因为飞行员过度依赖运动知觉而没有关注仪表。飞行员被其他感觉干扰也容易进入轻微低头，机翼倾斜的下降转弯，并且在初始阶段不易察觉。尤其在仪表气象条件下，仅速度增加的声音能使飞行员意识到情况的快速变化。当识别到大俯角和大坡度姿态时，惊吓过度的飞行员可能快速带杆同时压盘改平机翼。该操纵能增加气动过载甚至导致机构损坏或失效。

下面讨论将解释急盘旋下降改出的每一步：

（1）油门慢车。立即减小油门至慢车，以减小飞机加速度。

（2）向前稳杆。在改平机翼之前稳杆，能减小飞机过载（机翼卸载），即通过向前稳杆至大约 1G 过载。向前稳杆能保证飞行员不会通过带杆恶化盘旋。这通常仅需要少量推杆动作，在改平机翼之前稳杆有几个好处，稳杆能减小迎角，减小飞机过载，减慢转弯率同时增加转弯半径，并防止出现带杆滚转。飞机在滚转带杆中设计过载限制更小，因此未减小过载就改平机翼容易导致结构损坏或失效。

（3）改平机翼。协调使用盘舵改平机翼。即便飞机处于低头姿态，也需继续滚转直到机翼完全改平再执行第（4）步。

（4）柔和带杆至平飞姿态。飞机在急盘旋下降中速度可能接近甚至超过 V_{ne}。因此，飞行员必须柔和使用所有操纵，以防止出现结构损坏。只有在速度降至安全水平以后才能将姿态带至爬升姿态。

（5）增加功率至爬升功率。一旦速度稳定至 V_Y，增加功率至爬升功率，并爬升至安全高度。

通常，急盘旋下降改出程序如图 4.16 所示。

急盘旋下降改出模板
1. 油门慢车
2. 稳杆降低过载
3. 改平机翼
4. 柔和带杆至平飞姿态
5. 增加功率至爬升功率

图 4.16　急盘旋下降改出模板

急盘旋下降改出的常见错误如下：

- 未减小功率；
- 错误地增加功率；

- 未改平机翼时尝试带杆改出俯冲；
- 在滚转过程中同时带杆；
- 改平机翼前未减小过载；
- 建立爬升后未增加功率。

4.4.8　UPRT 小结

重要的一点是，UPRT 技能不但复杂而且容易遗忘，适当地重复是建立正确心理模型的关键，因此，需要进行必要的复训。介绍 UPRT 程序相关背景同样需要重点考虑。飞行员必须清楚，特定程序是否具有广泛的适用性或仅适用于特定机型。为了获得更好的学习效果，应该从通用程序开始，然后再学习特定机型的相关要求。

4.5　本章小结

保持飞机可控是飞行员最基本和最最重要的责任。初始训练在正常、复杂状态和失速条件下，训练飞行员安全操纵飞机的技能。

本章讨论了基本飞机操纵要素，尤其强调迎角。讨论了速度和复杂状态等可能导致 LOC-I 的相关环境和情景。讨论了熟练掌握保持小速度飞行、失速及改出、螺旋意识及改出、复杂状态预防与改出、急盘旋下降改出等技能的重要性。

飞行员需要理解，基础训练不能涵盖所有可能的情况，因此，除正常运行之外，飞行员需要进行复训或附加训练，以训练超出初始训练要求的航空技能。对于考虑在多发飞机或喷气式飞机上执行上述科目，可以分别参考第 12 章和第 14 章。

本章部分科目未经过具体机型试飞，具体机型科目实施方法请以机型 AFM 手册为准，本章内容仅作为参考。

5 起飞与离场爬升

5.1 综 述

本章讨论前三点式飞机在正常情况和需要最大性能的情况下的起飞和离场爬升。对飞行员来说，在理论和实践两方面，全面掌握关于起飞的知识是极为重要的。有了这些知识，可以使飞行员在可能发生事故时果断终止起飞，也可以在紧急情况下使其化险为夷。

虽然相对于飞行的其他阶段而言，起飞较为简单，但起飞却是所有飞行阶段中最危险的阶段之一。因此，全面的知识、技术和判断决策能力的重要性是不言而喻的。

对于某一特定型号的飞机，厂商所推荐的起飞和离场爬升程序，包括飞机构型和空速，和其他相关的信息都包含在该飞机的局方批准的飞机飞行手册（AFM）或者飞行员操作手册（POH）中。如果本章中的任何信息有别于 AFM/POH 中包含的厂商推荐，请首先考虑厂商的建议。

5.2 术语和定义

虽然起飞和爬升是一个连续动作，但为了讲述和理解的方便，我们将其分为三个不同的阶段：① 起飞滑跑；② 离陆；③ 离陆后的初始爬升（图 5.1）。

图 5.1 起飞和爬升

- 起飞滑跑（地面滑跑）——起飞过程中，飞机从静止加速到能产生足够升力使飞机离陆的空速的阶段。
- 离陆（抬前轮）——飞机离开地面升空的过程，由于机翼产生的升力足够大，飞行员抬起前轮，增加迎角使飞机开始爬升。
- 初始爬升——飞机离陆，建立爬升俯仰姿态。通常来讲，当飞机到达安全机动高度或者开始入航爬升时，初始爬升结束。

5.3 起飞前准备

在滑行至跑道或者起飞区域前，飞行员需要确认发动机工作正常，所有操控系统，包括襟翼和配平片，均已按照起飞前检查单的要求设置。另外，飞行员需确认进近和起飞路线上没有其他航空器。在管制机场，飞行员必须联系塔台指挥员，在得到允许后方可滑入使用的跑道。

建议不要紧跟另一架飞机特别是大型、载重运输机立刻起飞，因为前面的飞机会产生尾流影响后面飞机的稳定甚至安全。

为了在起飞过程中辅助飞行员保持方向控制，在滑进跑道时，飞行员可以选择与跑道方向对齐的地面参考物。地面参考物可以是跑道中心线、跑道边灯中线灯、远方的树木、塔楼、建筑物或者山峰。

5.4 正常起飞程序

正常起飞指的是逆风起飞，或在风很微弱时起飞。此外，起飞跑道应坚实，有足够长度允许飞机速度逐渐增加至离陆速度和爬升速度，且起飞路线上不存在障碍物。

尽可能在逆风中起飞有两个原因：一是逆风中的地速比顺风中小，这样能减轻对起落架的磨损和压力；第二，逆风中所需的滑跑距离短，只需要较短的跑道就可以达到保证起飞和爬升需要的最小升力。由于飞机依靠空速起飞，即便飞机静止不动，逆风的气流也会流过机翼而提供一部分空速。

5.4.1 起飞滑跑

滑行到跑道上后，必须对准起飞方向，前轮在跑道中心线上并保持飞机对正跑道中线。松刹车后，柔和连续地加油门至起飞功率。粗猛加油门可能导致飞机受螺旋桨滑流扭转影响而突然向左偏转。对于马力较大的飞机，这种情况尤为明显。随着飞机开始向前滑跑，飞行员应确认双脚均放在方向舵踏板上而不是踩在刹车上。起飞滑跑过程中还应监视发动机仪表，观察是否有异常情况。

对于前三点式飞机，对升降舵操纵系统施加的力不宜太大，只需要稳定住操纵盘就行了。施加不必要的力只会对起飞产生不良影响，阻碍飞行员判断何时需要施加杆力以建立起飞姿态。

飞机逐渐获得速度后，如果配平正确，升降舵将趋于中立。同时，在整个滑跑过程中，应柔和、及时、有效地操纵方向舵来保持好方向。发动机扭矩和螺旋桨因素在初始加速时容易使机头向左偏转，飞行员必须根据需要用方向舵或副翼修正这些影响，或在有风条件下保持机头对正跑道滑跑。应避免使用刹车改变飞机滑跑方向，因为刹车会引起飞机增速减慢，增加起飞距离，甚至导致方向急偏。

随滑跑速度的增加，飞行员将感受到整个操纵面上反馈的力量越来越大，特别是升降舵和方向舵。如果机尾受到螺旋桨滑流影响，尾部的舵面效应会首先凸显出来。随着速度继续增加，所有的舵面操作效果都会逐渐增强到足以控制飞机姿态的程度。此时飞机处在从滑行到飞行的转换过程中，与其说是在滑跑，不如说是在飞行。而保持方向所需的方向舵偏转量逐渐减小。

此时，飞机的可操纵程度仅能从两方面体现出来：一是控制操纵面时的阻力，二是飞机对操纵的反应。这种阻力可以衡量的不是飞机的速度而是飞机的可操纵性。为判断飞机的可操纵性，飞行员应注意飞机对操纵力的反应，并及时根据需要调整操纵力来控制飞机。需要强调的是，飞机对施加的操纵力会有一定的反应延迟，飞行员应试图感受飞机的操纵阻力，而不是试图用更大的力度来操纵飞机。这一点对于有操纵补偿面的飞机尤为重要，因为飞行员施加操纵力时，操纵补偿面将极大地减小操纵的反馈力。

在开始训练起飞的阶段，学员通常不能完全体会到操纵力随飞行速度的变化。因此，学员可能通过进行大幅度的操纵以获取预期的操纵力，从而导致过量操纵。飞机对这些操纵动作的反应延迟更会加重过量操纵的问题。教员应发现学员可能存在的这些操纵倾向，强调对操纵感觉的培养。应该要求学员轻松地感受操纵阻力并相应地施加合适的操纵力，以达到预期的效果。这种练习使学员随着经验的积累，能够感受出飞机何时达到了足够起飞的速度，而不是仅仅去猜测或注视速度表，也避免了小速度强行离陆的情况。

5.4.2　离　陆

一个好的起飞源于正确的起飞姿态，所以如何获得好的起飞姿态十分重要。理想的起飞姿态要求在飞机离陆后仅需做最小的俯仰调整即可获得最大上升率速度（V_Y）（图 5.2）。教员须演示 V_Y 所需的俯仰姿态，并且要求学员进行记忆。最初，学员可能在飞机离陆后继续保持较大的带杆力，导致飞机猛然抬头。教员需要对此有所准备。

每一种类型的飞机都有正常离陆的最佳俯仰姿态；但是，在不同的条件下要求不一样的起飞技术。在粗糙的道面上、光滑的道面上、坚硬道面上，或者是在较短或松软道面上或泥泞的道面上，需要略微不同的起飞技术。气流稳定的天气和强风、阵风情况下的起飞方法也不同。这些非常规条件下起飞的技术会在本章后面的内容中进行讨论。

对于前三点式飞机，在起飞滑跑过程中，当所有的飞行操作开始变得有效时，应逐渐向后带杆使

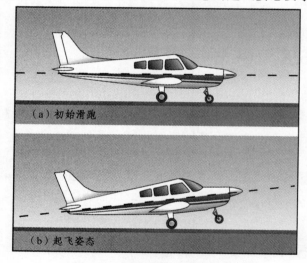

（a）初始滑跑

（b）起飞姿态

图 5.2　初始滑跑和起飞姿态

前轮稍离地，从而建立起飞或离陆姿态。这个动作常常被称为"抬轮"。此时，需要注意机头相对地平线的位置，然后根据需要带杆保持该姿态。注意操纵副翼保持机翼水平。

正常的起飞姿态就可以使飞机离陆了，如果用过量的带杆会使飞机有较大的俯仰姿态，可能反而延缓整个起飞过程。如同前面说过的，过大过快的俯仰变化导致扭力产生的影响相应地变大，使飞机更难于控制。虽然可以强行使飞机离陆，但这肯定不利于安全，在正常情况下应极力避免。如果在飞机达到足够的离陆速度前，大力带杆强行使飞机离陆，小速度、大迎角的飞机可能重新接地甚至失速。另一方面，在飞机离陆后，如果没有足够的杆力保持飞机俯仰姿态，或者让飞机低头过多，飞机也可能重新接地。这是由于迎角减小，升力减小，不足以维持飞机高度。所以在抬轮或离陆后，保持正确稳定的俯仰姿态是十分重要的。

随着飞机离地，飞行员仍需要注意保持机翼水平，同时保持正确的俯仰姿态。在此关键时刻，更需要加强对外目视观察以保持正常俯仰和坡度姿态。在飞行操纵还未达到最佳效果时，初学的学员常会把注意力集中在飞机俯仰或者速度表上，而忽视了在离陆后飞机自然滚转的趋势。

在强阵风中起飞，建议适当增大飞机的离陆速度。当飞机在强阵风中遇到突然的短暂平静，或出现其他颠簸气流时，以正常速度起飞可能导致无法有效控制飞机甚至失速。在这种情况下，飞行员应该使飞机获得更大的速度之后柔和抬轮离陆。

5.4.3 初始爬升

离陆后，飞机应保持可使其增速至 V_Y 的俯仰姿态飞行。V_Y 是使飞机在最短时间内获得最大高度的速度，即最大上升率速度。

如果飞机配平在起飞位，需要一定向后的带杆力保持该姿态直到建立正常爬升速度。若在飞机建立正常爬升速度前减小带杆力，则可能导致飞机下沉甚至重新接地。

飞机离陆后速度会迅速增大。一旦建立正上升率，起落架就可以收起；而一旦到达规定的速度和高度，就可以收起襟翼。

建议保持起飞功率直至高度高于周围地形或障碍物 500 英尺。使用 V_Y 和起飞功率爬升确保了在最短时间内获得最大的高度，从而增大了飞行员处置可能发生的发动机失效或者其他紧急情况的安全余度。

由于初始爬升阶段的功率固定为起飞功率设置，所以仅需要通过操纵升降舵微调俯仰姿态来控制速度。然而在改变俯仰姿态时，飞行员不应该注视空速表，而应该观察外部，调整飞机相对于天地线的姿态。按照姿态飞行的原则，飞行员应该首先参考天地线调整飞机俯仰姿态并短暂保持这个新的姿态，然后扫视空速表的变化来判断新的姿态是否正确。俯仰姿态改变后飞机不会立即加速或减速，空速改变需要一定时间。如果新的俯仰姿态比正确的姿态更大或更小，空速表的显示将可能低于或高于预期的空速。此时，需要重复执行改变俯仰姿态和交叉检查的过程，直到建立需要的爬升姿态。

获得正确的俯仰姿态后，应通过对比机头与天地线和其他外界可视参照物的位置关系，不断检查并保持该姿态，而空速表仅作为一种检验姿态是否正确的方法。

建立推荐的爬升速度并达到安全机动高度后，调整至推荐的爬升功率，并配平飞机，消除操纵杆力。这样能更容易地保持恒定的姿态和空速。

在初始爬升过程中，使起飞航迹与跑道方向保持一致是非常重要的，可避免偏向障碍物或偏向从平行跑道起飞的另一飞机的航迹。正确的扫视技术是安全起飞爬升的基础，不仅仅是保持姿态和上升方向，还能避免在机场区域发生冲突。

当学员快进行到单人单飞训练阶段时，教员必须告知学员，当教员不在飞机上时，起飞性能会有明显的不同。由于负载减小，飞机将更快地离陆，更快地爬升。学员所熟悉的初始爬升时的俯仰姿态也会由于重量减轻而不同，操作相应也会更灵活。如果飞机不是所预想的状态，会增加学员的紧张感直到飞机着陆以后。通常这种紧张感可能造成学员在接下来的着陆中表现不佳。

正常起飞和离场爬升中的常见错误：

- 进跑道前不注意观察跑道上或五边上是否有冲突。
- 油门使用过于粗猛。
- 油门加至起飞功率后，没有检查发动机仪表，监视发动机工作状况。
- 在最初加速时，对飞机左偏的趋势判断没有预见性。
- 对左偏趋势修正过大。
- 在加速和抬前轮过程中，仅依靠空速表而不是依靠对速度和飞机操纵的感觉来判断飞机速度。
- 没有获得正确的离陆姿态。
- 在初始爬升中，对扭矩和螺旋桨副作用未做足够修正，导致侧滑。
- 在初始爬升中过度操作升降舵。

- 缺乏对飞机前方的扫视（俯仰姿态和方向），导致机翼（通常是左机翼）在离陆后下偏。
- 没有获得或者保持好最大上升率速度 V_Y。
- 在爬升中未能采用姿态飞行的原则，造成只根据空速表的指示来操纵。

5.5 侧风起飞

虽然在任何可能和可行的情况下都应该选用逆风方向起飞，但在实际中却并不总是这样。因此，飞行员需要熟悉侧风起飞所涉及的原理和技术。侧风对起飞和滑行都会有所影响，而且起飞过程中修正侧风的技术和在滑行中修正侧风的技术很接近。

5.5.1 起飞滑跑

在侧风中滑跑的初始阶段，除了必须保持副翼操纵向上风方向偏转外，使用的技术同正常起飞时基本相同。偏转副翼将使上风面机翼受到向下的作用力，消除侧风引起的抬升力，阻止机翼上抬。

在飞机滑进起飞区域时，需要查看风向袋或其他风向指示器以便了解和预见侧风的存在。如果存在侧风，从起飞滑跑开始就需要向上风方向压满盘。随着飞机加速，需要保持这个操纵位置，直到副翼足够控制飞机的横侧稳定。

保持副翼操纵偏向上风方向（上风盘）时，必须用方向舵保持好直线滑跑（图 5.3）。

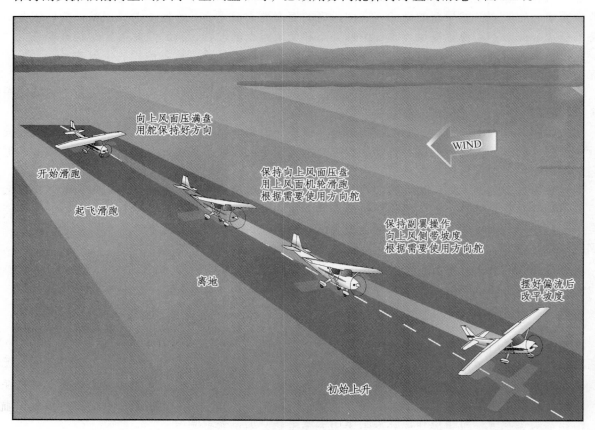

图 5.3　侧风中起飞滑跑和初始上升

通常情况下，需要蹬下风舵，因为侧风中滑跑的飞机有机头偏向上风方向的趋势。当设置在起飞功率后，扭矩和螺旋桨副作用使飞机向左偏航，会抵消由右侧风导致的机头向右偏的趋势。反之，左侧风时，则会加重左偏的趋势。总而言之，不管舵量如何，都应控制飞机对正跑道，直线滑跑。

随着飞机速度增加，侧风更多转变为相对的逆风，应减小向侧风方向的压盘量。当保持副翼操纵需要的力增大，则表明舵面效应增强。随着舵面效应的增强和相对的侧风分量减弱，需要逐渐减小压盘量。不过侧风分量的影响不会完全消失，因此在整个滑跑过程中都需要保持一定的向侧风方向压盘量，防止上风面的机翼上抬。如果上风面机翼抬起，导致更多的机翼表面暴露在侧风下，可能引起飞机的侧向跳动（图5.4）。

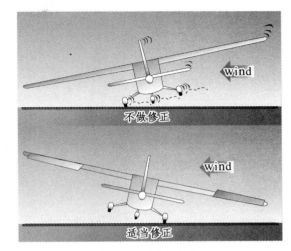

图 5.4　侧风影响

通常表现为一系列由于飞机试图离陆却又掉回跑道上引起的小的连续弹跳。在这些弹跳中，侧风会有使飞机向下风面移动的趋势，可能引起飞机侧跳。侧跳给起落架施加较大的侧向作用力，可能导致结构损坏。

在侧风中起飞滑跑，须向侧风方向压足够的盘，不仅为了防止上风面机翼抬起，还要使机翼下偏。这样飞机将会在抬前轮后立刻向侧风方向侧滑以抵消偏流。

5.5.2　离　陆

随着前轮离地，保持副翼操纵向侧风方向偏转将导致下风面机翼抬起，并且下风面主轮先离陆，剩下的滑跑由一个主轮支撑完成，这是可接受的，远好于飞机侧跳。

如果侧风较大，应使飞机比正常情况稍晚离陆，以便于平稳而明确地使飞机离陆。这样做能使飞机在操纵更有效的情况下离陆，以使在修正风的过程中飞机不至于再次接地。更重要的是，这样可避免将过多的侧向负载施加到起落架上，避免了在偏移过程中飞机掉回跑道上带来的损坏。

两侧主轮均离陆后，地面摩擦力不再制止飞机偏移，如果不保持足够的对偏流的修正，飞机会慢慢地偏向下风面。因此在离陆前的重点是，通过向侧风方向压盘防止机翼上抬，并根据需要抵舵防止机头向上风面偏转，以建立并保持适量的对风的修正。

5.5.3　初始爬升

如果适当地修正了侧风，飞机离陆后将向侧风方向侧滑以抵消侧风引起的偏流的影响（图5.5）。飞机建立正的上升率后，应使这种侧滑持续。这时，飞机需要向侧风方向转动一个足够的角度以抵消风的影响，然后使机翼水平。为保持飞机沿跑道延长线爬升，需要稳定有效地操纵方向舵，始终保持一个偏流修正角。然而，因为在离地几百英尺的高度内侧风可能有明显的变化，应频繁检查实际航迹并对侧风修正量做必要的调整。其他爬升技术和正常的起飞爬升相同。

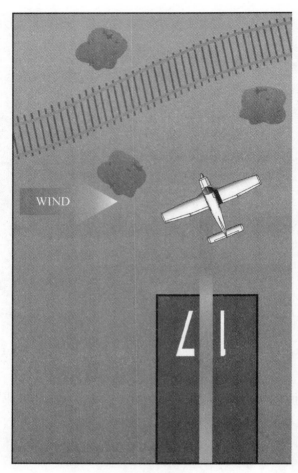

图 5.5 侧风中爬升航迹

在完成侧风起飞时的常见错误：

- 进跑道前不注意观察跑道上或五边上是否有冲突。
- 在最初的起飞滑跑中，没有压满盘。
- 机械的操纵副翼而不是通过对飞机的感觉进行操纵。
- 过早抬前轮导致飞机侧跳。
- 在起飞滑跑后段压盘量过大，导致离陆时向上风面形成过大的坡度。
- 离陆后对偏流的修正不足，导致航迹往一边偏。

5.6 起飞中的地面效应

地面效应是指在接近地面操纵飞机时，出现飞机性能变好的状况。地面效应在离地面一个机翼翼展的高度内影响显著（图 5.6）。地面效应在飞机（特别是下单翼飞机）处于低速低高度并且保持固定姿态的情况下特别明显（举例来说，在起飞过程中，飞机离陆后加速到爬升速度，或者在接地前着陆拉平过程中）。

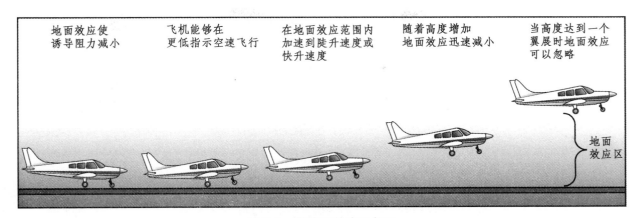

图 5.6　在地面效应区起飞

当机翼受到地面效应影响时，上洗气流、下洗气流和翼尖涡将减小。翼尖涡的减小导致诱导阻力减小。当机翼处于相当于翼展 1/4 的高度时，诱导阻力减小 25%；当机翼处于相当于翼展 1/10 的高度时，诱导阻力减小 50%。在高速飞行时，废阻力占主导，诱导阻力只是总阻力中的一小部分。因此，在起飞、着陆时需要特别注意地面效应的影响。

在起飞过程中，起飞滑跑、离陆、初始爬升初期都是在地面效应区内完成的。地面效应导致局部静压升高，这会导致空速表和高度表显示略低于实际值，并常导致升降速度表指示下降率。随着飞机离陆并爬升，脱离地面效应区，将发生以下情况：

- 需要增大飞机迎角以保持相同的升力系数。
- 飞机的诱导阻力将增大，需要的拉力增大。
- 飞机产生抬头趋势，并且由于平尾上的下洗气流增加，需要的升降舵操纵行程减小。
- 离开地面效应区导致静压减小，使指示空速相应增加。

由于在地面效应的作用下阻力减小，飞机表现出可以在低于推荐的空速时离陆。但是当飞机以较小的速度脱离地面效应区后，由于阻力的增大会表现出初始爬升性能较差。在高密度高度，高温，或者最大载重时，飞机可以在小速度时离陆，但却不能爬升脱离地面效应区。因此飞机不能越障，或者将重新接地。需要记住的是，在脱离地面效应区后需要额外的动力以抵消阻力的增长。但在初始爬升时，发动机已经输出最大功率，仅能通过减小俯仰姿态来增加空速，这将不可避免地导致一定的高度损失。因此，在极限条件下，飞机以推荐的空速起飞是非常重要的，这样将会给飞机提供足够的初始爬升性能。

地面效应对于正常飞行操纵也是很重要的。如果跑道足够长，或者没有障碍物存在，可以利用地面效应使阻力减小的优点改善初始加速。另外，在不理想道面上的起飞程序也是在起飞滑跑过程中使机翼尽可能多地承受重量，并且利用地面效应使飞机在达到真正的飞行速度前离陆；然后在脱离地面效应区前，减小迎角以获得足够的空速。

5.7　短跑道起飞和最大性能爬升

从短跑道或者在可用起飞区域有障碍物限制的条件下起飞和爬升需要飞行员在起飞性能极限下操纵飞机。为了安全离场，飞行员必须练习有效准确地控制飞机姿态和速度，以使飞机表现出最佳的起飞爬升性能，以最短的滑跑距离起飞，并以最大爬升角爬升（图 5.7）。

图 5.7 在短跑道上起飞

完成的结果应与局方认可的飞机飞行手册（AFM）或者飞行员操作手册（POH）中性能部分一致。在任何情况下都必须遵守飞机制造商指定的油门设置、襟翼设置、空速以及程序。

为了安全地完成一次最大性能起飞，飞行员必须具备足够的关于如何利用所飞机型的最大上升角速度（V_X）和最大上升率速度（V_Y）的知识。

V_X 是指在给定的地面距离下提供最大爬升高度的速度。这个速度常比 V_Y（在单位时间内提供最大高度的速度）稍小。机型的特定的速度在局方认可的飞机飞行手册（AFM）或飞行员操作手册（POH）中列出。需要强调的是，对于某些飞机，相对于推荐的空速，即使 5 节的偏差也将导致爬升性能急剧降低。因此，空速控制是否精确关系着能否成功完成操作并保证安全。

5.7.1　起飞滑跑

短跑道起飞需要在起飞区域的最前端就开始进行。在该点，飞机需要对正起飞路线。如果飞机制造厂商建议使用襟翼，则襟翼需在起飞滑跑前放到正确位置。这样保证了飞行员能在整个起飞过程中把全部注意力集中在正确操纵和飞机的性能上。

一些专家倾向于在发动机获得最大转速之后再松刹车开始起飞滑跑。但是，这种做法是否对所有的轻型单发飞机都能缩短起飞滑跑距离并未得到证实。起飞时应连续而不是犹豫地加至起飞功率，尽快使飞机加速。应尽量使飞机的主起落架承受全重，滑跑加速直至离陆速度。在起飞滑跑过程中，需要调整飞机的俯仰姿态和迎角，使其阻力最小并加速最快。对于前三点式飞机，起飞滑跑中很少操纵升降舵，这是由于飞机已经处于小阻力姿态。

5.7.2　离　陆

接近最大上升角速度（V_X），应带杆至能够保持最大上升角速度的姿态，让飞机稳定而柔和地离陆。由于离陆后，飞机将会更快地加速，需增加带杆力以保持空速恒定。离陆后，需要保持空速 V_X并且机翼水平爬升，直到越过障碍物；或者如果没有障碍物的影响，直到飞机到达真高 50 英尺。此后，需要略微减小俯仰姿态，以最大上升率速度（V_Y）继续爬升，直到到达安全机动高度。记住，试图过早地拉起飞机或者过陡地爬升，可能导致飞机再次接地或者撞上障碍物。即使飞机保持在空中，但是初始爬升仍然很平，在获得最大上升角速度（V_X）之前的爬升性能和越障性能也非常低（图 5.8）。

图 5.8　提前离地的影响

抬前轮的目的是在最大上升角速度附近达到需要的俯仰姿态。需要记住的是，有些飞机在到达 V_X 之前有自然离陆的趋势。对于这种飞机，允许飞机在地面效应影响下离陆，然后在主轮刚离地后减小俯仰姿态保持水平，直到飞机加速到最大上升角速度。这种方法比顶杆保持飞机在地面直到获得最大上升角速度更可取。如果为了保持飞机在地面滑跑而顶杆过多，可能导致主轮离开地面而前轮仍与地面接触，这将阻碍加速和飞机性能的发挥。

5.7.3　初始爬升

在短跑道上起飞，起落架和襟翼应该保持在起飞位直到越过障碍物（或按照厂商建议）并获得 V_Y 速度。在确认已经越障之前，注视驾驶舱内部或试图对起落架和襟翼进行操纵是不明智的。当飞机稳定在速度 V_Y 时，起落架和襟翼应收起。通常建议逐级收起襟翼，以避免升力突然变小而掉高度。接下来，减小油门至正常爬升功率设置或按照厂商建议设置油门。

完成短跑道起飞和最大性能爬升的常见错误：

- 没有确认区域内无其他飞机。
- 没有利用全部可用跑道和起飞区域。
- 起飞前没有正确配平飞机。
- 过早抬前轮导致大阻力。
- 为保持飞机三点滑跑，不必要施加地过大的顶杆力。
- 抬前轮后飞机姿态不够，导致速度过大。
- 没有获得/保持最大上升角速度。
- 在初始爬升中视线固着于空速表。
- 过早收起落架和襟翼。

5.8　在松软/粗糙场地起飞和爬升

从松软的场地起飞和爬升需要使飞机尽可能快地离陆，消除草丛、软沙、湿地、积雪带来的阻力，并且可能需要越障。这种技术需要合理运用地面效应，对飞机要有良好的感觉和操纵手感。相同的技术同样可以运用在粗糙的场地上，让飞机尽可能快速起飞，避免起落架受到损坏。

软道面或者长而湿的草丛常会在起飞滑跑过程中使飞机的加速性大幅降低，如果采用常规的起飞技术，飞机将可能无法获得足够的起飞速度。

必须强调的是，松软场地上的正确起飞程序与坚硬光滑的短跑道起飞有显著区别。为了减小从松软道面或粗糙道面上起飞的危险，在滑跑过程中，要尽快使机翼承担更多的飞机重力，从而减轻机轮的负载。可建立和保持大迎角或者尽早保持大俯仰姿态。在开始滑跑前，放下襟翼（如果厂商推荐）以提供额外的升力，从而尽早将载荷从机轮转移到机翼。

在松软跑道上停止，如在土跑道或者积雪跑道上，飞机可能下陷，因此，在滑进跑道的过程中应提供足够功率，保持飞机始终处于移动的状态。

5.8.1 起飞滑跑

飞机对正起飞路线之后，应柔和快速地加油门至起飞功率，但过快地加油门可能导致发动机颤震。随着飞机加速，应该充分带杆产生正迎角，以减轻前起落架所承受的重量。

起飞滑跑过程中，当飞机保持机头向上的俯仰姿态，随着速度和升力的增加，机翼产生的升力逐渐减轻机轮所承受的重力，从而减小了地面不平或随之而来的阻力。如果准确地保持这种姿态，飞机会在地面效应的影响下以低于安全爬升速度的空速离陆（图 5.9）。

加速　　　　抬前轮　　　　离地　　　在地面效应区平行地面飞行　　　在地面效应区加速到 V_X 或 V_Y

图 5.9　软跑道起飞

5.8.2 离　陆

升空后，应柔和使飞机低头，使飞机在机轮离开地面的情况下加速至 V_Y 或者在必须越障的情况下加速至 V_X。飞机离陆后的加速过程中，应特别注意避免飞机重新接地。试图过早地让飞机爬升或者爬升过陡，都可能导致飞机因失去地面效应的有利影响而重新接地。在获得足够爬升速度前，如果尝试在地面效应区外爬升，即便是在全油门的情况下也可能导致飞机随着地面效应的消失而不能进一步爬升。因此，保持飞机在地面效应区内加速直到至少获得速度 V_X 是非常重要的。这需要对飞机的感觉和良好的操纵手感，为了避免操纵过量，对升降舵的操纵量需要随着飞机的加速而变化。

5.8.3 初始爬升

建立正上升率，加速到 V_Y 后，收起落架和襟翼。如果从湿滑、积雪或泥泞跑道起飞，起落架不应该立刻收起。这适用于任何融雪或者被风干的泥泞跑道。在软跑道起飞后，必须飞越障碍物时，必须保持 V_X 爬升直至飞越障碍物。飞越后，进行俯仰姿态的调整，速度调至 V_Y，收起落架和襟翼，油门收至正常爬升位。

松软跑道起飞爬升过程中的常见错误：

- 没有清理好场地。
- 在初始滑跑过程中拉杆过少，导致迎角过小。

- 加大油门后，没有交叉检查引擎仪表。
- 方向控制不好。
- 离陆后爬升过陡。
- 抬前轮后在试图改平加速时突然或者粗猛操作升降舵。
- 飞机下沉导致离陆后飞机接地。
- 在获得足够爬升速度前，尝试脱离地面效应区。
- 在脱离地面效应区时，没有预见到飞机俯仰姿态将增加。

5.9　中断起飞/引擎失效

在起飞过程中，无论在飞机内外都可能发生突发事件或者不正常情况。这需要飞行员中断起飞，将飞机留在跑道上。发动机故障、加速度不足、跑道被占用或者和空中交通冲突都是中断起飞的理由。

起飞前，飞行员应该知道飞机大概在跑道的什么位置升空。如果到达这个位置飞机还没有升空，就需要及时操作，中止起飞。如果有正确的预期和处理，飞行员可以不用过大操作就能使飞机利用剩余的跑道停下，太粗猛的操作如刹车过重可能导致方向失控、飞机损坏或者人员受伤。

在中止起飞中，油门应收到慢车位，保持方向的同时采用最大刹车。如果引擎失火则必须关闭引擎，应将混合比杆放到慢车关断位，关闭磁电机。任何情况下都必须遵循飞机制造商的应急操作程序。

升空后，油门失灵或者发动机失效是非常紧急的。这种情况下，飞行员仅仅只有几秒钟来决定采取什么措施。除非提前准备好采取何种应急方法，否则飞行员很可能在最佳时机作出错误的决定或者根本就没有作出决定而造成事故发生。

在初始爬升中引擎失效，飞行员的首要责任是保持对飞机的控制。在无动力爬升姿态下，飞机接近失速迎角。此时飞行员可能还在蹬右舵。飞行员应立刻减小俯仰姿态，避免发生失速和螺旋，并向可降落区域进行可控下滑（最好在剩余跑道上）。

5.10　减小噪声

飞机噪声问题在每个机场都备受关注。许多当地的组织迫使机场执行特殊的操作程序以帮助飞机在机场附近区域飞行时减小噪声。近年来，局方、机场管理者、飞机驾驶员、飞机制造商和特别兴趣小组一直致力于为附近敏感区域减小飞机噪声。现在，许多机场已经开始实施减小噪声程序，如标准的航线剖面图和程序，以完成进一步降低噪声的目标。

有减噪程序的机场提供信息给飞行员、管制员、航空公司、空中交通管理设备和其他特别组织。这些程序通过各种方式保证飞行活动。这些信息大多来自机场指南、当地公众信息、印制的小册子、操作布告栏、安全简报和当地航空设备。

在运用减噪程序的机场，在通向跑道的滑行道等待点处会设立提示牌，提醒飞行员遵守减噪程序离场。不熟悉这个程序的飞行员需要询问塔台或者交通管制员以确认程序。任何情况下，在此类机场进离场时飞行员都应考虑周围民众的生活环境，尽量安静并安全地运行飞机。

6 参考地面的机动

6.1 目的和范围

参考地面的机动飞行，其训练目的在于进一步提高飞行员的操纵技术水平。虽然其中的许多操作在日常飞行中并不会出现，但是它们所包含的原理和要素经常会在飞行中用到。它们帮助飞行员分析风和其他作用力对飞机的影响，并且能够帮助他们培养出良好的操纵感、协调性和注意力分配，确保机动飞行执行的准确与安全。

一般来说，为了掌握基础的飞机操纵技术，飞行员所有的早期训练都是在较高高度上实施的。这种训练要求飞行员注重飞机的操纵动作，以及操纵所带来的反应和飞机的姿态变化。

但在继续进行更高级别的训练时，如果学员的注意力老是固着于飞机操作层面上，这就变成了一个不好的习惯，这个习惯将严重影响以后的飞行安全，并且很难改正。所以，学员一旦具备了扎实的基本操作技能，注意力就应该逐渐被引导至机舱外，练习参考地面的机动飞行，内外结合更好地控制飞机。

当然，在参考地面的机动的具体操作中，之前的基本驾驶技术的熟练和巩固也同样重要。教员不应该因为一个新的训练科目的加入而放松对学员先前技术水平的要求，要在学员的操作过程中保持这个要求。每个新的科目都应在体现一些新东西的同时涵盖前一个操作的基本原理，以保持飞行训练的连续性，使学员取得持续的进步。

6.2 以地面物体为参照的机动飞行

参考地面的机动，是在相对较低的高度，对风进行修正以确保沿着地面上的预选路径飞行的机动科目。这些科目的训练可以帮助学员提高控制飞机的能力，使其在注意其他事情的同时还能够正确判断和修正风的影响。这要求飞行员在训练中"飞在飞机的前头"，随时预先做好下一步的计划，保持和地面参照物的相对方位，用恰当的航向保持正确的航迹，同时知晓同一空域中其他飞机的活动和位置。

参考地面的机动飞行一般的执行高度为真高 600～1,000 英尺。实际的高度要依据速度和飞机的类型来确定，同时还要考虑以下因素：

- 飞机相对地面参照物的运动速度不要显得太快，否则会人为加重紧张情绪。
- 转弯半径和飞行轨迹要在地面上清晰易辨，并可以根据实际环境进行调整。
- 应使学员能够轻易识别出偏流，但在修正偏流方面不要对他们过高要求。

- 应明确地面参照物的相互比例和实际大小。
- 应保持足够低的高度使学员能够明显感受到飞机的高度变化，但任何情况下都要保持高于最高障碍物 500 英尺以上。

参考地面的机动飞行的训练区域应当远离街区、村庄以及人群，以防止对他人造成不必要的干扰甚至伤害。在机动飞行中，教员和学员都要注意寻找可使用的迫降场地，因为执行高度较低，当真正需要迫降时，飞行员已没有足够的时间再来选择合适的着陆场地。

6.3 偏流和地面航迹控制

任何脱离地面的物体，都受到周围介质的影响。这意味着一个自由物体会随着周围介质的运动方向和速度而运动。

例如，一艘有动力的船要穿越一条河流，假如河水是静止的，船可以直接从河岸上的一点以直线不偏不倚地到达河对岸的一点。但是如果河水是流动的，就要考虑水流的速度。随着船的向前移动，它也会顺着水流向下游移动，这时需要一个向上游的速度来抵消水流速度。只有这样做了，船才会沿着预定的直线航迹到达对岸。但此时的船头不会正对河岸，它将向上游偏转一个角度，这个角度就叫做偏流（图 6.1）。

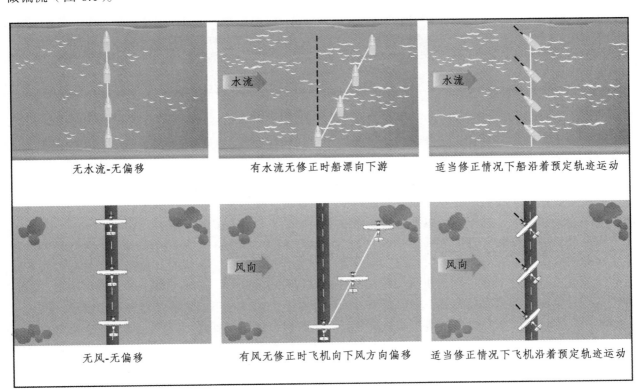

无水流-无偏移　　　　有水流无修正时船漂向下游　　　适当修正情况下船沿着预定轨迹运动

无风-无偏移　　　有风无修正时飞机向下风方向偏移　　适当修正情况下飞机沿着预定轨迹运动

图 6.1　侧风情况下的飘移

飞机一旦升空，就脱离了地面的摩擦力。在飞行中，飞机将受到空气气流，也就是风的影响。此时的飞机就像船一样，不再是沿着机头所指方向前进。当把飞机纵轴对准一条公路后，会发现飞机在没有任何转弯操作的情况下会接近或者远离这条公路。这说明空气正推着飞机向一侧移动。由于飞机在移动的空气中飞行，所以飞机在前进运动的基础上，还将随着空气以空气运动的方向和速度偏移，这与船在河里运动时完全一样（图6.1）。

当沿着地面线路直线平飞时，首选的修正风的方法是把机头适当偏向上风面（偏流修正角），使飞机在侧向上的速度与风相等，方向与风向相反。根据风的速度，调整好修正角，飞机就会沿预定的线路飞行。

为了了解飞行中偏流修正的必要性，我们做一个假设。假设在一次飞行中，左侧风风速30节，风向与飞机航向成90°夹角。一个小时后，风向右移动了30海里。由于飞机在风中运动，飞机也会向右移动30海里。相对于空气，飞机只是在向前运动；但是相对于地面，飞机在向前移动的同时，也向右移动了30海里，离本来的目的地也就远了30海里。

很多时候飞行员还需要在转弯时修正偏流（图6.2）。转弯中，风相对于飞机会不停地改变方向。风和飞机之间的夹角与风速影响了转弯所耗时间。同时地速也是不停改变的，当飞机逆风飞行时，地速减小；当飞机顺风飞行时，地速增大。在转弯遇到侧风时，机头必须适当偏向风的方向才能抵消偏流。

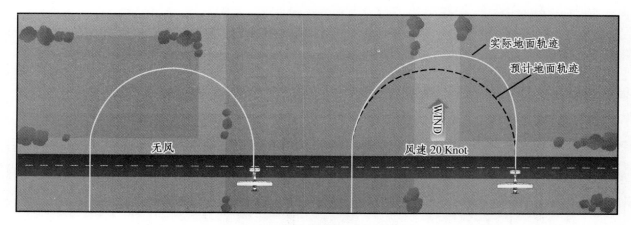

图6.2 转弯中风的影响

在转弯的过程中，地速不断变化，为了沿着预定的地面路线飞行，需要随时改变对风的修正角。地速越快，修正角就要确定得越快；地速越慢，修正角也就变化得越慢。在转弯过程中，顺风阶段需要的转弯坡度和转弯率最大，而逆风阶段需要的转弯坡度和转弯率最小。

在转弯过程中，我们改变坡度以改变转弯率，改变修正角以修正偏流，其原则和技术与参考地面的机动飞行是相同的，甚至也可以推广到所有改变航向的操作中去。

在无风状态，如果我们要飞一个180°的固定半径的转弯，那是一件很简单的事，因为转弯的飞行路径和地面航迹是一致的。具体执行时，可以先垂直接近一条公路，飞越时开始做中等坡度的转弯，然后保持坡度，转过180°。当飞机机头再次与公路接近90°夹角时，改平，整个转弯即可完成。但是请注意，只有在没有风而且能够一直保持坡度和转弯率不变的情况下，这种转弯才可以完成。

而在有风的情况下，如果风向与公路垂直，飞机若以恒定的坡度进行转弯，则相对于空气可以完成恒定半径的转弯。但是，风的影响会导致航迹上半径的改变。风速越快，实际航迹和预期飞行轨迹间的差距就越大。为了抵消偏流，飞行员可以利用消除风的影响的方法控制飞行路径，使航迹成为一个标准的半圆。

要演示风对转弯的影响，可以先选择与风平行的公路、铁路或其他线型地标为参照，然后沿着参照物逆风飞行，在保持平稳后开始做坡度不变的360°转弯（图6.3）。转完一圈之后，飞机的位置虽然还在参照物的中心线上，但是会朝向下风面稍有偏移，飞行轨迹在地面的投影形成了一个拉长的圆。完成转弯后继续逆风直线飞行才能把飞机带回起点。

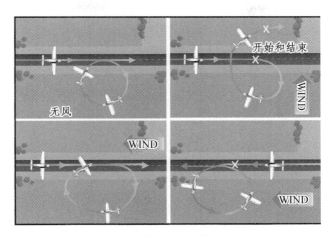

图 6.3　转弯中风的影响

　　同样的，我们也可以在线型地标上选取一点，在顺风条件下做类似的 360° 转弯。如果保持坡度稳定，风的影响会使飞机在再次切上线型地标时结束转弯，但是此点在转弯起始点的下风面。

　　当然我们还可以选择与风向垂直的线型地标，并重复同一程序，演示不修正偏流的转弯情况。在完成 360° 转弯时，飞机机头仍指向原来的方向，但由于风的作用会偏离线型地标一段距离。

　　从这些演示中能够看出，为什么以及在何时我们需要增大或者减小坡度和转弯率，以获得想要的地面航迹。其涉及的原理和技巧可以在本章所述科目的实践中得到锻炼和评估。

6.4　矩形航线

　　通常给学员引入的第一个参考地面机动科目是矩形航线（图 6.4）。

　　矩形航线这种机动飞行的航迹是长方形的。矩形航线模仿的是机场上空矩形起落航线飞行的情况，因此当执行时，一定要保持速度和高度的稳定。该科目在以下方面会对学员有所帮助：

- 练习转弯操作；
- 在航迹、地标和飞机操作之间分配注意力；
- 掌握进入转弯的时机，以使飞机在指定的地标上方转弯；
- 掌握转弯改出的时机，以保证沿着预定的航迹飞行；
- 建立正确的航线，并确定适当的偏流修正角。

　　与其他参考地面的机动飞行一样，矩形航线机动的一个目的就是练习在控制飞机和观察周围其他飞行活动的同时，在航迹和地标之间合理分配注意力；另一个目的则是看清并熟悉飞机的航迹是怎样慢慢飘移靠近或远离一个平行的线型地标的。这将有助于学员看出在起落航线的各条边上，相对于机场跑道，飞机是否出现横侧的偏移。

　　要做这种机动飞行，需要先在远离其他飞行活动的地方，选择一个正方形或者长方形的场地，或者由道路、标志线等围成的四边形区域，其每边长度约为 1.5 公里。飞机是在四边形的边界外围 400～800 米的距离上平行于边界飞行。一个较好的航迹能让两个驾驶员都轻易观察到边界。如果直接在边界上飞行，飞行员将找不到地标，不能根据地标来开始和结束转弯。航迹离边界越近，在转弯点所需要的转弯坡度就越大。总之，不管是左航线还是右航线，飞行员应该随时能够在驾驶舱内看到所选场地的边界，并且航迹离边界的距离都是相等的。所有的转弯都必须在飞机正切边界拐角时开始，通常转弯坡度不超过 45°。对于这种机动飞行来说，至关重要的是建立好与边界之间的距离。

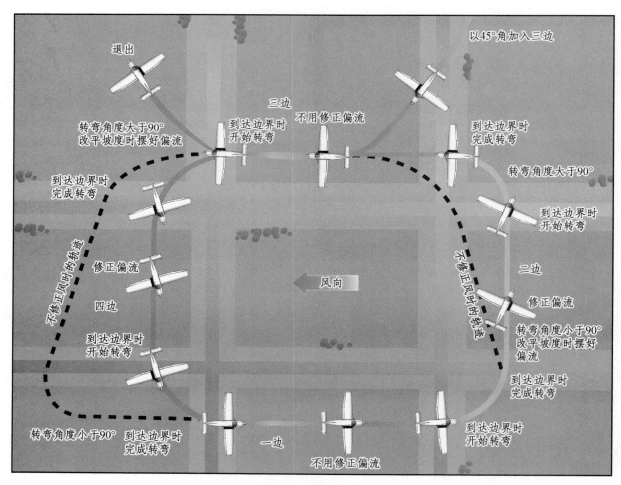

图 6.4　矩形航线

　　矩形航线可以从任何方向开始进入，这里我们假设是从顺风边即三边进入。

　　在三边，顺风会使地速增大。因此，在进入下一个转弯时会有较大的速度，要使用较大的坡度。随着转弯的进行，因为顺风分量减小，地速逐渐减小，坡度也应该随之减小。

　　在三转弯过程中和进入四边后，侧风会使飞机远离边界。为了修正偏流，三转弯需要转大于90°的角度。

　　改出三转弯后，机翼必须水平，机头稍偏向边界线以修正偏流。此时飞机应与在其他边时一样，保持离边界同样的距离以及同样的高度。维持好航迹高度直到接近五边，当然这里的五边和一边是重合的，即逆风边。此时飞行员需要再次预先判断偏流和转弯半径。由于在四边上已经向航线内侧修正了偏流，因此四转弯时所需转的角度小于90°。这个转弯以中等坡度进入，然后在转弯过程中逐渐减小坡度。改出转弯的时机要注意同步，使机翼水平时飞机刚好与边界平行。

　　当飞机在一边飞行时，随着越来越接近下一边界，应看准边界，准备进入一转弯。由于在一边上是逆风，飞机地速较小，在一转弯过程中风将会使飞机向航线内偏移。鉴于这个原因，需要以小坡度缓慢进入转弯，以修正偏流。随着转弯的进行，逆风分量减小，地速增加，需要逐渐增大坡度和转弯率，以确保在完成转弯后地面航迹离边界的距离不变。完成转弯后，飞机改平时，应该刚好能够对齐一转弯地标边界的拐角。

　　同时，随着机翼改平，需要将机头偏向上风向以正确地修正偏流。这要求一转弯角度小于90°。如果转弯完成较好，飞机离边界的距离为400～800米。在二边时，需要调整风的修正角以保持到边界的距离不变。

随着下一个边界的临近，飞行员需要计划转入三边。由于风的修正角使飞机向风的方向偏，即边界的外侧，所以二转弯转的角度应大于 90°。由于在三边变成顺风，转弯过程中地速增大，因此二转弯坡度应采用中等坡度，并逐渐增大。为了完成转弯，需要计划好改出时机，以确保在飞机纵轴与边界再次平行的时候，刚好改平机翼并对齐矩形区域的拐角点。当然三边上飞机到边界的距离与其他边是一样的。

通常，偏流不会发生在一边或者三边，但要让风严格地沿着边界吹，这种情况很难遇到。这就需要在所有边上都有一个微小的修正角。提前判断应该如何转弯，从而修正地速、偏流和转弯半径也十分重要。当顺风时，转弯必须稍快且坡度稍大；当逆风时，转弯必须稍慢且坡度稍小；在变化的风中，转弯的快慢和坡度也应该相应变化。同样的道理和飞行技术也适用于机场区域内的起落航线中。

在矩形航线机动中易出现的错误：

- 没有确认该区域内是否有其他飞机活动。
- 初始高度不对（比如在下降中进入科目）。
- 偏流修正不好造成航迹偏移。
- 高度保持不好。
- 操作不协调（通常会在顺风转弯时带外侧滑，逆风转弯带内侧滑）。
- 操纵生硬。
- 在操纵飞机与保持航迹之间注意力分配不好。
- 转弯的进入和改出时机不当。
- 对其他飞机的目视观察不够。

6.5　S 形转弯

穿越道路的 S 形转弯是练习飞机在直线的两旁沿着半圆形航迹飞行的机动科目（图 6.5）。这条直线可以是公路、田埂、铁路或者其他与风向垂直的一些区域边界，这条直线的长度需要足够完成一系列的转弯。该机动飞行过程中需要保持稳定的高度。

通过公路的 S 形转弯涉及很多实际飞行时在风中转弯的技术和修正方法。在某些方面，完成 S 形转弯比矩形航线更容易。但之所以在介绍了矩形航线之后再讲述 S 形转弯，是为了让学员在尝试转弯中修正偏流之前先了解如何在直线飞行中修正偏流。

练习 S 形转弯的目标是增强学员在转弯中消除偏流、沿着一个选定的地面路线飞行、以要求的航向到达指定点的能力。它的程序包括垂直穿过道路后立刻开始以恒定半径进行一系列 180° 转弯，在每个转弯完成飞机穿过道路时与其夹角都是 90°。

为了完成等半径转弯，建立对风的修正，需要不停地改变转弯率和转弯坡度。而这二者都必须随着地速的增大（减小）而相应地增大（减小）。

当我们在顺风中垂直于道路开始进入转弯时，转弯坡度最大。随着转弯的进行，顺风逐渐变为侧风，再变为逆风，坡度应该逐渐减小。在逆风面以小坡度开始进入转弯，随着逆风逐渐变为顺风，要逐渐增大坡度。而飞机在穿越地面道路参考线时，会从一个方向的坡度直接连续滚转到反方向的坡度。

开始机动飞行前，要尽量选择一条笔直的、与风向成 90° 的地面参考线，然后确认在附近区域没有其他障碍物或者其他航空器。飞机在选定高度从顺风边靠近道路。当到达道路上空时，立刻开始首次转弯。由于飞机受到顺风影响，地速最大，会快速远离道路，所以要适当增大坡度，获得足够的修正角，防止飞机过于远离道路而导致转弯半径过大。

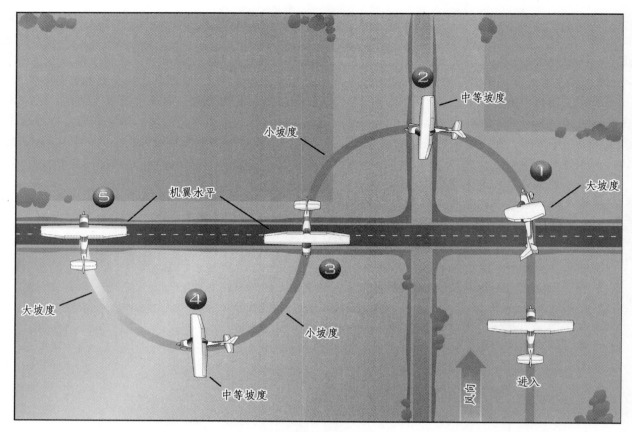

图 6.5 S 形转弯

在第一个 90° 转弯的后半部分，此时的风已经从顺风变成了侧风，地速减小，远离道路的速度减小。当飞机受到正侧风时对风的修正角达到最大。

转过 90° 后，飞机开始受到越来越大的逆风，地速逐渐减小，接近道路的速度变慢。如果让转弯的坡度保持不变，由于接近道路速率较慢，而转弯较快，航向就会过早与道路垂直。由于飞机逆风飞行时，地速减小，接近率减小，所以在剩余的 90° 转弯中要逐渐减小坡度，以便减小风的修正角，使飞机在到达道路上空时正好完成 180° 转弯。

在穿越道路的同时要开始向反方向转弯。由于飞机在逆风中飞行，地速相对较小。因此，转弯要以较小的坡度开始，以避免过大的转弯率造成过早地建立较大的修正角。转弯的坡度大小应与所需的修正角相对应，以保证地面航迹与顺风转弯时的航迹一致。

逆风转过 90° 后，由于飞机从逆风变成了顺风转弯，地速增加，接近道路的速率变大。因此，要逐渐增大坡度和转弯速率，当到达道路时，飞机转过 180°。控制好改平时机，使飞机垂直道路时，刚好改平。

在整个机动过程中，要保持高度恒定，不断改变坡度以保持半圆形航迹。

通常，在逆风侧转弯的初始阶段容易增加坡度过快，这会导致飞机再次穿过道路之前不能完成180° 转弯。当为了使飞机垂直地穿越道路而转弯，但转弯没有及时完成时，上述情况相当明显。为了避免这种错误，飞行员必须随时能够设想出飞机所要保持的航迹，在转弯前半段增加转弯坡度。在转弯后半段，当接近道路时，飞行员必须正确判断接近道路的速率，相应增加坡度，使飞机在改平时能够垂直穿过道路。

S 形转弯中的常见错误：

- 没有确认该区域内是否有其他飞机活动。

- 操作不协调。
- 高度忽升忽降。
- 没有设想好在地面的半圆形航迹。
- 掌握不好进入和改出转弯的时机。
- 对风的修正不好。
- 对其他飞机的目视观察不够。

6.6　围绕地标转弯

围绕地标转弯是 S 形转弯机动同一原理的衍生，它的训练目的是：
- 进一步提高转弯技术。
- 在飞行航迹和地面参照物之间分配注意力的同时，增强下意识控制飞机的能力。
- 使学员明确在绕一点转弯时，转弯半径会受坡度影响。
- 培养对高度的敏锐感觉。
- 提高转弯时对风的修正能力。

围绕地标转弯中，飞机是在保持高度的同时，围绕一个明显的地面参照点做两个或者更多的坡度接近 45° 的 360° 等半径转弯（图 6.6）。

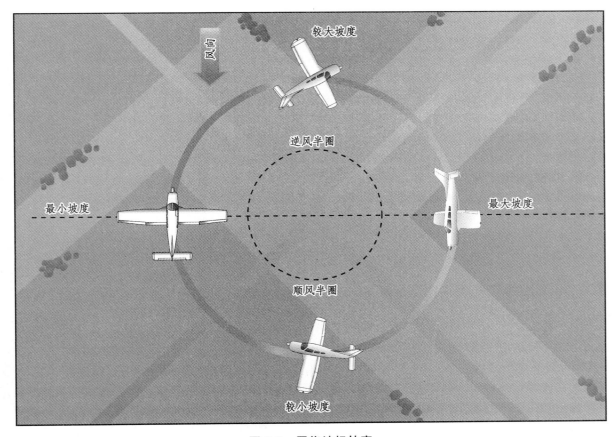

图 6.6　围绕地标转弯

修正偏流的方法和原理与S形转弯中一样。如果存在风的影响，围绕地标转弯要不断变化转弯坡度和对风的修正角。飞机受到的顺风越大，地速越大，修正偏流需要的坡度和转弯率就越大；飞机受到的逆风越大，地速越小，修正偏流需要的坡度和转弯率就越小。要根据地速的大小适当调整坡度和转弯率。

选择的地面参考点要明显，容易在空中辨认，但也要足够小，这样才能提供准确的参考（图6.6），比如孤立的树、塔、十字路口，或者其他差不多大小的地标。

进入转弯时飞机离参考点的距离应该是预定的转弯半径。对于上单翼飞机，在机动飞行的整个过程中，甚至大坡度中机翼下偏时都要确保飞行员能看到参考点。如果转弯半径过大，机翼可能挡住飞行员视线。

当存在风的影响，飞机顺风进入转弯时，要尽快压坡度以确保飞机完全顺风时的坡度最大。因此如果预定的最大坡度为45°，且飞机离参考点的距离适当，其初始坡度就要是45°；然后，在飞机到达完全逆风点之前逐渐减小坡度，而经过此点后要逐渐增大坡度，到达初始进入点时，重新获得最大坡度。

正如S形转弯一样，在围绕地标转弯过程中除了要改变坡度，也要修正风的影响。在下风面一侧的半圆转弯中，飞机机头需要向圆内侧偏；在上风面一侧，机头则向圆外偏。其实围绕地标转弯中的上风面部分的转弯可以与S形转弯中的上风面部分对比，下风面也是一样的。

随着飞行员在围绕地标转弯中越来越熟练，能够很好地理解偏流对转弯的影响并能按要求适当改变坡度和修正角之后，可以训练在任何一点进入转弯，而不仅仅是在顺风时进入。从任何一点进入转弯之后，需要小心选择转弯半径，要考虑风速和地速大小，不需要在保持地面航迹时使用过大的坡度。教员需要特别强调初始坡度不正确所造成的影响，并且在随后进行的"8"字飞行中也要继续强调。

围绕地标转弯中的常见错误：

- 没有确认该区域内是否有其他飞机活动
- 进入坡度不合适。
- 没有辨清风向、风速。
- 顺风或逆风时对风的修正不好，坡度不合适，造成接近或远离地标。
- 从顺风到侧风时转弯带外侧滑。
- 从逆风到侧风时转弯带内侧滑。
- 高度忽升忽降。
- 对其他飞机的目视观察不够。
- 全目视飞行时把握不好飞机状态。

6.7 基础8字飞行

"8"字机动是指飞机地面航迹形成形状近似"8"的机动飞行。除了懒8字和双标点8字，其他的8字飞行都是高度恒定的水平飞行。从简单8字到困难的8字高级机动飞行，8字机动飞行有很多种类型，每种都有各自在教学上的用途，解决参照地表或地标转弯过程中的特定问题。每一种高难度要求的机动都能加强学员的协调性和下意识控制飞机的能力。在所有机动飞行训练中，仅8字飞行需要逐步提高对外部参考物的注意程度。但是，8字飞行真正的重要性在于它需要完美地完成下意识飞行。

基础 8 字飞行是绕参考点飞行的变体，尤其是沿道路 8 字、穿越道路 8 字和绕塔 8 字飞行，它们是绕两点分别向两个方向转弯的飞行。

基础 8 字飞行目的如下：

- 熟练转弯技术；
- 培养在操作飞机和外界参照物之间的注意力分配能力；
- 进一步了解转弯过程中的坡度对半径影响的知识；
- 演示风是如何影响航迹的；
- 积累在机动飞行前设想飞行结果的经验；
- 训练学员的思考和计划能力，飞在飞机的前面。

6.7.1 沿道路 8 字飞行

沿道路 8 字飞行是在一条直路的两边分别做两个相连的等半径圆形转弯，航迹就像一个 8 字（图 6.7）。

与其他参考地标飞行一样，沿道路 8 字飞行训练的目的是培养学员的注意力分配，消除偏流，保持航向，保持高度。

沿道路 8 字飞行可以在风平行于或者垂直吹过道路时进行，为简便起见，这里我们只介绍后一种情况。

选择的参考线或道路要与风向垂直，飞机在道路正上方飞行。由于风垂直吹过，飞机需要修正一个偏流，保持在道路正上方直线飞行。开始机动飞行之前，应确保该区域内无障碍及其他飞行活动。

通常，第一次转弯是顺着风向以中等坡度进行转弯。由于飞机转弯过程中顺风越来越大，地

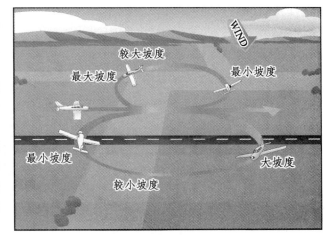

图 6.7　沿道路 8 字飞行

速增大，远离道路的速度也越来越快。因此要增加坡度和转弯率以建立风的修正角，防止飞机转过 180°后过分远离道路。当飞机完全顺风即转过 90° 时，坡度最大。

随着飞机完成 180° 转弯，飞机平行于道路飞行，由于风向垂直于地面航迹，机头应向道路方向偏转以修正风的影响。在这里，飞行员应该计划出回到开始转弯处所需要的 180° 转弯航迹。此时，开始变成逆风转弯，风有阻止飞机接近道路的趋势，地速减小，接近速度减小。要适当减小转弯率和修正角，使飞机转过一周后回到道路上。为了完成这一任务，要逐渐减小坡度并在完全逆风时减至最小。最后的 90° 转弯中，根据转弯速度和接近速度，改变坡度以修正前面的错误。要判断好改出时机，在飞机飞回进入点时变为直线平飞状态，并保持足够的修正角使飞机平行道路飞行。

短暂直线平飞后，飞机以中等坡度开始反方向逆风转弯。逆风使地速减小，飞机有靠近道路的趋势。因此，在开始的 90° 转弯中，应逐渐减小坡度，从而获得预定的飞行半径，并在完成 180° 转弯时，获得正确的修正角。

随着剩余 180° 转弯的继续，飞机开始顺风飞行，地速增加，导致道路接近速度变快。同样，需要增加坡度和转弯率以获得足够的修正角，避免飞机过快接近道路。当飞机遇到正顺风时，坡度最大。

在最后的 90° 转弯中，转弯率应该减小，使飞机回到起始转弯点。飞机需要及时改出转弯，机头向风的方向偏转，飞机沿道路直线平飞。

学员在 8 字飞行中的重点是柔和精确地控制坡度以消除偏流。越早发现并消除偏流，所需要的坡度改变就越少。学员越快估计出所需修正，变化就越不明显，可以将更多的注意力放在保持高度和操控飞机上。

另外，必须消除操纵动作不协调的问题，才能更好地保持高度。该飞行技术不允许学员分散注意力。此技术随着学员在操纵飞机和保持预定航迹之间合理分配注意力的能力提高而提高。

6.7.2　穿越道路 8 字飞行

这种机动飞行与沿道路 8 字飞行的原则、技术相同。主要的不同在于完成每一圈时飞机都要穿过道路的交叉点或路上的某特定点（图 6.8）。

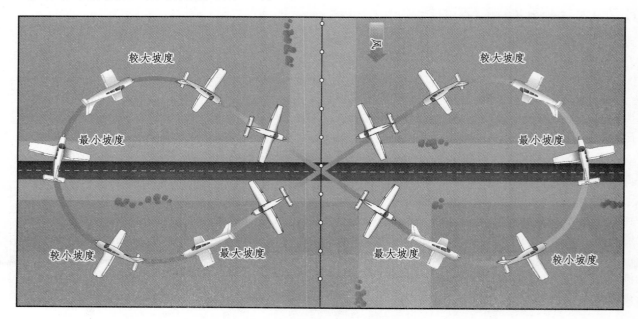

图 6.8　穿越道路 8 字飞行

每个圈都需要穿过道路，风向要与道路垂直。要保证每一次穿过道路的角度一致，机翼水平。另外，此程序也可以在道路正上方时马上滚转到反方向的坡度来进行。

6.7.3　绕塔 8 字飞行

这个训练机动飞行的原理、修正偏流的技术与围绕地标转弯一致，训练目的与其他参考地面的机动飞行一样。此种情况需要以地面上的两个地面参考点或塔状物体作为参照点，绕塔的两个转弯方向相反，以完成预计的 8 字航迹（图 6.9）。

在这种航线中，两塔之间存在顺风，而在外侧存在逆风。在一个塔到另一个之间，需要短时间的直线平飞。

选择塔时需要使两塔之间的直线与风的方向成 90°，需要远离社区、农场和人群，以避免可能打扰别人或危及他人安全。选择的区域应该没有危险的障碍物和其他飞行活动。机动飞行过程中，需要稳定高度在 500 英尺以上。

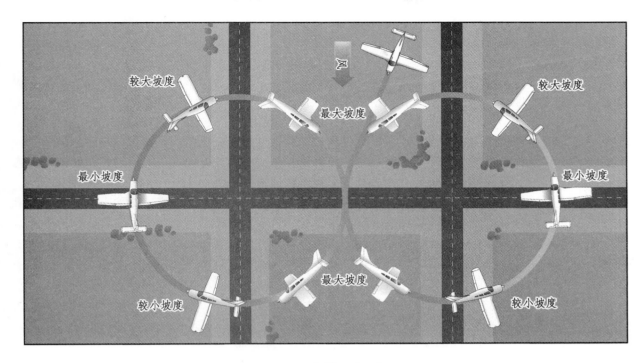

图 6.9　绕塔 8 字飞行

当通过两塔之间时，飞机从顺风开始做 8 字飞行。要根据塔间的距离和风速确定最初的保持稳定半径所需的坡度。在每次进入转弯之后和改出转弯之前使用最大坡度，因为此时飞机顺风飞行，地速最大。当飞机完全逆风时，地速最小，需使用最小坡度。

坡度根据风速而变，与 S 形转弯和围绕地标转弯一样，转弯中也要不断改变坡度。随着飞机逐渐变成逆风飞行，坡度变化需要从最大坡度逐渐变为最小坡度，然后再逐渐增大坡度，直到改出转弯前再次获得最大坡度。如果飞机沿对角线从一个转弯进入另一个转弯，每个转弯都必须以修正偏流的合适航向改出，以保证直线平飞及到达绕另一个塔等半径飞行的起始点。水平飞行阶段必须正切两个环形航线。

8 字飞行中的常见错误：

- 没有确认该区域内是否有其他飞机活动；
- 地面参照点选择不合适；
- 不能根据风和地面参考点合理进入机动；
- 初始坡度不正确；
- 转弯中动作不协调；
- 高度保持不好；
- 迷失方向；
- 转弯中形成坡度动作不柔和；
- 错误估计偏流修正；
- 没有及时准确地进行偏流修正；
- 没有在正确航向改出；
- 在参考点、飞机控制、扫视其他飞行器之间的注意力分配不好。

6.8 双标点8字（标杆8字）飞行

双标点8字飞行是最高级也是最难的低空机动训练飞行。由于涉及各种技术，双标点8字飞行对于下意识控制飞机能力的教学、锻炼和考察是无可比拟的。

因为双标点8字是一个高级机动飞行程序，飞行员的注意力应主要放在保持参考视线对准标点上，而以较少的注意力完成座舱内的操作。所以只有当教员确定学员已完全掌控基本操纵后才能进入这种机动的学习。因此，学员进入双标点8字飞行的先决条件是协调转弯时能保持好高度、良好的飞机感觉、失速识别技能、低空操作的良好心态以及注意力不会固着的能力。

与绕塔8字一样，这个训练机动飞行也包括绕圈飞行、左右转弯交替、在选定两点或标塔周围形成8字形。但是与绕塔8字不同，双标点8字不用保持一个固定的与标点的距离。飞行中如果有风，飞机与标点的距离是要变化的。此机动是飞行员视线沿着与飞机横轴平行的直线，延伸到标点，使视线像枢轴一样固定在标点上，根据此枢轴保持精确的高度和空速飞行（图6.10）。另外，与绕塔8字不同的是，在双标点8字的操作中，随着飞机与标点的距离减小，需要增加坡度。

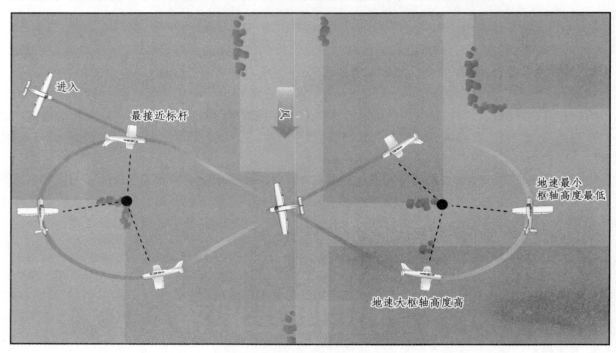

图6.10　双标点8字飞行

双标点8字中的正确飞行高度称为枢轴高度，它受地速影响。它的培养目标和前面的参考地面机动飞行是相似的，即在保持地面航迹和观察参考点之间分配注意力的同时准确地操控飞机。

在解释双标点8字时，我们经常把"翼尖"作为参考视线或者飞机的枢轴点的同义词。不过这个解释也不是很准确，因为飞行员视线在上单翼、下单翼、后掠翼和梯形机翼飞机及并排座位的飞机上与翼尖形成的角度是各不相同的（图6.11）。因此，双标点8字的正确参考视线是飞行员从眼睛开始、平行于飞机横轴的参考线。

图 6.11　双标点 8 字飞行中的视线

　　视觉参考点或线不一定在翼尖上，但应该与翼尖位置有一定关系（前、后、上、下），而对于不同高矮的飞行员及不同的座位，参考点也是不同的，特别是在多排（前后）座椅的飞机上。在并排座椅的飞机上，如果飞行员都坐在座位上，由于视线大约在同一水平上，参考视线对不同位置的人来说差别很小。

　　对枢轴高度的解释也是非常重要的。这是一个特定的高度，在此高度上，当飞机以指定地速转弯时，参考视线在地面的投影将会以参考点为轴转动。由于不同飞机空速不同，地速也会不同。因此，每架飞机都有自己的枢轴高度（表 6.1）。枢轴高度不受坡度变化影响，除非坡度过陡影响了地速。在静风中估计枢轴高度（单位为英尺）的快速算法是真空速的平方除以 15（单位为英里每小时）或者 11.3（单位为节）。

表 6.1　速度与枢轴高

空速		合适枢轴高
海里/小时	英里/小时	
87	100	670
91	105	735
96	110	810
100	115	885
104	120	960
109	125	1,050
113	130	1,130

飞机到标点的距离会影响坡度。高于枢轴高度盘旋时，参考视线在地面上的投影点将向后移动；相反地，在低于枢轴高度飞行时，参考视线的投影应向前移动（图 6.12）。

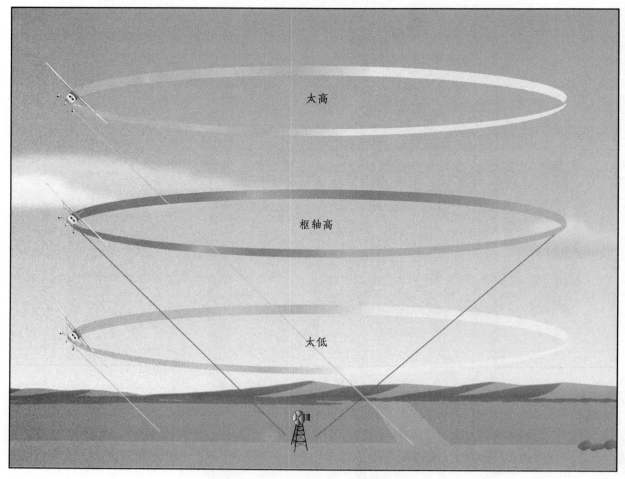

图 6.12　不同高度对枢轴高度的影响

为演示此种情况，飞机以正常的巡航速度飞行，高度低于枢轴高度，然后进行中等坡度的转弯，可以发现随着飞机转弯的进行，参考视线投影将会沿着地面向前移动（地面参考点向后移动）。随后爬升，使飞机高于枢轴高度，当飞机再次以巡航速度飞行时，进行中等坡度转弯，可以发现参考视线投影将会向后移动（地面参考点向前）。

在高高度演示后，减小油门，开始绕标点进行中等坡度转弯下降。随着高度的下降，参考视线投影向后移动的速度会逐渐减小，并在某一刻停止，然后自动向反方向移动。

投影在地面停止移动时飞机的高度就刚好是枢轴高度。如果飞机低于枢轴高度，需要保持空速加油门，使高度重新回到枢轴高度，保证投影不再前后移动而在地面参考点的枢轴线上。通过这种方法，飞行员可以确定枢轴高度。

枢轴高度非常重要，它会随空速的改变而改变。由于航向在转弯过程中从顺风到逆风一直在变化，导致地速也持续变化，而枢轴高度在整个 8 字飞行中也会变化，因此需要爬升或者下降以保持参考视线在地面参考点上。这种高度的变化要根据风对地速影响程度而改变。

教员应该强调控制升降舵是保持枢轴点的主要手段。即使是微小的高度改变都会导致双倍的修正，因为高度损失将导致速度增大，而非常小的爬升都会导致速度降低。虽说这种必需的保持枢轴点高度变化很重要，但高度的变化量非常之小，以至于灵敏高度表都难以指示出来。

开始此机动飞行之前，学员需要选择两个地面参考点，其连线与风向垂直。确认该区域内无障碍物或者其他飞机，并且远离人群、农场或者社区。

地面参考点的正确选择对于双标点 8 字飞行来说非常重要。当绕一个地面参考点的转弯完成后，寻找另一个地面参考点时，它应该很容易被发现。并且地面参考点之间的距离应该适当，使学员有充分的时间计划转弯，同时两点间的直线平飞时间不会过长。所选的地面参考点应该在同一高度，因为很小的高度差别都会导致不得不在两个转弯之间爬升或下降。

为保持程序的统一，双标点 8 字飞行通常是在顺侧风中对准第一个地面参考点的下风面一点，从另一地面参考点的对角线位置开始进入 8 字，以便在逆风中进行第一个转弯。当飞机翼尖快要指到地面参考点时，开始压低上风面机翼进入转弯，使学员的参考视线对准地面参考点。随着转弯的继续，可以通过逐渐增大坡度来保持参考视线对准地面参考点。必须保持参考视线在地面参考点的枢轴上。

随着飞机开始转为逆风飞行，地速降低，枢轴高度随之降低，飞机必须降低高度以保证参考视线落在地面参考点上。而后逆风又逐渐变成侧风，由于此机动中没有要求离地面参考点的距离不变，所以在转弯中不用修正偏流。

如果发觉参考视线在往地面参考点前方移动，则需增加高度；反之，则需减小高度。需要注意的是，此处禁止使用方向舵来调整参考视线和地面参考点之间的位置关系，这种操纵非常危险。

当飞机转过第一个弯，逐渐变为顺风时，应该开始减小坡度，准确地修正偏流，以使飞机飞向下一个地面参考点下风面的对角点，并保证在到达此点时飞机与地面参考点间的距离和第一个转弯相同。

一旦到达这一点，通过下压上风面的机翼，开始进入反方向的转弯，学员的参考视线又一次落在地面参考点上。此后的飞行方法同绕飞第一个地面参考点时一样，只是方向相反。

如果具有迅速修正风的能力和良好的操纵感，在强风下也能保持参考视线与地面参考点重合。要修正由阵风或者疏忽引起的变化，可以减小坡度，使飞行路线相对变直，使滞后的机翼向前移动；反之，增加坡度则可使位置靠前的机翼向后移动。通过练习，这种修正可以小到难以察觉。通过观察翼尖位置的改变，学员可以很明显地看出这些由阵风或者疏忽引起的高度变化，但这种变化在高度表上很难被察觉。

学员应该明确，坡度的变化并不会改变枢轴高度（图 6.13）。练习双标点 8 字时，随着学员的技术越来越熟练，教员应该通过增大练习坡度从而增加机动飞行的难度，可引导学员在距地面参考点某个距离时进入机动，以使双标点 8 字在进行过程中达到预期的坡度。

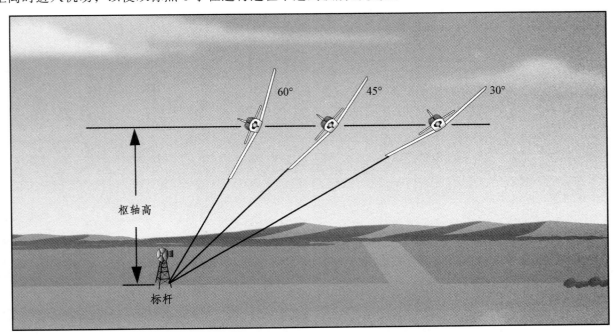

图 6.13　坡度 vs 枢轴高

飞行中最常见的错误就是用方向舵来修正投影不在地面参考点上的参考视线。当参考视线的投影相对地面参考点向前移动时，许多学员都有向内蹬舵修正机翼位置的倾向；当参考视线向后移动时，又有向外蹬舵的倾向。要记住，方向舵只在保证飞机协调控制时使用。

双标点 8 字的常见错误：

- 没有确认该区域内是否有其他飞机活动；
- 转弯中带侧滑；
- 高度变化过大；
- 注意力固着于地面参考点而没有发现障碍物；
- 地面参考点选择不好；
- 没有在逆风中进入第一个枢轴转弯；
- 用蹬舵的方式让参考视线对准地面参考点；
- 在地面参考点之间飞行时，修正偏流不足；
- 没有掌握好压坡度的时机，造成进入转弯后地面参考点不在预期的位置；
- 粗猛的操纵动作；
- 不会选择枢轴高度。

7　机场起落航线

7.1　机场起落航线及其运行

就像汽车需要公路一样，飞机也需要机场。飞机的每一次飞行都是在机场或其他着陆场地开始和结束的。因此，学员必须学习各种机场使用的起落规则、起落程序和起落航线布局。

当汽车在拥挤的城市街道上行驶时，可以停下来给有冲突的汽车让路，但是对飞机来说停止是不可能的，只可能减速。因此，每个机场都设计了特定的起落航线和起落控制程序。起落航线为起飞、离场、进场、着陆提供了具体路线。每个机场起落航线的具体特点取决于使用的跑道、风的条件、障碍物及其他因素。

利用管制塔台和雷达设施能够控制进离场的飞机流量，并为处在繁忙机场区域的飞机提供帮助。机场灯光和跑道标志系统通常用于警示飞行员不正常和意外的情况，以保障进近和离场的安全进行。

从简易的草地跑道到有多条跑道和滑行道的枢纽机场，机场的复杂程度各不相同。不管机场类型如何，飞行员必须了解并遵守该机场的使用细则和通用运行程序。这些细则和程序的设计不仅基于逻辑和常识，还基于一些习惯，其目的是保持空中交通安全顺畅。但是，不管使用何种起落航线、服务或程序，飞行员都有观察和避让其他飞机的责任。

7.2　矩形起落航线

为了确保机场区域的空中交通活动有序进行，必须根据当地实际条件设计机场起落航线，包括起落航线的方向、范围、高度、加入和离开起落航线的程序。所有的起落航线都应为左转弯航线，除非机场有使用右转弯起落航线的特殊要求。起落航线高度通常在机场标高以上 1,000 英尺。

当在有管制塔台的机场运行时，飞行员应通过无线电接收进离场许可和有关起落航线的信息。

要让飞行员熟悉每一个机场特定的起落航线是不现实的，但如果飞行员熟悉基本的矩形航线（图 7.1），就可以很容易地在大部分机场进行正确的进近和离场。在有管制塔台的机场，管制员可能引导飞行员在任意点加入起落航线，或者不加入通常的矩形航线而直接使用长五边进近着陆。喷气式飞机或重型飞机需要的起落航线比轻型飞机更宽、更高，在很多情况下，它们将会直接进近着陆。

无论空中活动是否繁忙，飞行员一定要养成在机场附近时刻保持警惕的习惯。

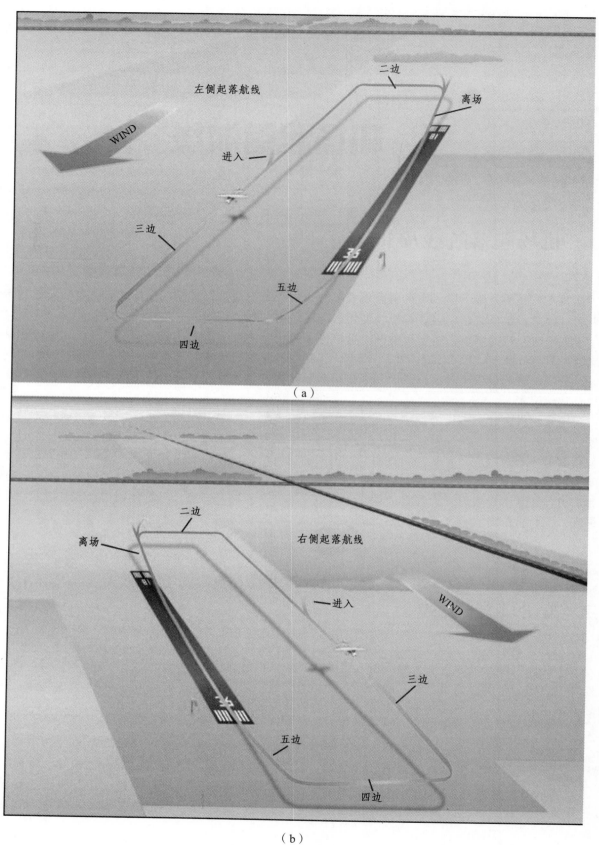

（a）

（b）

图 7.1　矩形起落航线

在飞机加入起落航线之前，需要及时调速，以确保速度和起落航线内的其他飞机一致。通常情况下，应在起落航线的三边正切跑道中点处，以45°角加入起落航线。在加入起落航线前，飞行员应该明确起落航线方向，使飞机到达管制员指定的高度，并确保在完成加入三边之前与其他飞机没有冲突。如果存在冲突，则不能加入起落航线。

加入起落航线前的加入边应该足够长，使飞行员能够看清整个起落航线，并留有足够的时间预想起落航线的航路和进近着陆的航迹。

三边是与着陆跑道平行的一个航段，但与预定着陆方向相反。这个边应该在着陆跑道的0.8~1.6公里外，并且它的高度就代表了起落航线的高度。通常情况下，如果起落架可收放则应该在这条边上放下。在三边上，应该保持起落航线高度。当跑道进近端的观察视线与跑道成45°角时，以中等坡度进入转弯转向四边，同时减小油门并且开始下降。

四边是起落航线中三边与五边之间的过渡部分。根据风的条件，四边应建立在离着陆跑道进近端足够远的距离，以便飞机均匀地下降到预定的接地点。在四边时，尽管飞机需要向侧风方向偏转以修正偏流，但飞机的地面航迹应该垂直于着陆跑道中心线延长线。在转向五边之前，飞行员必须确保不会和已经在五边或可能进入五边的其他飞机发生冲突。

五边从四转弯完成点开始到接地点结束，是一个下滑飞行航段。这是整个起落航线中最重要的一条边。在这条边上，飞行员的判断和操纵应及时准确，以严格保持预期的空速和下滑角，最后进近到预定接地点。

按照CCAR-91部规定，当两架或两架以上航空器为着陆向同一机场进近，高度较高的航空器应当给高度较低的航空器让路，但后者不能利用本规则切入另一正在进入着陆最后阶段的航空器的前方或超越该航空器。已经进入最后进近或正在着陆的航空器优先于飞行中或在地面运行的其他航空器，但是，不得利用本规定强制另一架已经着陆并将脱离跑道的航空器为其让路。

起落航线的一边是与着陆跑道平行的航段，其方向与预定着陆方向相同。从跑道离场端开始，直到飞机以中等坡度进入一转弯之前，这一段都叫做一边。如果在五边进近过程中实施了复飞程序并建立了爬升姿态，那么一边也是过渡到起落航线的阶段。当达到安全高度时，飞行员应开始以小坡度转至机场一边的一侧。这样能更好地观察跑道上离场的飞机。

矩形航线的离场边和一边差不多，它与起飞跑道方向一致，从飞机离地点开始，并继续直到进入一转弯的地方。在离场边起飞之后，飞行员应继续直线爬升。如果要保持在起落航线内继续飞行，则飞过跑道离场端后，在保证安全的情况下根据实际情况进入一转弯；如果要脱离起落航线，在塔台许可的前提下，可以继续直线飞行，或在飞过跑道离场端且到达起落航线要求的高度后，转弯脱离起落航线（左起落时向左转45°；右起落时向右转45°）。

二边也是矩形航线的一部分，它垂直于起飞跑道的中心线延长线，从一转弯改出直到二转弯进入。由于大多数情况下都是逆风起飞，所以二边以侧风为主。此时，飞机机头必须要偏向上风面以保持地面航迹垂直于跑道中心线延长线。

更多关于机场运行的信息可以查阅公布的机场细则。

7.3 标准起落航线

在机场区域内，常用的起落航线除了矩形起落航线还有标准起落航线。标准起落航线由起飞、两个180°转弯、航线建立、着陆目测与着陆组成。和矩形航线一样，标准起落航线的方向、范围、高度、加入和离开起落航线的程序也必须根据机场当地的实际条件设计。标准起落航线为左转弯航线，除非机场有使用右转弯起落航线的特殊要求。标准起落航线高度通常在机场标高以上 1,000 英尺。

标准起落航线的一边是一个爬升的航段，其方向与预定着陆方向相同。飞过跑道离场端后，根据管制员的指令，在保证安全的高度、速度以及前机间隔的情况下进入一二转弯。

对于初始训练使用的小型螺旋桨飞机，标准起落航线转弯的坡度一般为 15°；对于大功率飞机以及大型飞机，为了统一程序，控制航线范围，一般使用 25° 坡度（或者标准转弯率 3°/s 对应的坡度，以所需坡度小者为准）。

由于没有二边，标准起落航线的三边宽度比矩形起落航线略窄。在三边上，应该保持起落航线高度。通常情况下，如果起落架可收放则应该在这条边上放下。当跑道进近端的观察视线与跑道成 45° 角时，应使用与一二转弯相同的坡度进入三四转弯，并根据目测减小油门，开始下降。

三四转弯过程中，需要根据风和目测情况，随时注意调整高度、速度和坡度，修正四转弯进入早晚，使飞机沿着预定的轨迹飞行。在转向五边之前，飞行员必须确保不会和已经在五边或可能进入五边的其他飞机发生冲突。

标准起落航线的五边进近方法和复飞程序与矩形起落航线相同。

由于标准起落航线的一二转弯和三四转弯为两个连续的 180° 转弯，因此飞机进场时一般从三边或者五边和一边加入起落航线。在加入起落航线前，同样应该明确起落航线方向，使飞机到达管制员指定的高度，并确保在完成加入三边之前与其他飞机没有冲突。

8　进近与着陆

8.1　正常进近与着陆

正常进近与着陆是指在正常情况下按正常程序完成的进近和着陆。正常情况包括：发动机工作正常、风速不大或者五边为逆风、五边无障碍物、着陆道面坚固且其长度足够飞机正常全停着陆。选择的着陆点应在跑道入口至跑道 1/3 处的距离范围内。在正规跑道上，接地区以左右成对出现的白色条状标记标出，下滑点以一对白色大方块标出（图 8.5）。

正常进近与着陆的影响因素及程序同样适用于本章后面将要讨论的非正常进近与着陆。为此，我们先介绍正常操纵原则，在介绍复杂操纵之前必须先了解这些原则。只有这样，学员才可以更好地理解影响判断和操纵的因素。最后进近和着陆部分可分为五个阶段：四边、五边、拉平、接地和着陆后滑跑。

学员应该牢记制造商所推荐的进近和着陆程序，其中包括飞机构型（襟翼和起落架）、空速以及其他与进近着陆相关的信息。上述信息都包含在已通过局方审核的飞机飞行手册或飞行员操作手册（AFM/POH）中。本章节中涉及的内容若与包括在制造厂商 AFM/POH 中的推荐信息有所差异，以制造厂商的推荐信息为准。

8.1.1　四　边

在进近着陆中，需要学员做的最重要的判断之一便是四边的位置（图 8.1）。

图 8.1　四边和五边

学员必须准确地判断开始下降的时机和所需的下降梯度，以便在预定着陆点着陆。该下降梯度取决于四边的高度、风向以及襟翼角度。在最后进近中，如果遇到大逆风或者需要使用襟翼来产生的较大下降角，则四边距跑道延长线的距离应比静风或者不使用襟翼时更近。通常情况下，在进入四边前应放下起落架并完成着陆前检查单。

转入四边之后学员应当收油门减小空速至约 1.4 倍 V_{so}（V_{so}——无功率状态起落架和襟翼放下时的失速速度），然后开始下降。例如，V_{so} 为 60 节，则速度应减小至 84 节。此时，如果需要，可分步放下襟翼，在完全进入五边前不推荐使用全襟翼。由于最后进近与着陆通常都是逆风进行，所以四边通常都会受到侧风的影响。因此应修正偏流以确保航迹与着陆跑道中心延长线垂直，防止飞机偏离预定着陆点过多。

四转弯之前，需要仔细计划转弯起始点位置及转弯半径大小，以使飞机在转弯后，下滑轨迹能对准跑道中心线。下降转弯应在安全高度范围内完成，安全高度由地形高度以及跑道延长线上障碍物的高度决定。转到五边时应保证飞机有足够的高度，以确保学员有足够的时间来进行精确的目测判断。

通常情况下，建议转弯坡度不超过中等坡度，因为坡度越大，失速速度也越大。四转弯是在相对较低的高度进行的，因此要保证飞机在此过程中不能失速。如果因需要修正转弯时机过晚而使用了较大的坡度转弯，则建议中止进近，立即复飞，在下次进近时提前转弯，避免危险情况的发生。

8.1.2 五 边

完成四边到五边的转弯后，飞机的纵轴应对准跑道中心线，这样即便有了偏离也能够及时发现。在正常进近和着陆过程中，如果没有侧风，飞机的纵轴应当始终对准跑道中心线（对侧风的修正将在下一节"侧风进近与着陆"中进行讲述，本节仅讨论风向与跑道方向一致的情况）。

飞机与跑道中心线对齐后，应按要求设定五边襟翼，调整俯仰姿态以获得合适的下降率。为保持好下降姿态和空速，可以对飞机的俯仰和功率进行小量调整。若飞机制造商未提供推荐的空速，则可使用 $1.3V_{so}$。例如，V_{so} 为 60 节，下降速度则取 78 节。当俯仰姿态和空速稳定后，为减轻操纵力可以重新对飞机进行配平。

在整个进近过程中应控制好下滑角，使飞机能在跑道的预定范围内接地。下滑角大小取决于飞机所受的四个力（升力、阻力、拉力和重力）。无风情况下，这些力保持不变时，下滑角也将保持恒定。学员可以通过调整空速、高度、功率和阻力（襟翼或侧滑）来控制这些力。风对下滑距离也有重要的影响（图 8.2）。显然，在下降过程中，风是无法控制的，但是却可以通过适当地调整俯仰姿态和功率来修正风的影响。

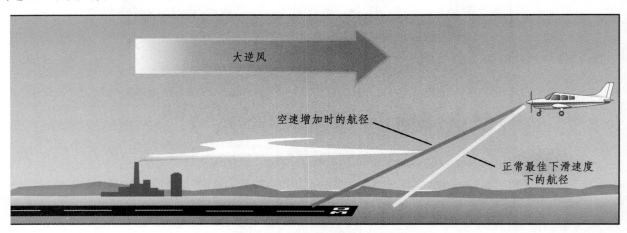

图 8.2 五边上逆风的影响

综合五边影响下降角的各个因素，实际上，在给定空速、襟翼设置和风的情况下，一种俯仰姿态只对应一个特定的功率。其中一个变量的改变需要其他几个可控变量作相应的调整。比如，拉杆的同时不加油门，会导致下降加快，下滑距离缩短，这样飞机就会目测低（在到达预定接地点之前接地）。因此应禁止学员试图通过拉杆来延长下滑距离。学员应当通过俯仰姿态和功率的配合来保持适当的下滑角和下滑速度。

精确的五边操纵，是为了让飞机以特定的下滑角和下滑速度下降，这样就能够使飞机在到达预计接地点时达到某一特定空速，而这个特定的空速能使飞机在接地之前平飘距离最短，从本质上来讲，这是一种半失速状态。因此，下降角和空速的准确控制非常关键。与无功率进近不同的是，正常进近的功率不是固定的，为了控制空速、下降角以及在进近航道上获得合适的高度，学员可以根据需要同时调整功率和俯仰姿态。进近中高度过高，可以在保持空速不变的情况下通过下俯机头减小功率从而增加下降率，这也是在五边进近过程中保留部分功率的原因之一。如果进近高度过高，应稍微推杆同时减小功率；若进近高度低，则应增加功率，同时带杆增大飞机仰角。

8.1.2.1　襟翼的使用

下降中飞行员可以通过使用襟翼改变飞机的升阻比（图 8.3、图 8.4）。着陆中使用襟翼有以下好处：

- 能够产生更大的升力，允许更小的着陆速度；
- 能够产生更大的阻力，允许在不增加空速的情况下以更大的下降角下降；
- 能够减小着陆滑跑距离。

图 8.3　襟翼对着陆点位置的影响

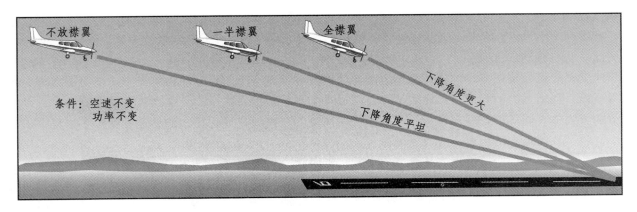

图 8.4　襟翼对下降角的影响

放下襟翼会显著影响飞机的俯仰姿态。襟翼放下后机翼后缘的弧度增加，升力中心也向机翼后缘移动。放下襟翼会产生使机头下俯的力矩，但是，由放下襟翼引起的下洗气流导致水平尾翼载荷变化，对飞机俯仰力矩也会有很大的影响。因此，对于特定机型，收放襟翼对俯仰的实际影响取决于飞机的设计特性。

襟翼 15° 时产生的主要是升力，产生的阻力很小。放襟翼时由于升力增加，飞机有向上飘的趋势，而由于升力中心后移产生的下俯力矩会平衡这一趋势。超过 15° 的襟翼会导致阻力大大增加。对上单翼飞机来说，由于流经平尾的下洗气流增强，也会产生明显的上仰力矩。

放襟翼的时机与放襟翼的度数都非常重要，在着陆的特定时候放特定襟翼对着陆有很大帮助。在下降过程中，较大的襟翼偏角会引起很大的升力变化，要维持空速和下降角不变，需要对俯仰姿态和功率作显著的调整。与一次性全放襟翼相比，在三边、四边和五边逐步增加襟翼角度对俯仰姿态和所需功率的影响更小。

放下襟翼时，如果不增加功率或下俯机头，空速会减小。所以在五边学员必须目视判断飞机的下降角和着陆点。如果飞机可能超出预计着陆点（目测高），应放襟翼（若襟翼未完全放出）或是进一步减小功率，并减小俯仰姿态，此时进近会变陡。如果飞机不能到达着陆点（目测低），此时需要将下滑线变得更平缓一些，则应同时增大功率和俯仰姿态以调整下滑角。禁止通过收襟翼的方式来修正飞机目测低的情况，这样会导致升力减小，飞机下降更快。

为减小操纵力，在五边上应对飞机重新进行配平。五边上，随着发动机功率减小以及速度降低，机翼的升力将减小，平尾的下洗气流将减弱，飞机有下俯趋势，应调整升降舵配平使飞机适当抬头。

如果在五边上能够准确控制空速、高度、功率和阻力，飞机就会以稳定的下滑角下降，从而使拉平、接地和着陆滑跑的完成更加容易。

8.1.2.2　判断高度和运动趋势

进近、拉平和接地过程中，视线是最重要的。为获取更宽阔的视野，更好地对高度和运动趋势作出判断，学员应自然地面向前方。学员的视线不应固着在飞机的某一侧或是前方任何一点，而是应当在机头上方的瞄准点和飞机的实际下滑点之间来回检查。在短五边，用余光密切注意飞机距跑道两侧的距离，控制飞机的位置。

这里涉及的下滑点是指飞机的实际运动点，即按照当前运动趋势不进行任何操纵最终将会接地的位置。瞄准点标志是跑道上的一种目视助航标记，在仪表跑道上，瞄准点标记是跑道中线两侧的一对白色标识（图 8.5）。在跑道装有目视进近坡度指示系统时，瞄准点标志的开始点必须与目视进近坡度起端重合。

准确判断下滑点，除了多练习之外，还需要正确地分配注意力。下滑点处的一片地面应迎面而来，不应前后左右移动。

速度会使近处物体显得模糊。比如，坐在快速行驶的汽车上，近处的物体由于速度而混在了一起显得模糊，反而远处的物体显得比较清晰。驾驶员会下意识地将注意力分配到汽车前方较远处，以便看清前方物体。同样的道理，飞行员所注视的距离应与飞机地速成正比。随着速度在拉平过程中逐渐减小，学员注视前方的距离也应逐渐缩短。

若学员将参照物选得过近或是直接向下看，参照物会显得模糊（图 8.6），那样学员的反应会太突然或是太慢。这种情况下，学员多半会操纵过量或者拉平过高，造成飞机完全失速并且砸向地面。若学员视线停留在前方过远处，对近距离物体的判断会不准确。因为看得太远会感觉没有必要采取行动，常常会导致反应迟缓，造成拉平低甚至机头先接地。

因此，学员注视的前方距离应随着速度的减小而逐渐变近。这样学员不需要作出突然的判断或反应，整个着陆过程会更加平顺。

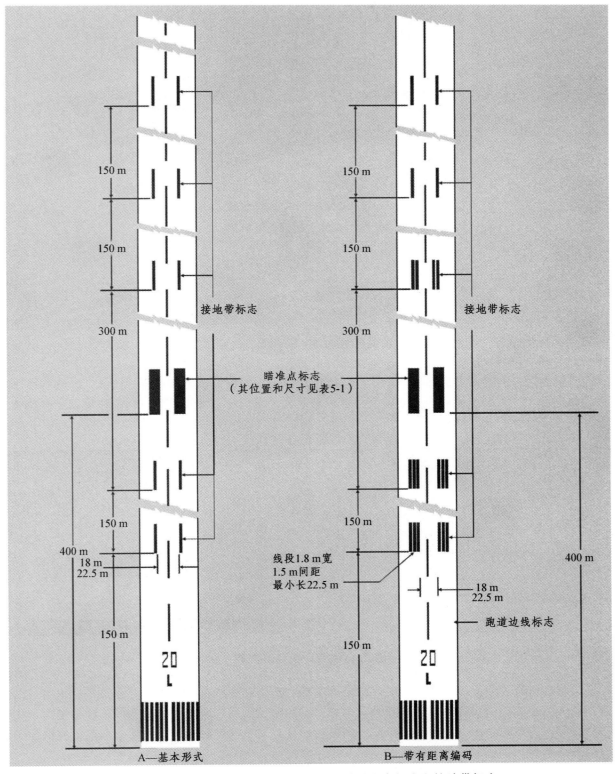

图 8.5 ICAO 附件 14 中推荐的仪表跑道瞄准点标志和接地带标志
（2,400 米及以上跑道）

图 8.6　焦点太近使视野模糊

8.1.3　拉　平

　　拉平是从正常进近姿态到着陆姿态的平稳过渡，逐渐地拉平飞行轨迹使其与道面平行，且离道面的距离只有几英寸高。正常下降中，在距离地面 5~6 米时，就应该拉开始（开始拉平动作），并且在拉开始之后到飞机接地前，都应是一个连续带杆的过程。

　　当飞机到达拉开始高度后，应逐渐带杆以缓慢增大飞机的俯仰姿态和迎角（图 8.7）。这将使飞机机头逐渐上仰至正常的接地姿态。此时应注意控制迎角的增加量，使飞机维持向前速度减小并持续缓慢下降的状态。

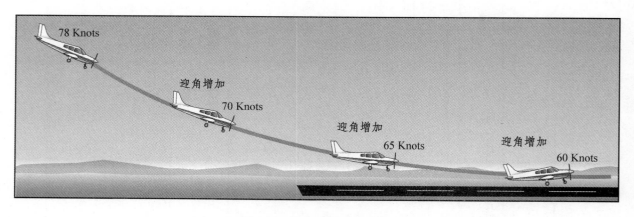

图 8.7　拉平中迎角的改变

　　迎角增加，升力会立即增加，同时伴随阻力增加，而下降率则会减小。通常在拉平过程中，油门会逐渐收光，空速进一步减小，这又导致升力减小。这时就需要相应地使机头上仰，增加迎角。在这个带杆控制升力的过程中，空速会逐渐减小到接地速度，飞机会轻轻接地。机轮接地前，应保证飞机同时有合适的接地姿态和接地速度。

　　拉平过程中，姿态改变的快慢取决于飞机的离地高度、下降率以及俯仰姿态。若在较高高度拉开始，与较低高度相比，姿态改变应该慢一些，以使飞机在接地前能够建立正确的接地姿态，避免拉平高。姿态改变的快慢也应当和接近地面的速度成比例。当下沉非常缓慢时，飞机抬头速度也要相对缓慢。

视线对于在适当高度形成拉平姿态，以及控制飞机接地前机轮离道面的高度非常重要。拉平过程中，要获得正确的信息，学员的视线应该顺着飞机的运动方向向前看。准确地感知飞机的离地高度是成功拉平的关键因素。在运动中，学员看到的跑道或相关地形的变化，以及着陆区域附近熟悉的目标诸如篱笆、灌木、建筑甚至草皮和跑道条纹等对判断高度都有帮助。当拉平开始时，学员应保持中央视线与跑道平面成 10°～15° 角向下看（图 8.8）。

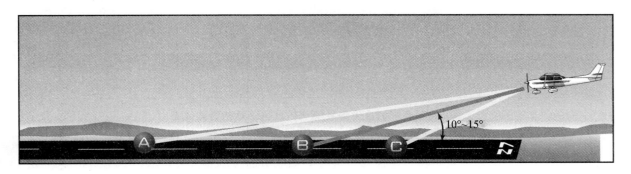

图 8.8　飞行员视线与跑道平面间的角度

随着飞机高度降低，保持相同的视角会引起视线与跑道的交点向飞行员方向后移，这是判定高度减小快慢的重要视觉线索。相反的，如果目视交点向前移则代表飞机高度正在增加，同时也意味着飞机俯仰姿态增加过快，有可能导致拉平高。当飞机离地高度较低时，可以结合目视交汇点的位置和着陆区附近物体移动的速度，以及在飞机前方观察到的离地高度的变化（与起飞滑跑时相对比）来判断拉平情况。

飞机放下全襟翼进近时，机头相比不放襟翼时要低很多。全襟翼时，在接地前为获取适当的着陆姿态，机头俯仰姿态变化会很大。不管襟翼偏角如何，拉平一般都是在距离道面同一高度开始进行的，所以在全襟翼时抬头要更快一些，而拉平的速度还是应该与飞机的下降运动成正比。

一旦拉开始，不能再向前推杆。如果施加了过大的带杆力，要根据偏差的大小，适当松杆或保持不变。在某些情况下，为防止飞机下沉过快、失速或是可能引起的重着陆，可适量增加油门。

在进近着陆过程中，学员应养成将手放在油门杆上的习惯，因为面对意料不到的突发危险情况时，有可能需要立即增大功率。

8.1.4　接　地

接地是指飞机柔和地降落到着陆道面上。拉平和接地时油门收光，速度为最小可控速度，这样飞机就能以接近失速的速度用主轮接地。飞机降落时，为获取适当的着陆姿态，可以按需要向后带杆。

有些学员在飞机未能获得合适的着陆姿态时便试图强行使飞机接地。禁止飞机以大的速度在跑道上平飘。有一种错误的看法，认为理想的着陆就是尽可能地延长一米平飘的距离。大多数情况下，拉平以后（在机轮离地 0.6 到 1 米时），飞机仍会因下降过快而不能柔和接地；所以，此时需要进一步向后带杆，减缓飞机下沉。由于飞机已接近失速速度并在下沉，向后带杆只会使下沉速度减小而不会使下沉停止。同时，带杆也可以使飞机以合适的着陆姿态接地：主轮先接地，而前轮很少或者几乎不承载重量（图 8.9）。

图 8.9　良好的拉平中会使飞机获得正确的着陆姿态

主轮接地后，应带杆保持两点滑跑，从而通过空气动力使飞机制动减速。随着飞机动量减小，逐渐松杆，使前轮柔和接地。这个过程中应通过抵舵来调整方向。同时，松杆会使迎角减小，机翼上产生的负升力能防止飞机飘起或跳起，飞机的重量完全加在所有机轮上，从而能获得更好的刹车效应。

接地时飞机的纵轴应平行于飞机在跑道上的运动方向，否则会使机轮受到很大的侧向负载，这一点极其重要。为避免出现侧向负载，机头如果向侧风方向偏转，学员不可以在此时让飞机接地。

8.1.5　着陆滑跑

飞机着陆滑跑减速到正常滑行速度或脱离着陆区后完全停止下来，着陆才算完成。很多飞行事故都是由于飞行员在接地后放松警惕所造成的。

学员必须意识到，在接地时和接地后，由于机轮与地面之间存在摩擦力，方向控制会比较困难。失去对方向的控制会导致方向激偏甚至打地转。在打地转的过程中，作用在飞机重心（CG）上的离心力和作用在主轮上的地面摩擦阻力的合力会使飞机倾斜甚至导致外侧翼尖擦地。这也可能使起落架遭受侧向的力，从而导致起落架损坏。

方向舵在空中与在地面起到的作用相同——控制飞机的偏转。方向舵的控制效应取决于相对气流速度，即飞机的空速。随着飞机速度减小，方向舵的控制效应逐渐降低。前轮在接地后将提供主要的方向控制。

飞机刹车与汽车刹车的功能相同——在地面上减小速度。对于飞机来说，当方向舵和前轮不能满足需要时，可以把刹车作为方向控制的辅助手段。正常情况下，严禁用刹车来控制方向。

使用刹车时，学员应将脚尖或脚掌从脚蹬上移到刹车踏板上。如果刹车时还需保持蹬舵力，那么将脚尖或脚掌滑到刹车踏板的同时，不能释放方向舵上的压力，否则飞机可能在刹车之前失去方向控制。

获得最佳刹车效果的一个重要因素是接地后让机轮承受最大的飞机重量。在滑跑的前半段，机翼仍会产生一部分升力。接地后，应把前轮放到跑道上以控制方向。减速过程中，由于刹车的使用和部分重量由主轮转到了前轮，机头会下俯。机头下俯不利于刹车，所以应该适当向后带杆，前提是不能使前轮离地。这样，学员既可以保持方向控制又可以把飞机重量加在主轮上。

前轮接地并且方向可控后即可使用刹车。最大刹车效应在机轮即将打滑的瞬间获得。若刹车使用过重而使机轮打滑，刹车效应就会变差。此时可以通过减小刹车力来制止打滑。同样，反复的踩刹车松刹车并不能增强刹车效应，应该根据需要稳定缓慢地增大刹车力。

在地面滑跑过程中，可向转弯方向单侧刹车或不对称地向两个刹车踏板施加刹车力（差动刹车）

来控制飞机的方向，但要注意使用刹车不能过量。

副翼在地面和空中的作用相同——改变机翼的升力和阻力。着陆后滑跑中，与在飞行中一样，使用副翼以保持机翼水平。若一侧机翼开始上偏，则向该侧压盘。副翼的偏转量取决于飞机速度大小，因为飞机速度减小时，副翼的操纵效应会变差。对侧风中使用副翼的程序将在后面"侧风进近与着陆"章节加以介绍。

飞机接地后，可以逐渐松杆，使前轮能够承受适当的重量以便控制飞机。在跑道允许的情况下，飞机应通过正常方法减小速度。当速度减小到一定程度，脱离跑道，并停下来以后，学员应收回襟翼，保持飞机洁净构型。很多飞行事故都是由于飞机依然在滑跑中，飞行员在收襟翼时误收起落架造成的。从初始的飞行训练到以后所有的飞行实践，在收放起落架和襟翼时，应养成先证实再操作的习惯。

8.1.6 稳定进近概念

建立和保持恒定下滑道向着陆跑道的预定点的进近称为稳定进近。稳定进近基于对特定的目视参考的判断，并取决于飞机能否保持恒定的下降速度和构型。

飞机在五边以稳定的下降率和下降速度下降时会沿着一条直线飞向前方跑道上的一点。由于拉平过程中飞机不可避免地会向前平飘，所以这个点并非飞机的接地点（图8.10）。同样，飞机机头指向的点也不是飞机的接地点，因为拉平阶段飞机以较大的迎角飞行，机翼产生升力的水平分量有使飞机朝正前方水平前进的趋势。

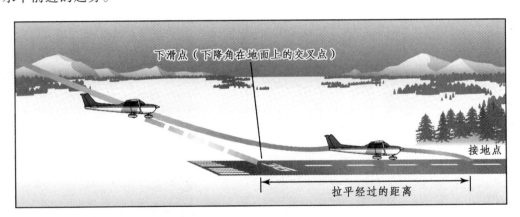

图 8.10 稳定的进近

飞机在五边下滑时所对准的地面上的点我们称为"下滑点"（图8.10）。若飞机保持稳定的下滑轨迹，不作拉开始动作，飞机将会在此点撞地。假设我们对准一个目标直线前进，这个目标看起来将是静止的，不会"移动"，而目标周围的景物看起来会向四周扩散。利用这个特点可以判断出下滑点的位置：稳定进近时，下滑点前面和后面的景物看起来会分别朝相反的方向运动，而下滑点是不动的。练习着陆时，学员必须掌握上述观察方法，在起落航线五边上准确判断真正的下滑点。这样学员不仅能够根据当前的下滑轨迹来判断目测高低，而且能够估计出拉开始后的平飘，从而在小的误差范围内接地。

通常在教学过程中会将实际下滑点和预定下滑点比较，以预定的下滑点作为参考，假设飞机在正常的下滑轨迹上保持稳定的速度，如果实际的下滑点超过了预计下滑点，称为下滑点靠前；如果实际的下滑点未达到预计下滑点，称为下滑点靠后。

如果下滑角一定，天地线与下滑点之间的距离也恒定。在已建立了五边下降姿态的情况下，如果下滑点与天地线之间的距离增加（下滑点远离天地线），则实际的下滑点及接地点会更靠后；若下滑点和天地线之间的距离减小（下滑点接近天地线），实际的下滑点则比预测的下滑点更靠前。

在五边进近过程中，跑道的形状也可为飞行员提供线索，飞行员进行必要的操纵来保持稳定进近从而安全着陆。跑道的形状通常都是长方形。但进近过程中在空中观察时，由于透视现象（即近大远小），跑道会呈梯形，即其远端显得比进近端窄，而两侧边会在前方交汇。当飞机以稳定的下滑角沿下滑道下滑时，飞行员所看到的跑道形状仍会是梯形，但其面积会相应地增大。换句话说，在稳定进近过程中，飞行员所看到的跑道形状不变（图 8.11）。

如果下滑角较小，跑道会显得更短更宽；相反，如果下滑角较大，跑道会显得更长更窄（图 8.12）。

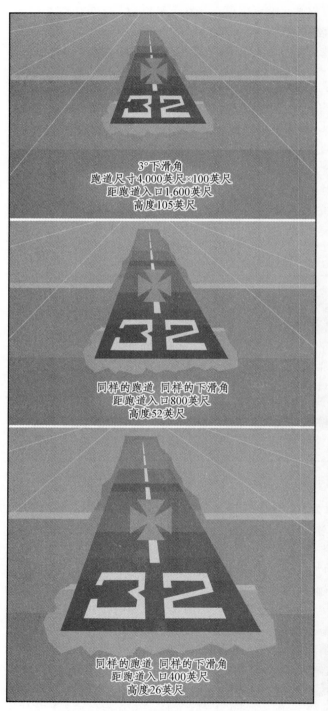

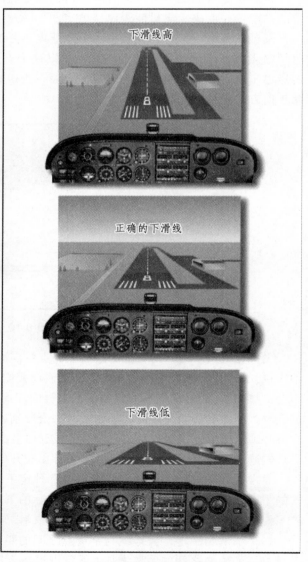

图 8.11　稳定进近中的跑道形状

图 8.12　下滑角变化时跑道形状的变化情况

稳定进近的目的在于在跑道上选择合适的接地点，调整下滑轨迹以使实际的下滑点和预定的接地点基本吻合。在对正五边后，建立着陆构型，调整俯仰姿态和功率，使飞机以合适的空速对正下滑点下滑，然后配平好飞机。完成这些动作之后，学员就可以将更多的精力放到对外观察上。五边上，要同时照顾到飞机相对于跑道的下滑点、高距比以及横侧位置，所以注意力不能集中在某一点，而应该按照一定的顺序进行扫视。比如，视线可以从下滑点开始，逐渐到跑道远端，然后到天地线，再回到跑道，最后再回到下滑点。在扫视时需同时照顾到飞机的横侧和俯仰状态，这样飞行员就能更加容易发现飞机是否偏离正常的下滑轨迹，以及是否正对下滑点。

如果下滑点偏离了预定位置，则下滑轨迹将会发生偏差，必须重新调整下滑点位置进行修正。比如，如果下滑点靠后，将导致目测低（飞机没有飞到预定接地点就接地），需要增大迎角来进行修正，同时为了保持空速稳定，应增加相应的功率。执行修正动作后，下滑点会向预定的接地点方向移动，飞机的下滑轨迹将变平缓。相反的，如果下滑点靠前，将导致目测高，需要同时减小迎角并减小功率，使下滑轨迹变陡。尽早发现下滑线的偏差非常关键，这样只需微调，而不必进行频繁的修正。在五边上越晚发现偏差，需要的修正量越大（或许更频繁），这将导致不稳定进近。

正常进近着陆中的常见错误：

- 四边时风的修正不当；
- 四转弯进入过早或过晚导致四转弯坡度过大或者过小；
- 由于对风修正过量或不足而导致四转弯过于慢或产生侧滑；
- 四转弯不协调；
- 未能及时完成五边检查单；
- 不稳定进近；
- 放下襟翼后未能保持好下滑点；
- 五边上配平不当；
- 试图只通过调整俯仰姿态来保持下滑线；
- 视线太近而导致拉平高；
- 视线太远而导致拉平低；
- 接地前未形成合适的着陆姿态；
- 接地后未能保持足够的带杆力；
- 接地后刹车过猛。

8.2　有意侧滑

当飞机转弯，转弯速率一定时，如果坡度过大会导致侧滑。无意识的侧滑常是由于盘舵操作不协调引起的。然而，有意的侧滑可以在不增加空速的情况下消耗飞行高度或在侧风条件下调整飞机航迹。尤其是在迫降时或在进近需要越障时，有意侧滑非常有用。在襟翼失效或未安装的情况下，也可以使用侧滑作为快速减小空速的应急方法。

侧滑是飞机向前运动和相对于飞机纵轴的侧向运动的综合。侧滑中飞机的横轴是倾斜的，飞机朝机翼下偏的一侧运动。飞机实际上是向偏侧飞行的。这样会使作用在飞机上的相对气流方向发生改变。侧滑显著的特征是阻力明显增加，相应的飞机爬升、巡航及下滑性能减弱。然而，也正是因为阻力的增加，飞机才能在不增加速度的情况下迅速下降。

大多数飞机都具有正静态方向稳定性，如果发生侧滑，飞机会有自动修正的趋势。所以有意侧滑就需要通过交叉操纵副翼和方向舵来实施。

侧向侧滑和前侧滑是飞行中常用的两种方法，侧向侧滑通常用来修正侧风，前侧滑用来增大飞机阻力。

进入侧向侧滑的方法是先压盘使一侧机翼下偏，同时向反方向蹬舵保持飞机纵轴方向不变。侧滑中，飞机的纵轴依然保持与原来航迹平行，但飞机的运动方向与相对气流方向不再平行。机翼升力的水平分量使飞机朝着机翼下偏一侧侧向运动（图8.13）。侧滑程度及侧向运动的速度取决于坡度的大小，坡度越大，侧滑程度越大。随着坡度增加，需要更大的反向蹬舵力来阻止飞机转弯。

实施侧向侧滑的要点是保持飞机纵轴与侧滑前一致，通常在训练中将飞机对正某一目标，让飞机形成侧向侧滑，此时飞机的航向保持不变（纵轴不变），飞机运动轨迹将发生变化，学员通过增加或减小坡度来体会侧滑量的大小，这样有助于提高学员在五边使用侧滑法修正侧风的能力。

"前侧滑"是指飞机侧滑前的运动方向与侧滑后的运动方向相同。假设飞机开始时是直线飞行，需要向侧滑方向压盘使该侧机翼下偏，同时通过蹬反舵使机头反向偏转，这样飞机的纵轴就会与原来的航迹形成一定的夹角（图8.14）。与坡度方向相反的机头偏转量应足够大以保持原来的航迹。前侧滑的程度和下降率都取决于坡度大小，坡度越大，下降越快。

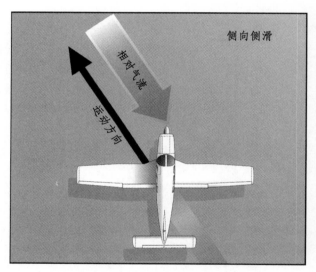

图 8.13　侧向侧滑

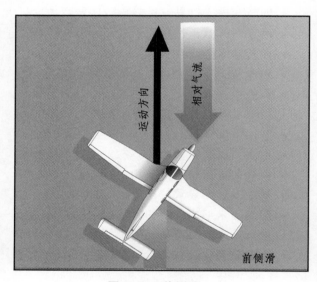

图 8.14　前侧滑

训练"前侧滑"的目的是掌握利用侧滑消失高度的方法。通常在训练中对正某一目标保持空速做无功率滑翔，然后压盘形成一定坡度，同时蹬反舵使机头反向偏转，舵量的大小能保证飞机运动轨迹不变（仍然向目标滑翔）。此时需稳杆保持空速，可以通过增加或减小坡度，改变侧滑程度，观察侧滑对下降率的影响。

大多数轻型飞机，侧滑程度受方向舵所能偏转的程度限制。不管是侧向侧滑还是前侧滑，需要蹬满舵才能保持航向时是其侧滑的最大程度，尽管此时还可以压盘增大坡度。这就是实用侧滑极限，因为此时已经蹬满舵，额外的坡度会使飞机转弯。如果已经达到侧滑极限，但还需要进一步增大下降率，可以稳杆减小俯仰姿态，这样不仅能够增加下降率，同时也会增加空速。空速的增加增强了方向舵的操纵效应，从而产生更大的侧滑。反之，带杆增加俯仰姿态，方向舵效应减弱，则需要减小坡度。

改平飞机坡度，同时回舵可以改出侧滑，然后调整飞机俯仰至正常下滑姿态。如果突然释放所有的蹬舵力，机头则会快速偏转，导致阻力突然减小而超速。

由于空速管、静压孔的安装位置等原因，当飞机内侧滑时空速表可能产生相当大的误差。飞行员必须意识到这种可能性，通过飞机姿态、气流的声音及对飞行操纵的感觉识别侧滑操纵是否适当。然而，即使飞机在内侧滑中失速，它的偏航趋势非常微弱，不会像外侧滑失速那样，产生明显的偏航力矩，导致飞机进入螺旋。飞机在内侧滑时，只是表现出使机翼恢复水平的趋势。事实上，内侧滑甚至使某些飞机的失速特性有所改善。

8.3 复飞（终止着陆）

只要不满足着陆条件，飞机就需要进行复飞。导致不能满足着陆条件的因素有很多，诸如空中交通管制的要求、跑道上有障碍物、风切变、尾流、机械故障、不稳定的进近都可能导致复飞，然后在下次更为理想的情况下进近。有人认为，复飞都是由进近中的偏差引起的，而进近中的偏差又是因为操纵经验或技术不足导致的，这种认识是不科学的。复飞并不是一种应急程序，它是一种在紧急情况下经常会用到的正常机动。和其他正常机动一样，学员需要不断练习并熟练掌握复飞技术。教员与学员都必须认识到复飞是所有进近和/或着陆的备用方案。

在着陆过程中，尽管在任何一点都可能需要中断着陆，但飞机非常接近地面时才开始复飞是最危险的。所以越早意识到需要复飞，复飞/中止着陆也就越安全。复飞本身并不具危险性，只有在被过度延误或是不适当的操纵时，复飞才会比较危险。复飞的延误可能出自两方面的原因：① 着陆预期过高或心理定势——认为情况并不危险，飞机一定会安全着陆；② 骄傲——错误地认为复飞就是承认失败，即未能完成着陆。不能正确执行复飞操作主要是因为对程序的三个基本要素不熟悉：功率、姿态和构型。

8.3.1 功　率

复飞时学员首先需要关注的就是功率。一旦决定复飞，必须果断柔和地加满油门或使用最大可用起飞功率，直到进入正常爬升。永远不要在复飞中使用部分油门。在复飞中，正在下降的飞机需要获得足够的空速，才能完全可控，并进行安全转弯和爬升。在获得足够空速之前，飞机要克服很大的惯性。加油门的动作要柔和而果断，某些飞机油门的突然增加会导致发动机抖动。使用最大功率时应关闭汽化器加温（如安装）。

8.3.2 姿　态

接近地面时，飞机的姿态非常重要。此时，如果加油门，学员应该有意识地控制机头不要过早上仰。复飞过程中，在获得一定高度或是进行转弯之前，飞机应保持一定的姿态以保证空速高于失速速度。过早上仰机头会造成失速，如果复飞时高度很低，飞机将来不及改出失速。

在复飞中，学员有可能为了尽快获得高度，而下意识地向后带杆。复飞时，学员必须明白，飞机必须保持规定的速度，以获得足够的上升率。在某些情况下，甚至需要短暂地下俯机头以获取速度。一旦获得了合适的爬升速度和姿态，学员应"粗略配平"飞机以消除操纵力。在飞行状态稳定后，再进行精确配平。

8.3.3 构　型

在复飞中，对飞机构型进行调整，首先是襟翼，其次是起落架（如果起落架可收放）。在作出复飞的决定之后，应立刻推油门至起飞功率并调整俯仰姿态以减缓或是中止飞机下沉。下沉停止后，可以根据飞机制造商的推荐信息来收回部分襟翼或将襟翼置于起飞位。收襟翼必须小心谨慎。根据飞机的高度和速度，襟翼收回的过程应是分步骤逐渐进行的，这样飞机在上升过程中就能够有足够的时间进行增速。将复飞时的襟翼直接收至 0° 会导致升力减小，有可能使飞机撞地（图 8.15）。

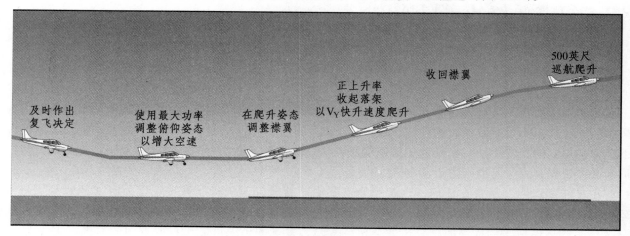

图 8.15　复飞程序

除非 AFM/POH 有特别声明，否则通常推荐先收襟翼（至少是部分收回），在飞机有正上升率后再收起落架。这样做有两个原因：第一，大多数飞机全襟翼时所产生的阻力要比起落架产生的阻力大（有的飞机在收起落架时，起落架舱门打开还可能产生额外的阻力）；第二，如果在复飞的初始阶段不小心接地，起落架应该处于放下锁定的位置，因此只有在建立正上升率后，才收回起落架。

在设置了起飞功率后，应该保持好操纵力以控制飞机直线飞行和安全爬升。由于飞机在进近时已经进行了配平（小功率和小速度的情况），所以在使用最大可用功率时就需要相当大的操纵力以保持爬升的俯仰姿态。功率的增加会导致机头上仰并向左偏转。学员应该预先判断出该情况，并向前稳杆以保持机头处于安全爬升姿态。随着扭矩和螺旋桨效应的增强，为保持机头方向，应相应增加向右蹬舵力。应该施加足够的操纵力以保持正确的飞行姿态，并配平飞机以消除操纵力。由于复飞时使用了最大功率，所需要的操纵力非常大，此时学员在操纵襟翼手柄时应注意保持好飞机状态，因为在这种高负荷情况下，飞行操纵是第一位的。

起落架应在完成最初的粗略配平，并确保飞机有正上升率后才能收回。在很低的高度复飞时，飞机可能接地，然后弹起。如果此时飞机能够直线飞行，并且保持安全恒定的仰角，这种情况并不是特别危险。飞机会很快接近安全飞行速度，同时增大的功率会减缓二次接地的冲击。

如果为了避免飞机接地，使飞机抬头过高，将可能使飞机失速。如果在没有修正配平且襟翼全部放下的情况下，则失速的可能性更大。在完成粗略配平和飞机建立正的上升率之前，学员不应试图收回起落架。

8.3.4　地面效应

对于固定翼飞机，在每次起飞和着陆时都会受到地面效应的影响。地面效应对复飞也有很重要的影响。若在低高度进行复飞，飞机则可能处于地面效应区内。进近下降到爬升的过渡阶段，学员会感觉到机翼下有明显的"气垫",从而会有虚假的安全感。而实际上这种"气垫"是不存在的。飞机性能的明显变好是由于在地面效应区飞机的诱导阻力减小引起的,所以当飞机爬升离开此区域后地面效应就会消失。在低高度复飞时,学员必须考虑到这一点。过早尝试爬升将使飞机无法上升,甚至在全功率下高度也只能维持不变。

复飞(中止着陆)中常见的错误有:

- 没有判断出需要复飞;
- 复飞不果断;
- 复飞时机偏晚;
- 未能及时使用最大可用功率进行复飞;
- 增大功率过于粗猛;
- 不恰当的俯仰姿态;
- 未能适当地调整飞机构型;
- 试图过早脱离地面效应区;
- 对扭矩和螺旋桨效应修正不够。

8.4 侧风进近与着陆

着陆时,风向并不一定是和跑道平行的,通常是与其有一定的夹角。当出现这种情况时,学员应该有所准备。正常进近和着陆中涉及的基本原理和影响因素同样适用于侧风中的进近与着陆。所以本节只讨论修正侧风所需要的额外程序。

实施侧风着陆要比侧风起飞更为困难一些,主要是因为保持对飞机精确控制所涉及的问题不同,着陆中飞机的速度是不断减小的,而起飞是增速的过程。

侧风中的进近和着陆通常使用两种方法:航向法和侧滑法。虽然航向法在五边时更容易保持,但这种方法对学员判断能力要求更高,并要求其能在飞机接地前及时改出。在大多数情况下推荐使用侧滑法,当然也可以综合使用这两种方法。

8.4.1 侧风中五边阶段

航向法是将机头朝侧风方向进行偏转,同时保持机翼水平,使飞机的运动轨迹与跑道中心线一致[图 8.16(a)]。飞机接地之前一直保持偏流角,但在接地时飞机纵轴要与跑道对齐,以避免机轮侧向受力。若五边较长,可以在拉平开始之前使用航向法,在此后的着陆中柔和改用侧滑法。

侧滑法可以修正任何角度的侧风,更为重要的是,侧滑法使飞行员在五边上、拉平中、接地以及着陆滑跑时都能够保持飞机运动轨迹以及纵轴与跑道方向一致。这样就能够避免飞机接地时的侧向运动以及可能对起落架造成损坏的侧向载荷。

使用侧滑法时,飞行员要将机头对准跑道中心线,注意偏流的大小和方向,同时迅速下偏上风面机翼修正偏流[图 8.16(b)]机翼下偏的量取决于偏流的大小。机翼下偏后,机头会有向下偏机翼一侧偏转的趋势。因此需要同时向相反方向蹬舵以阻止转弯,并保持纵轴与跑道方向一致。换句话说,就是用副翼控制偏流,用方向舵控制航向。这样飞机就会向上风面侧向侧滑以确保飞行轨迹与跑道保持一致。如果侧风减弱,应相应地减小侧风修正量,否则飞机就会偏离预定的进近轨迹(图 8.17)。

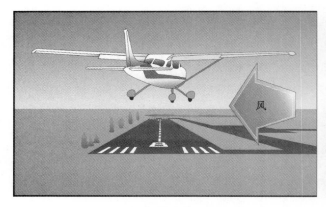

（a）航向法　　　　　　　　　　　　　（b）侧滑法

图 8.16　进近中修正侧风

图 8.17　侧风中进近和着陆

　　如果要修正强侧风，应通过增大上风面机翼下偏量以增加侧滑程度。这样飞机进行转弯的趋势也会增强，应增大反向蹬舵力以使飞机的纵轴与跑道方向保持一致。对于某些飞机，方向舵的最大可用偏转量或许不足以抵消大坡度带来的强转弯趋势。如果在蹬满舵的情况下仍然不能阻止转弯趋势，说明在此侧风下，飞机已经不能在此跑道上安全着陆，必须在本场更适合的跑道上落地或备降。

　　在大多数进近中都应使用襟翼，因为它们可以增加飞机的稳定性。襟翼的位置应该根据飞机的操纵性能和风速的变化而改变。

118

8.4.2　侧风中拉平

通常侧风中拉平与正常进近着陆的拉平类似，但为了抵消偏流应继续保持对侧风的修正。

在拉平过程中，空速会减小，飞机的操纵效能也会减弱，之前保持的侧风修正量会有所不足。使用侧滑法时，应该在此过程中不断增加方向舵和副翼的偏转程度以保持合适的偏流修正。

在拉平的整个过程中都不能放平机翼，应保持上风面机翼下偏。如果放平机翼，飞机就会偏移，而且会在偏移的过程中接地。切记，在侧风中接地的首要目标是着陆时飞机不应承受任何的侧向载荷以避免接地时飞机发生偏移。

8.4.3　侧风中接地

若在整个五边阶段和拉平阶段都使用航向法修正偏流，则在即将接地前应立即调整方向舵使飞机纵轴与其运动方向一致。该操纵必须及时而准确，否则，严重的侧向载荷将作用在起落架上。

若使用侧滑法，应在整个拉平阶段保持侧风修正（上风盘，下风舵），上风方向的主轮应先接地。在阵风或强风情况下，应快速实施侧风修正以确保飞机接地时不会有侧向的偏移。

随着接地后前进动量的减小，飞机的重力作用将会使下风侧的主轮逐渐下沉接地。

对于那些前轮操纵装置与方向舵相关联的飞机，由于为修正侧风而进行了蹬舵操纵，机轮接地时前轮可能与跑道方向不一致。为防止接地时飞机向前轮偏转方向突然转向，在前轮接地之前应及时放平舵。

8.4.4　侧风中的着陆滑跑

着陆滑跑中，应压盘防止上风面机翼上偏，同时要特别注意使用方向舵或前轮操纵装置来控制方向。

飞机在空中时，不管机头的方向和空速如何，飞机会随风运动；飞机在地面上时，由于作用在机轮上的摩擦力阻滞作用，飞机将不能随风（侧风）运动。

主起落架后面受风影响的机身面积比主起落架前面的要大。因此，飞机会以主轮为支点，向侧风方向转弯或偏转。

侧风着陆时，风对飞机的影响是由两个因素造成的：一个是自然风，作用在飞机上的方向与气流移动方向一致；另一个是由飞机运动诱导出来的，其方向与飞机运动方向平行。侧风包含了逆风分量和正侧风分量，逆风分量与飞机的地面运动轨迹方向一致，正侧风分量与地面运动轨迹呈90°夹角。合成风或相对风的方向介于这两个分量方向之间。着陆滑跑时随着前进速度的减小，逆风分量减小，正侧风分量所占的比例会相应增加。正侧风分量越大，就越难阻止飞机向侧风方向偏移。

由于飞机有向上风面偏转的趋势，着陆滑跑时，保持滑跑方向非常关键。另外，对于前三点式飞机，侧风接地后，如有侧向载荷，飞机常常会产生翻转。主要的影响因素是机轮偏转角和侧向载荷。机轮偏转角是指机轮方向与其运动轨迹的夹角。只要机轮运动轨迹和其对准的方向存在偏差，就会产生侧向载荷，这可能引起机轮损坏。侧向载荷与轮胎类型和胎压有关，与速度无关。在很大的程度上，它与机轮偏转角和轮胎的承重成正比。如果偏转角只有10°，机轮所产生的侧向载荷为承受重量的一半；如果偏转角大于20°，侧向载荷将不再随着偏转角的增加而增加了。对于上单翼、前三点式起落架飞机，当机轮偏转角超过一定值时，就必然会发生翻转，翻转的轴就是主轮与前轮的连线。如果偏转角较小，可以使用副翼、方向舵、可控前轮来阻止飞机翻转，但禁止使用刹车。

着陆滑跑中，随着飞机速度逐渐减小，为防止上风面机翼的上偏，应增大压盘量。由于飞机逐渐减速，作用在副翼上的气流会越来越弱，而导致副翼的操纵效应减弱。同时，相对气流的正侧风分量所占比例越来越大，上风面机翼产生的升力也会相应地增大。在飞机停下来以前，要一直向上风面压盘。

8.4.5 最大安全侧风速度

在某些特定侧风情况下，不推荐进行起飞和着陆，强行起飞和着陆可能造成危险（图 8.18）。如果侧风大到超出了修正偏流的极限，则会造成不安全着陆。所以，在考虑起飞、着陆性能时，必须要考虑预报地面风的情况和可用的着陆方向。

任何一种飞机如果想通过局方类别审定，必须进行相应的飞行测试以达到特定的要求。其中之一就是在侧风 90°、风速达 0.2Vso 的情况下不使用特殊的操纵技巧和警示，能够良好地控制飞机。这就意味着正侧风速达到发动机关闭，起落架和襟翼放下时飞机失速速度的 2/10。法规要求 1962 年 5 月 3 日之后审定的飞机，示范侧风速度必须显示在飞机的铭牌上。

逆风分量和侧风分量可以通过侧风分量图（图 8.19）来确定。飞行前，学员必须确定飞机能承受的最大侧风分量，避免在超出飞机承受侧风能力范围时飞行。

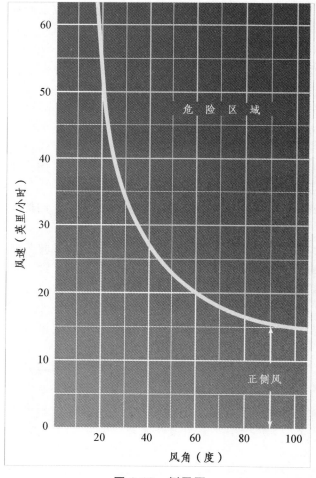

图 8.18 侧风图

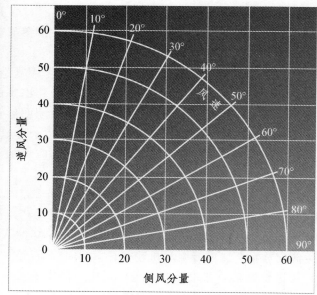

图 8.19 侧风分量图

侧风进近和着陆中常见错误包括：

- 试图在超出飞机所能承受的最大侧风分量下着陆；
- 四转弯对侧风修正量不足，导致着陆点靠前或靠后；
- 五边上对偏流修正不足；
- 不稳定的进近；
- 未能补偿侧滑时增加的阻力，导致下降率过大或空速过小；
- 带偏侧接地；
- 接地速度过大；
- 滑跑时操纵不当；
- 滑跑时未能保持好方向；
- 刹车使用过量。

8.5　湍流中的进近与着陆

在湍流中带功率着陆时，进近速度应该比正常进近速度稍大。这样在遇到强烈的水平阵风或上升下降气流时，能使飞机具有更好的操纵性。湍流中的进近和着陆跟其他带功率进近（飞行员可以调整功率大小）一样，需要对俯仰姿态和功率进行调整，以保证飞机在接地之前平飘距离最短。

在带有阵风的湍流中进近时，为保持良好的操纵，需要使用部分襟翼。由于襟翼偏角小于全襟翼，飞机会稍微抬头。这样建立着陆姿态时就需要较少的俯仰调整，接地时的空速也将更大，以确保飞机的操纵性。然而，速度也不能太大，否则会导致飞机目测高。

湍流中进近的方法之一是将正常进近速度增加阵风速度的一半。比如，正常速度是70节，阵风增量15节，则进近速度为77节。任何情况下，都应该选用飞机制造厂商推荐的空速和襟翼。

在进近过程中，应使用足够的功率以保持适当的速度和进近的下降轨迹，当主轮接地后才能将油门收光。在飞行员准备接地之前，应谨慎收油门，突然或是过早收光油门将导致下降率突然增加，从而引起重着陆。

湍流中带功率进近的着陆中，应保持飞机以近似平飞的姿态接地。接地时的俯仰姿态应该刚好保证主轮比前轮先接地。接地后，学员不可以顶杆，因为这样可能导致推小车（前轮承载超重），甚至使飞机失控。此时可以谨慎使用刹车使飞机正常减速。在机翼基本无升力和飞机的全部重量落在起落架上之前，避免使用重刹车。

8.6　短跑道进近与着陆

短跑道进近与着陆是在着陆区域相对较短或是在可用的着陆区域内有越障要求的情况下的进近和着陆程序（图8.20、图8.21）。与短跑道起飞一样，需要在飞机的性能极限下完成短跑道进近与着陆。接近地面时，要求学员在飞机的性能极限下飞行，同时保证在有限的着陆区域内安全着陆。这种小速度带功率的进近与最小操纵速度下的操纵性能密切相关。

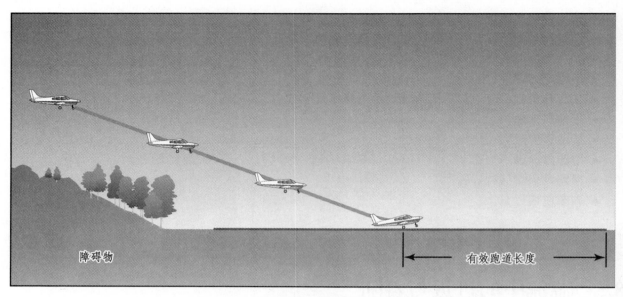

图 8.20　越障着陆

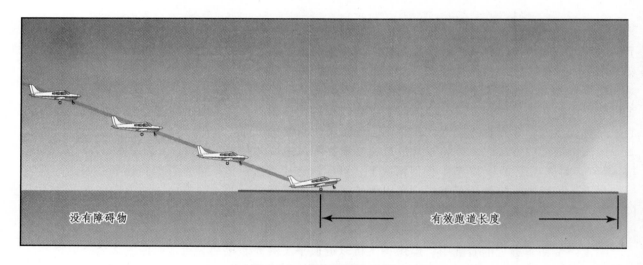

图 8.21　在短跑道上着陆

　　在短跑道或限制区域内着陆时，学员必须精确稳定地控制飞机的下降率和速度，使飞机在进近过程中能安全越障，并保证飞机在接地之前平飘距离最短，从而使飞机能在尽可能短的距离内停下来。

　　短跑道进近或有越障要求的进近应使用AFM/POH中推荐的程序。保持稳定进近非常重要（图8.22、图8.23）。这些程序包括使用全襟翼，五边初始高度至少高于接地区域 500 英尺。要使用比普通起落航线稍大的航线，以保证有足够时间改变和调整飞机的构型。若制造厂商没有给出推荐的进近速度，则进近速度不能大于 1.3Vso。比如，无功率、襟翼和起落架放下时飞机失速速度为 60 节，则进近速度不能超过 78 节。在阵风中，应再加上不超过阵风量一半的速度。速度过大会导致接地点距离跑道入口太远，着陆滑跑可能超出可用着陆区域。

　　放下全襟翼和起落架后，学员应同时调整俯仰姿态和功率以建立和保持适当的下滑角和空速。俯仰姿态和功率的调整要协调。

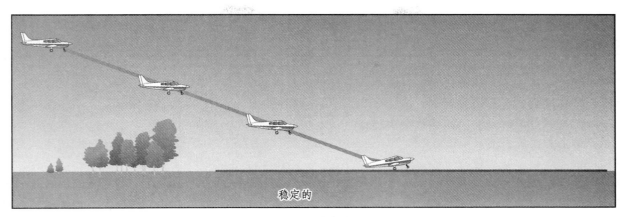

稳定的

图 8.22　稳定进近

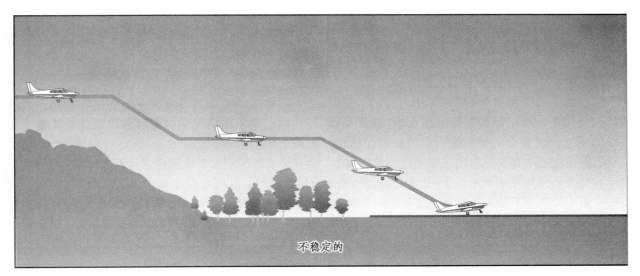

不稳定的

图 8.23　不稳定进近

短跑道进近和着陆实际上就是向某一点进行精密进近和着陆。这需要使用前面"稳定进近着陆"一节所提到的程序。如果越障高度过高，则接地点会在预定点的前方，这样就没有足够的距离使飞机停下来。此时应该减小飞机俯仰姿态同时减小功率以增大下滑角和下降率。如果下滑角不能确保飞机安全越障，应在增加功率的同时增加飞机的姿态以减小下滑角和下降率。避免使用过小的速度，若速度过小，抬头和使用全功率的操作可能导致下降率进一步增加。当迎角很大时，阻力也会很大，这就会导致可用功率无法满足需要。这就是通常所说的在第二速度范围内或是在功率曲线的后部进行操纵。

由于在五边上以比较陡的下滑角越障，且速度接近飞机的失速速度，所以应精确判断拉平时机以防飞机下沉过快和提前失速，或者导致飞机撞地。如果拉平过程中几乎没有平飘，并能精确接地，则说明进近速度适当。

接地时，空速应该是最小操纵速度，姿态则接近无功率失速时的姿态。接地前，不应过快地收光油门，这样可能导致下降率突然增加以及重着陆。

接地后，应尽可能保持此姿态，靠空气动力辅助飞机减速。飞机接地后，应保证油门已收光，并迅速适当地使用刹车，以减小着陆滑跑距离。在保证安全和可控性的条件下，应使飞机在尽可能短的距离内停下来。若能保持好正确的进近速度、最短的平飘距离，且接地时为最小操纵速度，则需要的着陆刹车量最小。

短跑道进近和着陆常见的错误包括：

- 五边过短，导致需要过大的下滑角和下降率；
- 不稳定进近；
- 没能及时修正五边下滑轨迹；
- 五边空速过小，导致拉平过程中下降率过大以及重着陆；
- 空速过大，导致拉飘；
- 拉平时过早收光油门而导致重着陆；
- 接地时速度过大；
- 接地后刹车使用量过大或过小；
- 未能保持好方向。

8.7 软跑道进近与着陆

在粗糙道面或是诸如积雪、沙石、泥浆、草丛这样的软跑道着陆时需要特殊的程序。软跑道着陆的目标就是接地时应尽量平稳，速度尽可能小。学员必须根据实际情况尽可能操纵飞机让机翼来承受飞机的重量，以减小由于粗糙道面或软道面作用在机轮上的阻力和压力。

软跑道进近与坚实的跑道正常进近的操纵类似。两者主要的区别在于软跑道进行着陆时，应尽可能长时间地把飞机保持在距离地面 1~2 英尺高度的地面效应区域内。这样可以逐渐减小飞机的前进速度，使飞机在最小的速度下轻两点接地。这种方法在接地时能够使机头突然上仰的力最小。拉平和接地过程中，可进行功率调整以保证接地时的速度尽可能最小，飞机应平飘到跑道上，全部重力由机翼承担（图 8.24）。

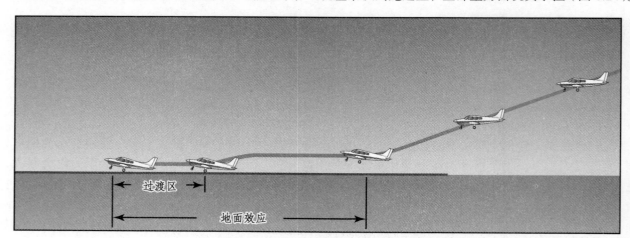

图 8.24 软/粗糙道面上的进近与着陆

软跑道着陆时，推荐在任何可用的情况下使用襟翼，以辅助飞机以最小的速度接地。下单翼飞机，襟翼有可能受到机轮卷起的泥浆、沙石或雪浆的损坏。如果使用襟翼，一般不建议在着陆滑跑中将其收回，这是因为集中精力控制飞机状态比收回襟翼更重要。

短跑道最后进近速度的要求同样适用于软跑道着陆。进近速度过大会导致在地面效应区域内平飘距离过长，而平飘将使实施平稳可控的接地更为困难。除非进近航迹上存在障碍物，下降过程中一般不采用大的下滑角。

在软道面或粗糙道面接地时应以尽可能大的姿态且尽可能小的速度接地。对于前三点式飞机，主轮接地后学员应保持足够的带杆力以保持前轮离地。通过向后带杆和调整功率，可控制飞机的重量逐渐从机翼转到机轮。

对于有些道面状况，应该在主轮刚刚接地时，使飞机的重量仍由机翼来承担，直到到达合适的滑行道面。在此过渡过程中，在机轮承担飞机重量和前轮接地之前，一旦学员选择放弃着陆，学员应该能够使用全功率执行安全起飞程序（越障要求和跑道长度满足的情况下）。一旦决定要着陆，飞行员应将前轮轻柔放下，通常稍微前推油门可以辅助放下前轮。

软跑道上不需要使用刹车。在着陆时应避免使用刹车，因为前起落架会由于与道面过早或是硬性接触而承载过大的载荷，并造成前轮陷入道面。软道面或是粗糙道面上会产生足够的阻力使飞机减速。飞机在很软的道面着陆时就能明显感受到这一点，学员甚至需要增加功率保持飞机运动，避免飞机陷入软跑道。

软跑道进近和着陆常见错误包括：

- 五边上下降率过大；
- 五边上速度过大；
- 不稳定进近；
- 拉平高；
- 拉平和接地时功率调整不当；
- 重着陆；
- 接地后飞机重量从机翼转移到机轮过程中操纵不当；
- 接地后没有控制好机头，导致其下沉过快。

8.8　无功率精确进近

无功率精确进近是指在发动机慢车的情况下，通过特殊的航线，使飞机滑翔到跑道上指定标记线或标记点前后 200 英尺范围内所实施的进近与着陆。其目的是逐渐培养学员在无功率的情况下精确控制飞机安全着陆的能力。

正确估计飞机在着陆中的滑翔距离的能力是无功率精确进近和着陆的基础。因为滑翔距离在很大程度上决定了飞机在给定高度上的操纵量。学员除了要具有正确估算距离的能力之外，同时也应具备操纵飞机保持正确滑翔状态的能力。

具备一定的飞行经验和实践之后，学员在约 1,000 英尺高度以下都可以相对准确地判断高度，而高于此高度时，由于地标会显得模糊，所以判断高度的准确度就会减小。在这个高度以上，最好利用高度表和地面地貌相结合的方式来判断高度。

估算下滑角及下滑距离的能力比判断高度的能力更重要，无论高度是以英尺、百英尺还是千英尺为单位。无论高度高低，学员在知道飞机正常下滑角情况下，应该能够准确推断飞机的接地点。如果学员还能够正确判断飞机的高度，就能够知道滑翔中需要的操纵量，这对于在紧急情况下着陆区域的选择是非常重要的。

五边操纵的目的是保持好下滑角，以使飞机能到达预定的着陆区域；同时保持好速度，以保证接地前的平飘距离最短。为达到此目的，应精确控制下滑角和空速。

与正常着陆不同，无功率进近时，功率是固定在慢车状态的。空速只能通过调整俯仰姿态来控制，但下降角同时也会改变。通过减小姿态来保持空速，下滑角会增大。若空速过大，应增大姿态；若空速过小，应减小姿态。如果飞机抬头过高，造成速度过小，升力不够，飞机就会快速下沉。正是由于这个原因，禁止试图通过增大姿态来延长下滑轨迹。

90°、180°、360°的无功率标准进近航线将会在本节中进一步阐述。对这些进近的练习将会为学员判断下滑距离和计划进近打下良好的基础。

这些进近的基本程序包括在给定高度上收光油门并滑翔到某一关键点。滑翔到此关键点并不是实施程序的主要目的。此关键点有助于学员判断是否能够安全到达预定接地点。关键点的选择应考虑可用高度以及风的情况。从此点开始，学员应不断地对飞行情况进行评估。

必须强调的是，虽然精确的接地点很重要，但是安全正确地执行进近与着陆更为关键。学员不应一味追求在预定接地点接地，而应控制好整个进近与着陆过程。

8.8.1　90° 无功率进近

90° 无功率进近需要在四边进行 90° 的转弯进入五边。进近轨迹会随着四边离跑道进近端距离的远近不同而变化，而此距离由风的情况决定（图 8.25）。

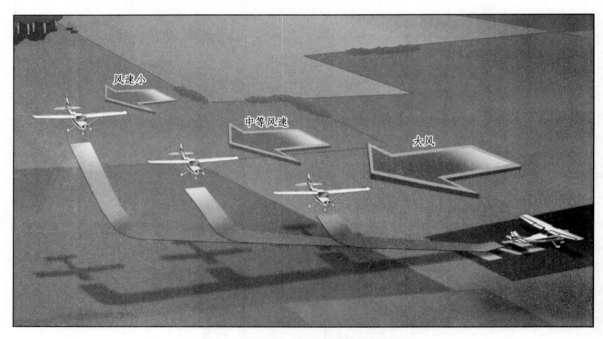

图 8.25　不同风况下计划四边的位置

从四边的关键点开始滑翔，然后进行 90° 的转弯进入五边，这是所有精确着陆的最后操纵阶段。

90° 无功率进近通常开始于直角起落航线距离道面大约 1,000 英尺的高度或是正常起落航线高度处。飞机在三边时，与跑道的距离应该与正常起落航线时的距离相同。着陆前检查单应该在三边上完成，如果起落架可收放，应放下起落架。

完成向四边的中等坡度转弯之后，应慢慢收小油门并减小空速至正常四边速度（图 8.26）。向 45° 关键点（在此点，到预定着陆点的视线与机头之间的夹角为 45°）下滑飞行过程中，在四边应保持好空速、对偏流的修正以及高度。

为了保持飞机在五边的地面运动轨迹，在四边上，学员就要根据偏航的大小来判断风的强度和方向。这有助于判断四转弯时机和所需的襟翼位置。

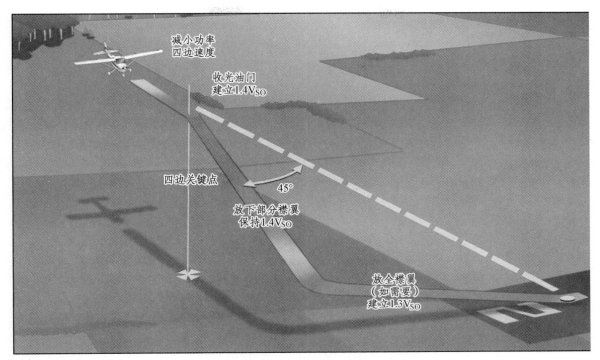

图 8.26　90° 无功率进近

　　在 45° 关键点，应将油门收光，前推变距杆（若安装）至最前，保持高度直到空速达到制造厂商推荐的最佳滑翔速度。如没有推荐速度，则使用 $1.4V_{SO}$。到达此速度时，应减小姿态以保持速度并配平飞机。四转弯应提前判断，以保证转弯改出后飞机纵轴能与跑道中心线方向一致。到了五边，根据需要放襟翼并调整俯仰姿态，建立适当的下滑角和空速（$1.3V_{SO}$），然后再次配平飞机。为控制下滑角和空速，应根据需要调整俯仰姿态和襟翼设定。但是禁止试图通过增大姿态或收襟翼使飞机到达预定着陆点。五边上可以根据实际情况决定是否使用侧滑。

　　建立好五边滑翔状态后，应将注意力集中在如何安全地完成一次好的着陆，而不应将注意力放到预定着陆点。四边的位置和襟翼的设定已经决定了着陆点的大致位置。在任何情况下，为了完成良好的着陆，可以在距离预定接地点 200 英尺范围内接地，不要为了使飞机在预定接地点接地而忽视着陆质量。

8.8.2　180° 无功率进近

　　180° 无功率进近就是在收光油门的情况下，从三边上给定的关键点滑翔到预定接地点的操纵（图8.27）。这是上面提到的 90° 无功率进近程序的扩展。其目的是进一步培养学员对距离和滑翔比判断的能力，以使飞机在无功率的情况下完成三转弯，然后再执行 90° 无功率进近。

　　与 90° 无功率进近相比，180° 无功率进近需要进行更多的判断。飞机在三边上就要开始执行 180°无功率进近。初始的高度取决于飞机类别，但除大型飞机之外，高度不应超过 1,000 英尺。如果高度更高，则相应需要更为精确的判断和操纵。

　　当飞机与预定接地点相切时，应收光油门，保持高度的同时减速到制造厂商推荐的最佳滑翔速度或 $1.4V_{SO}$。油门收光时的那个点就是三边关键点。

　　三转弯应该是中等坡度的标准转弯或坡度稍大的转弯。坡度的大小和初始转弯量取决于飞机的下滑角和风速大小。同样，四边的位置由所需的高度及风的情况决定。通过控制四边的位置来调整高度消失的多少，以使飞机能到达预定接地点。

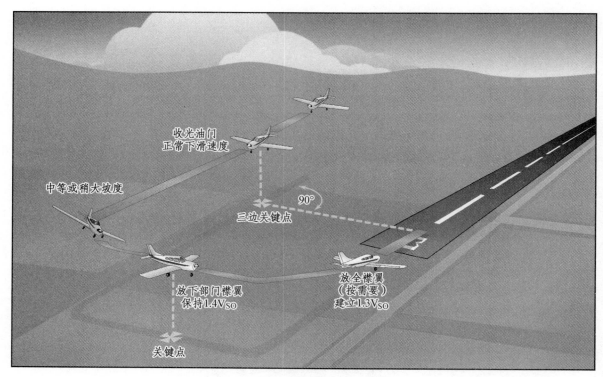

图 8.27 180° 无功率进近

三转弯应在足够高的高度和足够近的距离处进行，以使飞机可以滑翔到 90° 无功率进近时对应的四边 45° 关键点处。

虽然关键点很重要，但是不能过分强调其位置且不能把它与地面的某固定点对应起来。很多经验不足的学员会认为此点就是下降到特定高度时要到达的一个地标，如树木、十字路口或其他可见的参照物。这样会导致当这些参照物不存在时，学员形成的机械概念会使其不能根据实际情况进行正确的判断。为消除此错误概念，练习中应尽量不断改变高度和位置。到达四边 45° 关键点之后，就采用与 90° 无功率进近相同的进近与着陆程序。

8.8.3 360° 无功率进近

360° 无功率进近是指飞机滑翔转弯 360° 后到达预定接地点的进近。整个航线设计成封闭环形，为精确调整飞行轨迹，可以使用小坡度或大坡度转弯，也可以在航线上任何一点终止转弯。

360° 无功率进近起始于预定接地点上空或附近位置，飞机的航向与预定的着陆方向相同，起落架和襟翼收起（图 8.28）。

此程序通常开始于距离地面 2,000 英尺或是更高的高度上，此高度上的风可能与低空风的情况相差非常大。在操纵飞机到 90° 无功率进近或 180° 无功率进近的起始点时必须考虑到这方面的变化。

在预定接地点上空收光油门后，应尽快建立最佳滑翔速度并向三边方向做中等坡度的转弯，以到达三边关键点。在三边关键点或稍前方，应及时放下起落架（如安装）。到达三边关键点时，飞机距离地面应该为 1,000 ～ 1,200 英尺。

到达此点后应继续转弯到四边 45° 关键点，此时的飞机距离地面约为 800 英尺。在此位置可根据需要使用襟翼，但在五边稳定进近之前不能放全襟翼。

在整个航线中可以根据风的情况及为了对正五边而适当改变坡度。完成四转弯时，飞机距离地面不得低于 300 英尺。

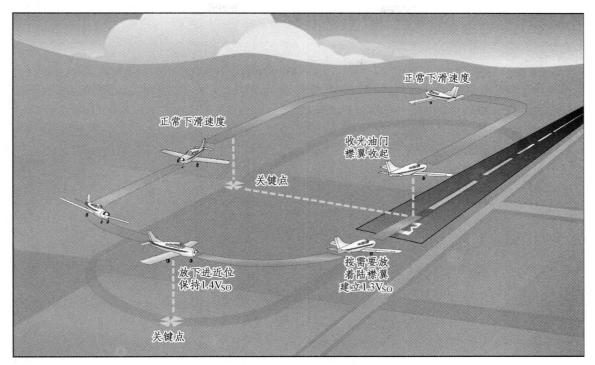

正常下滑速度

正常下滑速度

收光油门
襟翼收起

关键点

放下进近位
保持1.4V$_{so}$

按需要放
着陆襟翼
建立1.3V$_{so}$

关键点

图 8.28　360° 无功率进近

无功率精确进近的常见错误包括：

- 三边距离跑道或着陆区域太远；
- 由于顺风的影响三边过长；
- 四边上对风的修正不足；
- 为了延长滑翔距离而在转弯时产生外侧滑；
- 忘记放下起落架；
- 试图通过增大姿态来延长滑翔距离；
- 过早放下襟翼和起落架；
- 使用油门来延长滑翔距离；
- 为避免飞机超出预定接地点而强制使飞机落在跑道上。

8.9　假设迫降

　　双人制飞行过程中，教员可以收光油门并喊出"假设迫降"来让学员模拟紧急着陆。假设迫降的目标是培养学员在小功率或无功率的情况下操纵的准确性、判断力、计划能力、程序意识和自信。

　　假设迫降可以在飞机的任何构型下进行。当教员喊出"假设迫降"时，学员应该立即建立滑翔姿态并确保襟翼和起落架在正确的构型下。当空速达到最佳滑翔速度时，应该减小俯仰姿态并配平飞机以保持该速度。

　　滑翔过程中应保持空速恒定，因为滑翔速度的改变将导致无法准确判断滑翔距离和着陆点。着陆方式和进近程序由以下因素决定：高度、障碍物、风向、着陆方向、道面情况、道面倾斜度和飞机所需的着陆距离。

　　无论之前采用什么样的机动飞行，平飞或是盘旋，学员应该最终以正常起落航线高度到达所选着陆区域的四边关键点。从此点开始，以后的程序与正常无功率进近类似（图 8.29）。

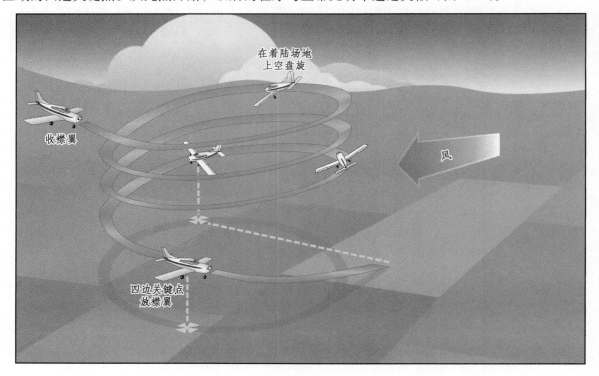

图 8.29　保持位置在着陆区上空

更高的高度提供了更大的选择余地，但这种情况下，经验不足的学员可能倾向于较晚作决策；同时如果高度很高，学员在进行机动操纵和估计滑翔距离时就更有可能出错。

所有的飞行员应该学会根据机场的风向袋、工厂和房子冒出的烟、灰尘、帚状焰和风车判断风向和风速。

一旦选择了着陆场地，学员必须将其明确地指给教员。正常情况下，学员必须在最初选择的着陆场地上计划并执行迫降程序，直至教员令其中止。这样教员就有机会向学员解释其所犯的错误并进行修正；而学员也有机会看清错误造成的结果。然而，如果学员在进近中意识到所选场地不合适——如果继续进近可能造成危险——而在下滑距离范围内还有更有利的场地，教员应该允许学员改变计划到更好的场地着陆。教员应该向学员详尽地讲解这些决策的危险性，如低高度操纵过量所带来的危险。

修正误判高度和下滑角的方法有：侧滑、使用襟翼、改变四边的位置和调整四转弯。

对学员来说，急切地想落地是在假设迫降训练中最常见的错误之一。因为心情急切，他们会忘记控制空速，从而导致到达场地边时空速过大而不能安全着陆。速度过大与速度过小同样危险，它将导致平飘过长并飞过预定的着陆点。学员应当牢记，不能采用俯冲的方法向目的地着陆。

在假设迫降过程中，必须保持发动机工作正常，并且温度不能过低。在模拟训练中，学员和教员应该明确由谁来控制油门，控制油门的人应保持对油门的完全控制，如果对此存在误解可能导致事故的发生。

一旦确定能够安全着陆，就应马上终止假设迫降。决不能持续到可能对地面上的人或财产带来危害和麻烦的阶段。

除了把飞机从模拟发动机失效的地方飞到合理的安全着陆点，学员还应掌握一些驾驶舱的应急程序。学员应该将执行这些程序变成一种习惯，从而在发动机真正发生故障时，能够在选择着陆场地及做进近计划的同时，对驾驶舱内能让发动机重新启动的重要项目进行检查。对学员来说，在刚开始进行假设迫降的训练时，同时进行两项操作（完成应急程序和计划并实行进近）是很困难的。

在进行假设迫降的训练时，要遵循明确的步骤和程序。虽然这些步骤和程序可能与实际紧急情况下使用的程序稍有不同，但学员也应该认真学习，并且每执行一步都要对教员喊话。强烈推荐使用检查单，大部分飞机制造商都提供针对适当项目的检查单（图 8.30）。

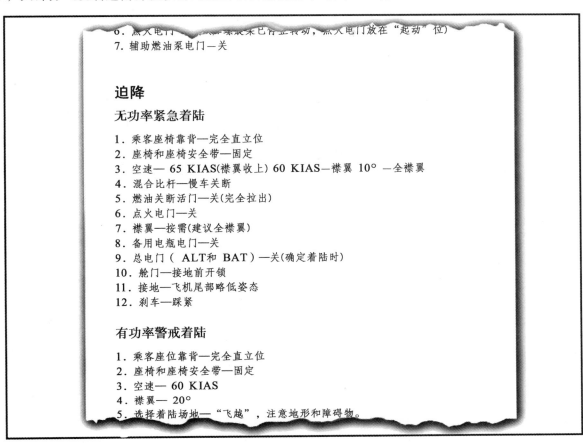

6. 点火电门 ... (若螺旋桨还没有起动转动，点火电门放在"起动"位)
7. 辅助燃油泵电门—关

迫降

无功率紧急着陆

1. 乘客座椅靠背—完全直立位
2. 座椅和座椅安全带—固定
3. 空速— 65 KIAS(襟翼收上) 60 KIAS—襟翼 10° —全襟翼
4. 混合比杆—慢车关断
5. 燃油关断活门—关(完全拉出)
6. 点火电门—关
7. 襟翼—按需(建议全襟翼)
8. 备用电瓶电门—关
9. 总电门（ ALT 和 BAT ）—关(确定着陆时)
10. 舱门—接地前开锁
11. 接地—飞机尾部略低姿态
12. 刹车—踩紧

有功率警戒着陆

1. 乘客座位靠背—完全直立位
2. 座椅和座椅安全带—固定
3. 空速— 60 KIAS
4. 襟翼— 20°
5. 选择着陆场地—"飞越"，注意地形和障碍物。

图 8.30　紧急检查单的样表

　　检查的关键项目包括燃油选择器的位置、所选油箱的燃油量、燃油压力表（以决定是否需要使用电动燃油泵）、混合比杆的位置、磁电机开关的位置和汽化器加温的使用。许多实际的迫降事例中，事后才发现事故原因是燃油选择活门放在空油箱位，而另一个油箱却是满的。因为油量表可能是不准确的，所以即使所有的油箱都有油量表指示，也应该改变燃油选择活门的位置。如果飞行员在训练期间养成了检查这些关键项目的习惯，并带到以后的飞行中去，许多迫降的事故应该是可以避免的。

　　假设迫降训练中，应急程序不应仅针对发动机故障的情况，还应向学员讲解、演示其他与飞机运行相关的紧急情况，并进行相应的练习。这些紧急情况包括：飞行中起火、电气或液压系统故障、未预料到的严重气象条件、发动机过热、燃油即将耗尽以及飞机系统和设备的应急操作。

8.10　进近与着陆中的偏差

8.10.1　五边下滑线低

　　当四边高度过低，油门偏小，放着陆襟翼过早或是误判了风速时，飞机将会消失一定的高度，从而引起在五边时飞机明显低于正常下滑轨迹。在这种情况下，学员必须使用相当大的功率使飞机飞向跑道入口。当意识到如果不采取适当的操纵，飞机将不能进跑道时，学员必须立即加油门保持空速，同时增大俯仰姿态以增加升力并终止飞机下降。当切入正常的下滑轨迹时，应再次建立正确的进近姿态，然后减小功率，保持稳定的进近（图 8.31）。没有增加功率时禁止向后带杆，否则飞机将迅速减速并可能到达临界迎角，出现失速；禁止收襟翼，否则升力将突然减小使飞机下沉更快。如果学员对于是否能够安全地完成此次进近有任何疑问，应立即复飞。

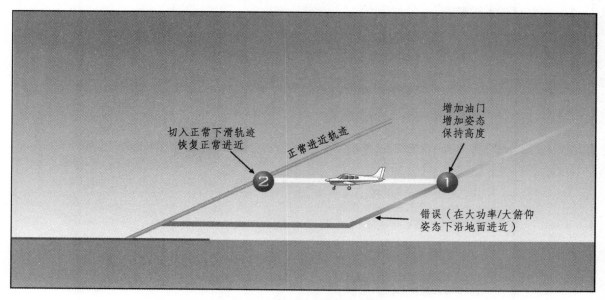

图 8.31　修正五边高度低的错误与正确方法

8.10.2　五边下滑线高

当五边下滑线过高时，应按要求放下襟翼。学员还应减小功率，同时减小俯仰姿态保持进近速度并增大下滑角（图 8.32）。当切入正常的下滑轨迹时，按要求调整功率保持稳定的进近。当增大下滑角时，要注意下降率不能过大（超过 800 ~ 1,000 英尺/分）。如果飞机接近地面时下降率仍然过大，将很难在接地前恢复正常的下降率。如果下降率过大应立即复飞。

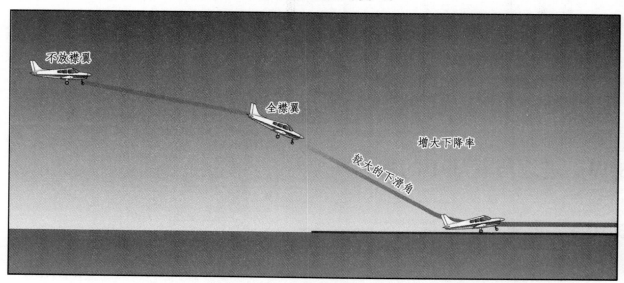

图 8.32　改变下滑轨迹和增加下降率来修正五边高度过高

8.10.3 五边进近速度小

当飞机五边速度比正常速度小时，判断下降率和拉开始高度将变得困难。以过低速度进近，机翼迎角接近临界迎角，即便通过调整俯仰姿态和油门，都可能造成飞机失速或迅速下沉，导致重着陆。

一旦发现进近速度过小，学员就应加油门使飞机增速，并增加升力以减小下降率和防止失速。当飞机仍然有足够高的高度时，应进行修正以重新建立正确的进近速度和俯仰姿态。如果飞机速度太小而高度太低，最好进行复飞。

8.10.4 油门的使用

在进近和拉平过程中，可以通过有效使用油门来修正判断失误造成的误差。加油门可以在不增加迎角的情况下增加速度从而增加升力，因此下降率可以减小到正常范围。拉平过程中，如果飞机已经建立正常的着陆姿态，只是拉平高度稍高，应该保持着陆姿态不变，使用油门帮助飞机轻两点接地。飞机接地后，必须收光油门以保证没有附加的推力和升力，这样飞机才能不至于再次离地。

8.10.5 拉平高

当飞机短暂地停止下沉，则说明拉平过快，飞机拉平高。继续拉杆将进一步减小空速，导致飞机迎角接近临界迎角。这可能导致飞机失速而重着陆。为了防止这种情况发生，应保持俯仰姿态直到飞机减速并开始再次下沉，这时就可以继续拉杆以建立适当的着陆姿态。使用这种方法的前提条件是有足够的空速。为了避免空速减小过多和升力失去过快，在此过程中可以稍加油门以保持空速。

在飞机离地面相当近时，虽然可以通过稍稍松杆使飞机下沉，但是严禁使机头有明显下俯，除非瞬间增加了油门。机头下俯，迎角减小会使升力瞬间减小，这可能导致飞机前轮撞地而发生事故。

当建立正常的着陆姿态时，即使俯仰姿态不再增加，但因为空速减小，飞机迎角接近临界迎角，飞机也将接近失速（图 8.33）。

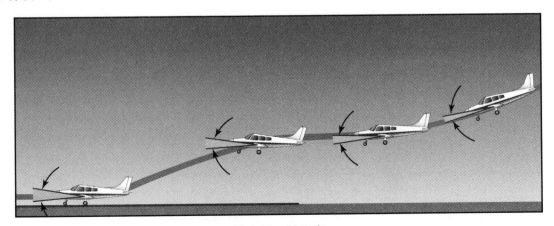

图 8.33 拉平高

任何情况下，如果需要稳杆使机头下俯较多或者着陆存在不确定因素，推荐立即复飞。

8.10.6　拉平太晚或太快

拉平开始得太晚或为了防止飞机过早接地而带杆太快都可能导致机翼上的载荷因数过大，从而引起加速失速。

在拉平时突然增大迎角并造成飞机失速非常危险，因为这可能引起飞机主起落架重接地并跳跃。这种情况下，由于带杆力和惯性作用，机尾会下沉得很快。这种情况的改出方法是在失速发生前立即加油门。如果跑道长度足够，可继续完成着陆，否则应立即复飞。

如果拉平太迟，前轮可能先撞地，使机头向上弹起。此时不要强迫让飞机再次接地，应立即复飞。

8.10.7　拉平过程中平飘

如果五边空速过大，通常将导致飞机平飘（图 8.34）。飞机实际的接地点将远远超过预定接地点，可用跑道长度可能不够。当在五边上向接地点俯冲着陆时，空速将明显增加。如果没有足够大的迎角和升力，将不可能建立正常的接地姿态，从而导致飞机高度增加或拉飘。

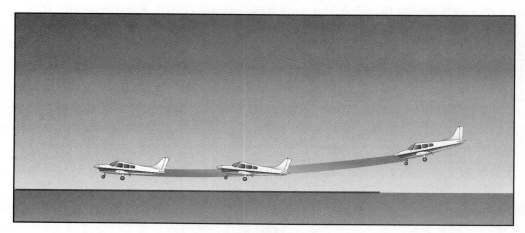

图 8.34　拉平中平飘

当飞机平飘时，必须准确地判断飞机的速度、高度和下降率。随着飞机减速到接地速度并开始下降，学员应柔和地调整飞机的俯仰姿态，并在接地时形成合适的着陆姿态。即使很小的判断和操纵时机误差，都可能导致拉飘或跳跃。

能否从平飘中改出取决于平飘的程度、侧风的影响以及剩余跑道长度。长时间的平飘需要相当长的跑道，因此应该避免平飘时间过长，特别是在短跑道上或在大侧风中。如果不能在跑道的前 1/3 范围内进行着陆，或者飞机侧向偏移过多，应复飞。

8.10.8　拉平时拉飘

如果在着陆中误认为飞机下沉过快，学员会倾向于过快增加俯仰姿态和迎角。这样不仅会使飞机停止下沉，反而会使飞机上升。这种拉平过程中的上升称为拉飘（图 8.35）。拉飘非常危险，因为飞机离地的高度增加，并且飞机可能迅速接近失速。飞机高度的增加量取决于空速或姿态增加的速率。

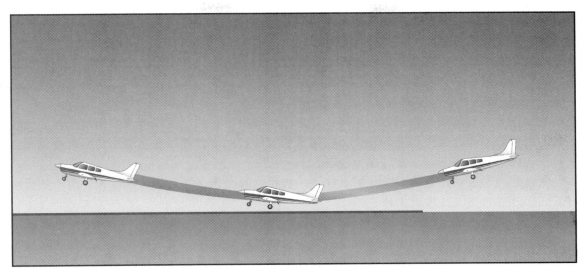

图 8.35　拉平中拉飘

如果拉飘程度较小，应该保持着陆姿态不变，让飞机逐渐减速，并最终在跑道上着陆。根据拉飘的程度，可以使用油门来避免飞机重着陆。加油门增加推力可避免空速迅速减小，防止机翼突然失去升力，但在接地后必须立即收光油门。使用油门时会产生扭矩，因此需要使用方向舵来保持飞机的方向。

如果拉飘的程度很严重，必须立即复飞；不要试图在严重拉飘的情况下进行着陆。在飞机失速前必须增加功率。

当在有侧风的情况下拉飘时，必须特别小心，因为学员可能不经意间解除了对侧风的修正或修正量不够。拉飘后，由于空速减小，侧风对飞机的影响将变大，所以需要增大坡度以补偿偏流的增加。学员必须保持合适的坡度并用方向舵来控制方向。如果存在任何疑问或者无法制止飞机偏移，则应进行复飞。

8.10.9　接地时飞机跳跃

如果飞机以不合适的姿态或过大的下降率接地，可能与地面发生碰撞弹回空中。尽管飞机的轮胎和减震支柱在一定程度上会产生像弹簧一样的作用，但飞机不是像橡皮球一样被弹回空中的。实际上，飞机会回弹到空中，是因为机翼迎角突然增加，从而使升力突然增大（图 8.36）。

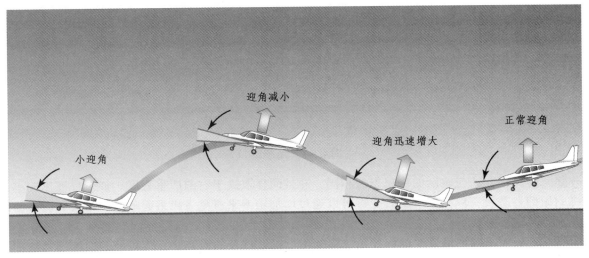

图 8.36　接地时跳跃

迎角突然改变的原因是，当主轮剧烈地撞地时，惯性会导致机尾下偏。跳跃的严重程度取决于接地瞬间的空速以及俯仰姿态增加的程度。

由于跳跃是在接地前没有获得正常的接地姿态产生的，这样几乎不可避免地伴随有带杆过量。造成跳跃的原因通常是，学员发现飞机姿态不正常的时机过晚，并且试图在飞机二次接地时建立正常的接地姿态。

跳跃的修正方法与拉飘的修正方法相同，并且同样取决于它的严重程度。如果跳跃程度比较小，并且飞机的俯仰姿态没有较大程度的改变，在随后的着陆过程中，可以通过增加功率来避免飞机重着陆，同时柔和调节俯仰姿态到正常的接地姿态。

如果侧风着陆时遇到轻微的跳跃，那么在下一次接地时必须保持对侧风的修正。由于随后接地时速度更低，因此需要更大的坡度来修正偏流。

在有侧风的情况下发生跳跃要格外小心。经验不足的学员此时通常都会忘记对侧风进行修正。当飞机的一侧主轮接地后，另一侧主轮随后也会接地，机翼将变水平。当飞机跳跃时，如果没有对侧风进行修正，飞机将会随风滚转，从而使迎风面积变得更大，飞机的偏移会更快。

当跳跃较严重时，最安全的程序是立即进行复飞。禁止尝试再次落地。在保持方向控制的同时加满油门，调整飞机到正常的爬升姿态。即使飞机有可能下降并再次跳跃，也应该继续执行复飞程序。严重跳跃后尝试再次着陆是很不明智的，因为飞机在大姿态时空速降低非常快，在再次接地前很可能发生失速。

8.10.10　海豚跳

如果对着陆跳跃的改出不当，飞机会出现从机头开始的一连串像海豚跳起和俯冲的运动，这就叫海豚跳（图 8.37）。造成海豚跳的原因是接地时飞机姿态不正确，这通常是由于疏忽大意、看不清地面、配平不当或强迫飞机着陆引起的。

地面效应使升降舵的操纵性能变差，增加了上仰机头所需的操纵力。升降舵或平尾配平不够，可能导致接地时机头较低，从而造成海豚跳。

海豚跳也可能是由于速度控制不当而引起的。通常，如果进近速度太大造成飞机平飘，学员可能试图强迫使飞机落地，而飞机本身仍然有上升的趋势，此时，阵风、跑道上的撞击或者轻微的突然带杆都将使飞机再次升空。

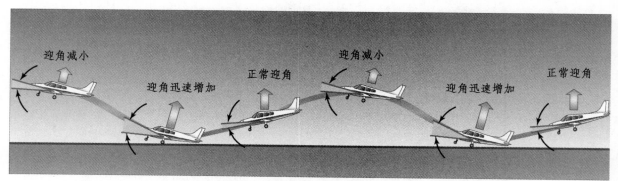

图 8.37　海豚跳

海豚跳的修正方法与跳跃的修正方法相同，并且同样取决于它的严重程度。如果程度比较小，并且飞机的俯仰姿态没有较大程度的改变，可以通过增加功率来避免飞机重着陆，同时柔和调节俯仰姿态到正常的接地姿态。

当海豚跳较严重时，最安全的程序是立即复飞。对于严重的海豚跳，飞机的俯仰摆动可能逐渐加剧，直到飞机前轮首先撞地，并且造成前起落架折断。学员试图通过控制飞机姿态和油门来改出严重的海豚跳时，很可能由于时机控制不当而使情况更糟。不要试图采取任何补救措施让飞机继续着陆。应该在保持方向控制的同时加满油门，调整飞机到正常的爬升姿态。

8.10.11　推小车

在起飞或着陆滑跑期间，如果使飞机的重量集中作用在前轮上，将会发生推小车（前轮承载超重）的现象。由于发生推小车时刹车失效，飞机会突然转向或绕前轮打转，从而失去方向控制，在有侧风时则更加明显。着陆滑跑时造成推小车，常见的原因之一是主轮和前轮同时以较大速度接地，着陆后又向前顶杆。通常，这种情况可以通过柔和地向后带杆来进行修正。然而，如果遇到推小车，在跑道和其他条件允许的情况下，建议立即复飞。如果建立并保持正确的着陆姿态，以正确的速度接地并在滑跑减速时柔和地放前轮，则不会发生推小车现象。如果学员决定留在地面不进行复飞或者如果已失去方向控制，那么应收光油门，并且柔和果断地向后带杆到正常的着陆姿态。为了获得更好的刹车效果，收上襟翼以减小升力，增加主轮的载荷。

8.10.12　重着陆

当飞机接地时，飞机的垂直运动速度应立即减为零。如果不提前减小飞机的垂直运动速度并缓冲接地的作用力，可能引起飞机的结构损坏。

采用充气轮胎、减振支柱和其他一些设备的目的，就是为了缓冲这个作用力并延长飞机垂直运动速度减小到零的时间。可以通过以下的计算来看缓冲的重要性：离地 6 英寸高的自由落体与以 340 英尺/分的速度下降的物体接地时产生的作用力大致相同。飞机垂直速率必须在零点几秒的时间内从 340 英尺/分减小到零，并且飞机结构不能有损坏。

在这段时间内，起落架与机翼升力必须抵消飞机的惯性与重量。随着飞机前进速度的减小，升力会迅速减小，而起落架上的作用力随着接地时的撞击而增加。当下降停止时，升力也几乎为零，起落架要独自承受飞机的重力和惯性。接地瞬间，起落架上所承受的载荷根据着陆的轻重而有所不同，但很容易就能达到飞机重力的 3 倍或 4 倍。

8.10.13　偏移中接地

在五边上，学员可能用航向法修正偏流。如果飞机在侧向移动的过程中拉平和接地，将导致起落架承受极大的侧向载荷，有可能引起起落架的结构损坏。

在初始飞行训练中，修正偏流最有效的方法是侧滑法。飞机在使用这种方法进近和接地的过程中，纵轴与跑道以及运动方向始终是一致的。

以下三种因素会引起飞机纵轴和运动方向不一致：偏流、偏航修正或两者的组合。

如果在侧风着陆中学员修正偏流不够，主轮胎面将提供阻碍飞机相对道面侧向运动的摩擦力，飞机的侧向运动速度会突然减小，从而出现惯性力（图 8.38）。这将使飞机在主轮接地时有翻转或倾斜的趋势。如果上风面翼尖被这个力矩抬

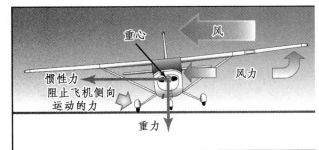

图 8.38　偏移接地

起，飞机所有的重力和着陆的冲击力会全部作用在一个主轮上，这将引起其结构损坏。

侧风不仅有抬升机翼的作用，同时也会作用在主轮后的机身表面，使飞机向风的来向偏转，这经常会导致打地转。

8.10.14 打地转

打地转是飞机在地面运行时产生无法控制的转弯，可能在滑行或起飞时发生，尤其是在着陆滑跑期间。偏流或侧移可能造成方向的偏转，但不是总会导致打地转。方向舵使用不当，地面不平或部分软跑道阻碍一侧主轮时都可能引起飞机转向。在任何情况下，不管飞机是前三点式还是后三点式，初始的转向都可能导致飞机打地转（图 8.39）。

前三点式飞机在一定程度上比后三点式飞机不容易发生打地转。因为前三点式飞机的重心位于主轮之前，不管何时出现偏转，作用在重心上的离心力都能起到阻止飞机偏转的作用。

如果飞机在偏移时接地，学员应该向上风面压盘阻止滚转，同时蹬舵阻止飞机偏转。只有在方向舵不能够满足需要时，才使用刹车修正转弯或偏转。使用刹车修正时必须谨慎，因为这很容易导致操纵过量并加剧飞机偏转的趋势。

应使用在下偏机翼侧（转弯外侧）的刹车来阻止飞机偏转。当机翼接近水平时，必须保持滑跑方向直到飞机减速到滑行速度或停止。

对于前三点式飞机，打地转几乎都是由推小车引起的。学员必须意识到即使前三点式飞机比后三点式飞机更不容易发生打地转，但是实际上每种类型的飞机包括大型多发飞机，在操纵上出现很大的偏差时都可能出现打地转。

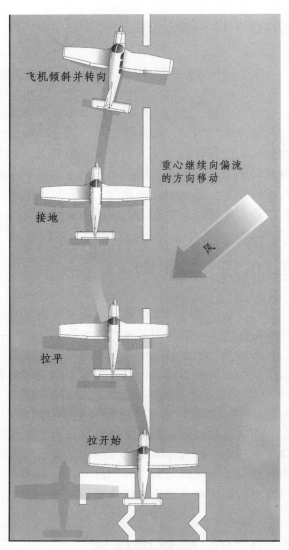

图 8.39 打地转的开始

8.10.15 接地后机翼上偏

侧风条件下着陆时，着陆滑跑中可能发生机翼上偏的情况。无论方向是否可控，机翼上偏都可能发生，它主要取决于侧风的大小以及修正侧风的动作量。

飞机在侧风条件下滑跑时，侧风在上风面机翼形成的力会比下风面机翼更大，这造成了两机翼之间的升力差。而且，随着上风面机翼上偏，其迎角也将增加，导致上风面机翼升力增加，因此飞机会向下风面方向滚转。

当这两个因素的影响足够大时，即使方向可控，上风面机翼也可能抬起。如果不进行修正，上风面机翼可能将抬起过高，从而造成下风面机翼擦地。

着陆滑跑时，当机翼开始上偏，学员应该立即增大机翼上偏一侧的压盘力，并继续保持方向。

压盘越早，效果越好。在采取修正动作前，机翼上偏越多，暴露在侧风中的机翼面越大，越会降低副翼的操纵效应。

8.11 滑 水

当飞机在有积水、泥浆或湿雪的污染道面上着陆时可能出现滑水的情况。滑水对飞机的地面可控性和刹车效应有严重的不利影响。滑水有三种基本类型：动态滑水、橡胶还原滑水和黏性滑水。这三种滑水都可能导致飞机在着陆滑跑过程中部分或全部失控。

8.11.1 动态滑水

动态滑水是相对高速的一种滑水，当跑道上至少有 1/10 英寸的薄水层时才可能发生。随着飞机速度和积水深度的增加，所积累的阻止水层移动的力也会增加，导致在轮胎下形成一个契形的水域。当到达某一速度，水压等于飞机的重量，此时轮胎就被抬起脱离跑道表面，这个速度称为动态滑水速度（Vp）。在这种情况下，将不能通过机轮控制方向，并且刹车失效。

动态滑水与胎压有关。在滑水测试中获得的数据表明，轮胎的最小动态滑水速度（Vp）是胎压平方根的 8.6 倍，胎压单位是 PSI（磅每平方英寸）。例如，一架飞机的主轮胎压是 24 磅，计算所得的动态滑水速度大约为 42 节。注意，上面计算的速度是开始动态滑水的速度，一旦出现滑水，可能持续到一个相当小的速度，这取决于滑水的类型。

8.11.2 橡胶还原滑水

橡胶还原滑水是在使用粗猛刹车导致"拖胎"时发生的。只有跑道上存在很薄的水层时才有可能形成这种滑水。

"拖胎"时轮胎产生巨大的热量会引起与跑道接触的橡胶还原到其原始状态。还原的橡胶在轮胎和跑道之间形成一个密封垫，并延迟水从轮胎下处流出。积水受热形成的水蒸气将轮胎托离道面。

如果在动态滑水时学员试图通过踩死刹车使飞机减速，之后通常会发生橡胶还原滑水。最终，飞机减速至轮胎与道面相接触，这时飞机就发生了橡胶还原滑水。这种滑水的补救方法是松开刹车，让机轮重新旋转，然后使用中度刹车。橡胶还原滑水比较隐蔽，飞行员可能不知道它何时出现，并且滑水会持续到很低的地速（20 节或更小）。

8.11.3 黏性滑水

黏性滑水是由于水的黏性引起的。厚度不超过 1/1,000 英寸的薄水层就足以产生黏性滑水。由于轮胎不能渗水，就会在薄水层的顶部滚动。黏性滑水可以在速度比动态滑水低很多时发生，但前提是有光滑的道面，如沥青道面或由于飞机落地累积的覆盖有橡胶的接地区。这种道面的摩擦系数可能与湿冰道面的相同。

当遇到可能产生滑水的情况时，最好在带有防滑纹路的跑道上着陆。在保证安全的情况下使飞机以尽可能低的速度接地。当前轮接地后，应该使用中度刹车。如果发现飞机没有减速，则可能出现了滑水，应该带杆利用气动阻力来减速，直到刹车能起作用。

正确的刹车技巧也很重要。应该持续使用刹车直至打滑的临界点。在开始有打滑征兆时，飞行员应该松开刹车使机轮重新旋转。尽可能使用方向舵保持方向控制。在有侧风时，如果出现滑水，侧风不仅会引起飞机随风偏转，同时还会使飞机向下风面滑动。

9　性能机动

性能机动飞行是为了使学员的驾驶技术达到一个较高的水平。它能帮助学员分析作用在飞机上的力，培养学员精确控制飞机的良好操纵感觉、协调性、时机选择和注意力分配的能力。性能机动之所以称为"高级"机动，是因为学员只有在掌握了"一般"机动飞行中的空间定向和操纵感觉后，才能获得正确完成性能机动所需要的技巧。训练性能机动的一个重要作用是巩固学员的基本技能，从而使其能够处置在一般飞行中偶尔会遇到的一些特殊及无法预料的情况。

高级机动是以前学习过的基本机动飞行的变化或结合。高级机动与基本机动包含的飞行原理和技术是一样的，但要正确完成高级机动则需要更高的技能。因此，在高级机动飞行方面进步较慢的学员，很可能是由于缺乏一种或几种基本机动飞行技能。教员应该考虑在继续进行高级机动训练前，将高级机动的技术分解成一系列基本机动，以尝试弥补基本机动的不足。

9.1　大坡度盘旋

大坡度盘旋机动飞行的目的是在飞机接近其性能极限情况下，培养学员完成最大性能转弯时所必需的平稳性、协调性以及空间定向、注意力分配、操纵技术方面的能力。这种机动飞行的主要特点包括控制的平稳性、动作的协调性和准确性。

大坡度盘旋机动是指坡度在 45°～60° 之间，向任意方向的转弯。转弯过程中飞机基本会达到其最大转弯性能，同时作用在飞机上的载荷系数相对较高，飞机会产生坡度增大的趋势。由于飞机承受较大的载荷系数，所以在进行大坡度盘旋时的空速不能超过飞机的设计机动速度（V_A）。一般的大坡度盘旋的原则也适用于此机动，但在训练时应练习 360° 或 720° 大坡度盘旋（图 9.1）。

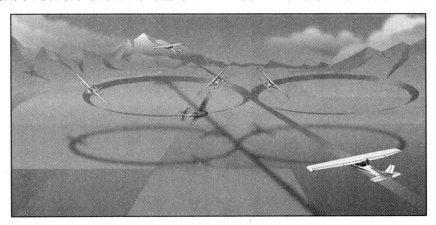

图 9.1　大坡度盘旋

飞机的最大转弯性能是指以最快的转弯率和最小的转弯半径转弯，它们都随空速和坡度的改变而改变。飞机的转弯性能受到发动机的功率、飞机的载荷系数极限（结构强度）和气动特性的限制。

载荷系数极限决定飞机的最大坡度，保持该坡度时飞机不会失速或超出飞机结构极限。对于大多数的小飞机，最大坡度为 50° ~ 60°。

学员应该清楚，当飞机的坡度超过 45°时，将有很大的附加载荷作用在飞机上。以 70°坡度进行协调转弯时，加在飞机结构上的载荷系数大约是 3G。大多数通用航空类型的飞机能承受的载荷系数为 3.8G。

无论飞机是何种类型以及转弯空速多大，如果转弯坡度一定，在保持高度不变的情况下，产生的载荷系数相同。学员必须明白，随着载荷系数的增加，失速速度也将显著增加——失速速度增加量与载荷系数的平方根成正比。例如，一架轻型飞机在平飞时失速速度是 60 节，当飞机的坡度为 60°时，失速速度接近 85 节。学员对此的观察和理解，对于进行所有需要转弯的机动飞行都是必不可少的。

由于转弯率相当大，在开始进行大坡度盘旋之前，学员应确认该区域内没有其他的飞机活动。在建立好制造商推荐的进入转弯速度或设计的机动速度后，应当柔和地压坡度至 45° ~ 60°。建立转弯后，应柔和地增加拉杆力以增大迎角。这将提供额外的升力来补偿载荷系数的增加。

在达到预定坡度后，学员会发现此时需要对升降舵施加相当大的力来保持水平飞行——保持飞机高度。由于杆力的增加，随着坡度的增加，载荷系数也迅速增加。附加的带杆力使飞机的迎角增加，并导致飞机阻力的增加。因此，必须增加发动机的功率以保持进入时的高度和速度。

最终，当坡度达到飞机的最大坡度时，也达到了飞机的最大性能或结构极限。如果超过了限制，飞机将承受过大的结构载荷系数，导致掉高度或失速。绝不能超过载荷系数极限，以避免出现结构损坏。

在转弯的过程中，学员不应该盯着某一个目标。为了保持高度及空间定向，需要清楚飞机机头、天地线、机翼的相对位置以及飞机坡度的大小。若学员在飞机转弯过程中仅仅注视机头，保持飞机高度就比较困难；相反，如果学员在转弯过程中注意观察机头、天地线、机翼，通常就能将飞机的高度变化控制在几英尺之内。如果飞机的高度开始增加或减少，可按需减少或增加带杆力。在此过程中，可能还需要调整发动机功率，以保持选定的空速。也可以小幅增加或减少 1° ~ 3° 的坡度以修正微小的高度偏差。所有的坡度改变都应协调地使用副翼和方向舵来完成。

飞机改出转弯应及时，这样当改平坡度时，航向刚好与转弯机动开始时的航向相同。在改出过程中，应逐渐减小带杆力，同时也应减少发动机功率，以保持高度和空速。

大坡度盘旋常见的错误：

- 没有确认该区域内是否有其他飞机活动；
- 进入和改出时俯仰变化过大；
- 改出时机偏早；
- 改出航向不准确；
- 改出时的蹬舵量太大，导致外侧滑；
- 发动机功率使用不当；
- 空速控制不当；
- 协调性较差；
- 右转弯时上升高度或左转弯时掉高度；
- 没有保持恒定的坡度；
- 失去空间定向能力；
- 试图参考仪表而不是目视进行机动飞行；
- 在机动飞行中没有扫视到其他飞行活动的情况。

9.2 急盘旋下降

这种机动飞行训练的目的是提高学员在空速控制、偏流修正、计划、空间定向和注意力分配方面的技术。急盘旋下降不仅是一种很有价值的机动飞行训练，而且在实际飞行中，通过绕某一选定点下降，可将其作为一种着陆前消失高度的方法，特别是在紧急迫降时。

急盘旋下降是一种恒定的下滑转弯，在此过程中，绕地面某一点的转弯半径应是恒定的，类似于绕地面参考点转弯。转弯半径对坡度的要求最多不能超过60°。在开始这种机动飞行前，飞机应有足够的高度，以使这种盘旋下降至少可以进行3个360°转弯（图9.2）。在离地面1,000英尺以下，不能继续进行这种机动飞行，除非是利用该机动进行紧急着陆的情况。

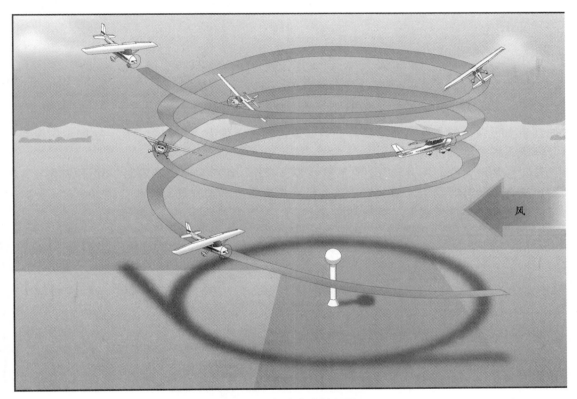

图 9.2 大坡度盘旋下降

在下滑时，长时间地将发动机设置在慢车状态，可能导致发动机过冷或火花塞积碳。应通过周期性地短暂地将油门前推至正常巡航功率位来避免这些情况，同时通过调整俯仰姿态保持空速恒定。如果能在逆风的情况下进行这种操纵则更好，因为可以减小地速和转弯半径的变化。

在油门收到慢车位并建立好下滑速度后，就应当开始盘旋下降，并绕地面某个点保持半径恒定。在此过程中也需要修正风，在顺风时增大坡度，在逆风时减小坡度，就像绕地面参考点盘旋机动一样。在盘旋下降的过程中，学员应根据不同高度下风的方向和速度，相应地调整坡度以保持转弯半径不变。

在整个机动飞行过程中，应保持空速不变。若空速发生变化，将会导致转弯半径和转弯坡度发生较大的改变。在顺风阶段时，坡度越大，保持预定空速需要的机头下俯量越大；在逆风侧，因为坡度变小，必须增大姿态以保持预定空速。在盘旋时必须进行这种调整，因为空速会有随着坡度变化而改变的趋势。

在练习此机动飞行时，学员应先进行三圈转弯，然后向某一指定的目标或航向改出。在改出的过程中，稳定性很重要，学员必须非常协调地进行操纵以使飞机在恢复直线滑翔时空速不变。

急盘旋下降机动飞行时常见的错误：

- 没有确认该区域内是否有其他飞机活动；
- 未能保持空速恒定；
- 协调性差，导致飞机产生侧滑；
- 对偏流的修正不当；
- 操纵不协调，导致恢复直线滑翔时空速发生变化；
- 未能观察到其他飞机的活动；
- 未能保持空间定向。

9.3 急上升转弯

这种机动飞行训练的主要目的是培养学员在最大性能条件下飞行的协调性、空间定向能力、计划能力以及操纵飞机的准确性。

急上升转弯是最大性能爬升转弯，它从直线平飞开始，然后在完成精确的 180° 转弯后，飞机保持最小操纵速度直线爬升时结束（图 9.3）。这种机动需要飞机达到其最大性能，使飞机在不失速的前提下以给定的坡度和功率设置获取尽可能多的高度。

图 9.3　急上升转弯

由于气象条件的变化会影响飞机所能获得的高度，操作的熟练性不仅仅由飞行高度的增加来决定，当飞机要进行动力及倾斜飞行时，由学员所表现出来的总体飞行技巧也能判定。

在开始急上升转弯前，襟翼和起落架（如可收放）应位于收上位，发动机功率设置到巡航状态，确保飞机的后方和上方区域没有其他航空器。进行机动时，应从直线平飞（或小角度俯冲），并以不高于制造商推荐的最大进入速度开始，进入速度一般情况下不高于飞机的设计机动速度（V_A）。

在建立合适的空速并设置好发动机功率后，柔和地进入协调转弯。所使用的坡度由机型决定，通常不超过 30°。在建立合适的坡度后，以固定速度柔和带杆增加姿态开始上升转弯，并在转弯完成 90° 时获得最大的俯仰姿态。对于定距螺旋桨飞机，开始爬升时应使用全油门，但为了避免螺旋桨超转，应逐步推油门杆至最前位；对于恒速螺旋桨飞机，发动机的功率可以设置在正常巡航位。

坡度形成以后，在完成 90° 转弯之前应保持其恒定不变。尽管在这种爬升转弯过程中坡度应该是固定的，但如果不加控制，坡度会有增大的趋势。

飞机从初始航向转过 90° 后，应开始以恒定的速率改出坡度，同时保持俯仰姿态不变。由于在改出过程中坡度不断减小，升力的垂直分量在此过程中会有微小的增加，因此必要时应当稍微松杆，以避免机头上仰。

当完成 180° 转弯且机翼水平时，应通过外界参考物和地平仪的指示来判断飞机的俯仰姿态。当飞机处于最小可操纵速度时，应短暂地保持姿态，然后柔和地减小俯仰姿态，转入直线平飞。

由于在此机动飞行过程中，空速会不断减小，螺旋桨效应越来越明显。因此，应当逐渐增加右舵量，保证飞机协调和保持转弯率不变。学员应通过对所施加操纵力的感觉和转弯侧滑仪的小球偏转情况来保持协调飞行。

向左急上升转弯的改出需要下偏左侧副翼（右压盘），以使左侧机翼上偏。这会导致左侧副翼的阻力比右侧副翼的阻力大，从而使飞机有向左偏转的趋势；此时空速比较低，螺旋桨效应会使飞机向左偏航的趋势变大。因此，存在两种力使机头向左偏转：副翼阻力和螺旋桨效应。为了保持协调飞行，在改出坡度的过程中应有相当大的右蹬舵量，以克服副翼阻力和螺旋桨效应。

向右急上升转弯，当向左压盘开始改出时，右侧副翼下偏。这会导致右侧副翼的阻力比左侧副翼的阻力大，从而使飞机有向右偏转的趋势。同时，螺旋桨效应使飞机有向左偏转的趋势。这样，副翼阻力使飞机机头向右，螺旋桨效应使飞机机头向左，两种力互相中和。如果蹬左舵过多，将导致改出时不协调。

由于副翼阻力和螺旋桨效应有相互中和的趋势，向左滚转改出时，通常几乎不用蹬左舵就可以完成。适当减少用于修正螺旋桨效应的右舵量与蹬左舵的效果是一样的。当机翼回到水平状态且副翼回到中立位时，副翼阻力就消失了。因为此时空速较低，发动机的功率较高，螺旋桨效应就变得更加显著，必须继续蹬舵进行控制。

向左的滚转改出主要通过压盘来实现。在改出的过程中，右蹬舵力应逐渐减小，左舵只有在为了保持协调转弯时才会使用。即使在机翼水平而且不需要压盘时，也必须保持右蹬舵力以抵消螺旋桨效应。

急上升转弯过程中常见的错误：

- 未确认该区域内是否有其他飞机活动；
- 初始坡度太小，导致飞机失速；
- 初始坡度太陡，导致飞机未能获得最大性能；
- 在建立初始坡度后，未能阻止坡度增大的趋势；
- 在转过 90° 后，未能开始改出坡度；
- 在第二个 90° 转弯进行坡度改出的过程中，飞机抬头；
- 在转弯达到 180° 前，飞机已提前改平；
- 改出中姿态过小，导致空速过大；
- 操纵粗猛；
- 协调性不好（导致外侧滑或内侧滑）；
- 在机动过程中失速；

- 大坡度盘旋，而不是爬升；
- 未能观察到其他的飞行活动；
- 试图通过参考仪表进行机动而不是目视。

9.4 懒 8 字

懒 8 字机动飞行是通过较大范围的空速和高度变化，并能够以预定的高度和空速到达某一精确点，来培养学员良好的协调操纵能力。懒 8 字机动飞行过程中，在飞机允许的整个性能范围内，进行下降、爬升和转弯这三种飞行状态的组合。这是唯一一种在整个飞行过程中任何时刻的操纵力都不同的标准机动飞行训练。

懒 8 字这种机动飞行训练有很大的价值，因为它需要不断改变操纵力和飞行姿态。这些力必须始终保持协调操纵，因为在此过程中不仅有坡度、下降、爬升组合的变化，而且空速也在不断改变。这种机动飞行可以帮助培养学员的下意识感觉、计划能力、空间定向能力、协调性以及速度感觉。不能机械地进行懒 8 字飞行，因为完美的协调飞行需要的控制力永远是变化的。

这种机动飞行的得名源于飞机的飞行轨迹描绘成一个侧躺着的 8 字（懒 8 字）（图 9.4）。

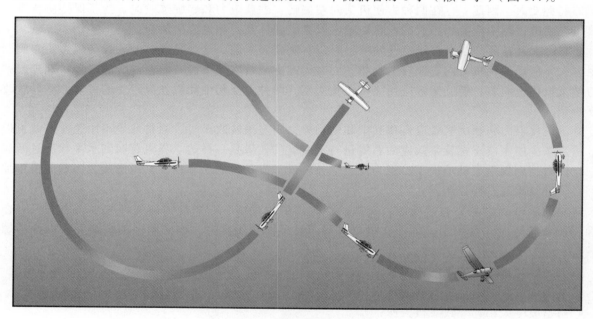

图 9.4 懒 8 字飞行轨迹

懒 8 字飞行包含两个反向的 180° 转弯，在每个 180° 转弯中，都进行一个对称的爬升和下降。在整个懒 8 字飞行中，没有直线平飞；相反，飞机应直接从左（或右）坡度变化到反向坡度，仅仅在完成每个 180° 转弯的瞬间机翼才会水平。

为了有助于在每次转弯时形成对称的环状 8 字形，应在天地线上找一些明显的参考点。应选取和进入机动时的航向成 45°、90° 和 135° 上的点作为参考点。

在进行懒 8 字飞行之前，应确认飞机后方和上方区域内没有其他飞行活动。这种机动飞行应从直线平飞进入，平飞时的功率为巡航状态，空速为制造商推荐的空速或飞机的设计机动速度。

这种机动飞行从水平飞行开始，并逐渐爬升转弯至与参考点成 45° 的方向。这种爬升转弯应该按计划进行，控制飞机在 45° 参考点时达到最大的俯仰角。滚转速率不应太大，不能造成飞机的转弯率过大。随着飞机抬头，空速减小，会导致转弯率增加。由于坡度也在增大，也会导致转弯率增加。进行机动的初始滚转速率应较慢，否则，俯仰姿态和坡度的增加会导致转弯率增加过快，以至于在到达 45° 参考点之前飞机就达到了最大俯仰姿态。

在 45° 参考点，飞机的俯仰姿态应最大，且坡度要继续增加。同时，在 45° 参考点，应朝着地平线和 90° 参考点方向逐渐减小飞机的俯仰姿态。由于空速在继续减小，应该蹬右舵以抵消扭矩的影响。

随着朝 90° 参考点方向下俯机头，需要继续增大坡度。由于空速减小，需要一点反向压盘力以避免坡度过大。当飞机完成 90° 转弯时，飞机的坡度应达到最大值（大约 30°），空速应在此时达到最小值（高于失速速度 5 ~ 10 节），飞机的俯仰姿态为 0°。此时若假想从飞行员的眼睛沿飞机纵轴方向存在一条直线，这条线应经过 90° 参考点。

在做懒 8 字飞行时，飞机的坡度通常不超过 30°。若使用更大的坡度，则操纵的感觉和技术上的要求要高得多。

飞行员在此参考点时不能停顿，应继续使飞机进入下降转弯，以便飞机机头在天地线以下划过与上述轨迹相同尺寸的航迹。当飞行员的参考线通过了 90° 参考点后，应逐渐减小坡度，并继续下俯机头。当飞机到达 135° 转弯点时，机头应处于最低的俯仰姿态。在这个下降转弯的过程中，空速增加，所以必须逐渐减小蹬舵力和压盘力，同时抬高机头并将机翼转为水平。在这些都完成后，飞行员应注意剩余的转弯量并调整改出速率和俯仰姿态的变化速率，以便在到达 180° 参考点时飞机刚好以机翼水平和进入时的空速平飞。在 180° 参考点到达机动开始的高度时，飞行员应马上朝着选定参考点进行相反方向的爬升转弯，以完成与"8"字的前半部分操纵方法相同的另一半"8"字（图 9.5）。

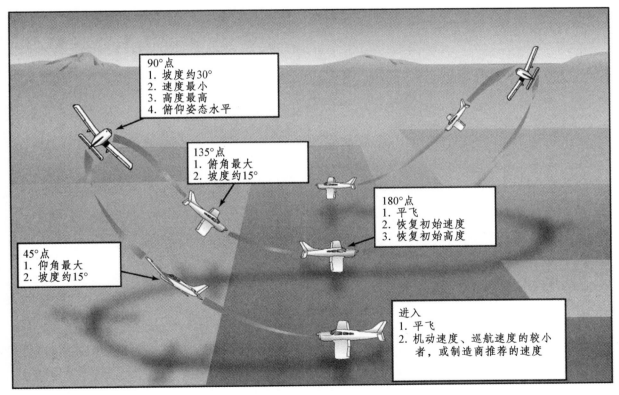

图 9.5　懒 8 字飞行技术

随着空速的不断减小，在 8 字顶端左转和右转时都要逐渐增大蹬右舵的力，以抵消扭矩。在空速最低点对应的蹬舵力最大。

右转弯上升时需要的右蹬舵力比左转弯时要大，因为需要更多的力矩克服扭矩效应以免偏航造成转弯率减小。在左转弯爬升时，扭矩效应会使飞机更容易转弯，所以需要的蹬舵力也比较小。应当注意，在右转弯爬升时，可能有反向操纵，因为需要向左压盘防止转弯过快，同时需要右蹬舵克服扭矩效应。

懒8字飞行中，正确的功率设置方法是，能在8字形上升和下降中保持恰当的速度和高度。若使用过大的功率，飞机在完成机动飞行后，飞行高度将上升；若设置的功率过小，飞机将掉高度。

在执行懒8字飞行中常见的错误：

- 未确认该区域内没有其他飞机活动；
- 用机头或者发动机的整流罩顶端代替飞机纵轴，从而导致飞行路径的不对称；
- 观察飞机，而不是参考点；
- 计划不充分，导致轨迹顶端位置不正确；
- 操纵过猛，通常是由于试图弥补计划的不足；
- 在完成每个8字形飞行后，一直增加或降低高度；
- 飞行轨迹的对称性差；
- 让飞机从飞行路径的最高处自动"掉"下来，而不是通过机动飞下来；
- 出现外侧滑或（和）内侧滑；
- 未能注意观察其他的飞行活动。

10 夜间飞行

10.1 夜间视觉

大多数飞行员对夜间视觉的知识的了解比较贫乏。人在夜间看东西不像夜行性动物那样有效。但是，如果了解了人眼的局限性并学会如何正确使用眼睛，夜间视觉能力就能显著提高。有几方面原因决定人眼在经过训练以后才发挥更好的效果。

原因之一就是，大脑和眼睛需要相互合作才能使人看得更清楚；这两者都必须有效地加以利用。眼睛的结构决定了夜间使用眼睛和白天不同。因此，了解眼睛的结构以及黑暗对眼睛的影响是十分重要的。

所有的影像都聚焦在眼睛后部的视网膜上。视网膜上有无数的感光神经，称为"视锥细胞"和"视杆细胞"。这些神经与视觉神经细胞相连，将视觉信息直接传递到大脑。视锥细胞位于视网膜的中心，视杆细胞环绕在视锥周围（图10.1）。

视锥细胞的功能作用是感知颜色、细节以及远方物体。当观看某些外围视野的物体时，视杆细胞就会发挥作用。它们能感知物体，尤其是那些正在运动的物体，但只能观察到灰色的阴影，不能感知物体的细节和颜色。在白天，视锥细胞和视杆细胞同时发挥作用。

夜间视觉主要依靠视杆细胞来进行。无论在白天还是夜间，视杆细胞和视锥细胞都能起作用，但在光线较暗的情况下，人类夜间视觉的处理几乎完全依赖视杆细胞。

视杆细胞分布于视锥细胞周围的环带上，而且不在瞳孔的正后方，这使得夜间飞行时需要采用偏离中心观察法（将所观察的物体放在视线中心旁边）。在白天，直视物体能够看得最清楚，但在夜间，通常建议偏离物体 5 ~ 10° 做缓慢扫视。因此，飞行员应该有意识地练习这种扫视方法，以提高夜间观察能力。

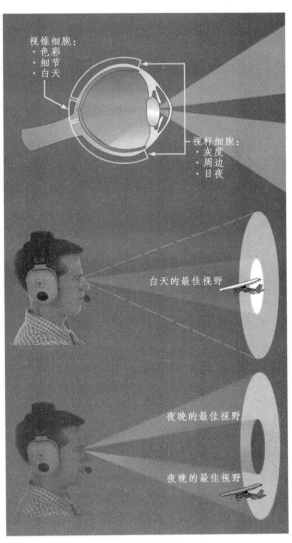

视锥细胞：
· 色彩
· 细节
· 白天

视杆细胞：
· 灰度
· 周边
· 日夜

白天的最佳视野

夜晚的最佳视野

夜晚的最佳视野

图 10.1 人眼的视觉

夜间视觉的另外一个重要方面是眼睛对黑暗环境的适应。当进入一间黑暗的房间时，在眼睛适应黑暗之前是很难看清任何东西的。在这一适应过程中，眼睛的瞳孔首先会放大以接收尽可能多的光线。5~10分钟后，视锥细胞适应了暗淡光线，眼睛对光的感应将会比刚进入黑暗房间时灵敏100多倍。对视杆细胞来说，要适应黑暗需要的时间更长，大约30分钟，当视杆细胞全部调整好之后，对光的感应比在明亮区域灵敏大约100,000倍。在眼睛完全适应黑暗之后，能够看到更多的东西，特别是在运用了正确的观察方法以后。

在眼睛适应黑暗之后，如果回到明亮的环境中，整个过程就会反过来。最初会因为光亮而感到炫目，但眼睛在短短几秒钟就能完成调整，同时也失去了对黑暗的适应性。此时，如果又进入黑暗的环境，眼睛再次需要很长一段时间才能完成暗适应的过程。

在夜间飞行前和飞行期间，飞行员必须考虑眼睛的暗适应过程。首先，应该让眼睛适应暗光，然后保持这种环境。在适应黑暗之后，飞行员应避免眼睛暴露在强烈的白光之下，那会导致暂时失明，并可能引起严重的后果。

由强光引起的暂时失明可能引起错觉或产生余象。此时眼睛将错误的感知传送给大脑，使大脑产生错觉。这将导致判断失误或错误地识别目标，比如将倾斜的云层误认为天地线，或将人口稠密区误认为着陆区。眩晕表现为目眩和失衡，它们能够引起或加重错觉。这种错觉在感知上是非常真实的，无论飞行员经验是否丰富、飞行技能好还是不好，他们都可能受其影响。在夜间飞行时，最好的保护措施就是预先认识到大脑和眼睛有可能在这些情况下产生错觉。

良好的视力取决于人的身体状况。疲劳、感冒、维生素缺乏、酒精、兴奋剂、吸烟或者药物都可能严重削弱视力。牢记这些影响因素并采取适当的预防措施应该能够保护夜间视力。

下列几点将有助于提高夜间视力：

- 飞行前让眼睛适应黑暗并保持这种适应性，强光照射后，眼睛大约需要30分钟来完成暗适应的过程；
- 如果有氧气可用，可以在夜间飞行时使用。当座舱高度达到5,000英尺，夜间的视力就会明显下降；
- 受到强光照射时闭上一只眼，有助于避免暂时失明的影响；
- 日落之后不要戴太阳镜；
- 视线移动应比白天更缓慢；
- 当视线变得模糊不清时眨眼；
- 观察物体时集中注意力；
- 有意识地使用偏离中心观察法扫视；
- 保持良好的身体状况；
- 避免吸烟、饮酒和服用可能有害的药物。

10.2 夜间错觉

除夜间视觉的局限性以外，飞行员应认识到，夜间错觉可能引起混淆和焦虑。下面的讨论涵盖了一些夜间飞行时可能导致错觉的常见情况。

在晴朗的夜晚，远方静止的灯光可能被误认为是星星或其他航空器，甚至北极光也可能被飞行员误认成地平线。某些几何形状的地面灯光，如高速公路灯光、跑道灯光、进近灯光，甚至行驶中的火车灯光，都可能引起混淆。黑夜使目视观察天地线变得困难，因此，飞行员在夜间飞行时应更少地依赖外部参照物，更多地借助飞行仪表和导航仪表。

在黑夜，飞行员盯住单一光源几秒钟就会产生自主运动错觉，其结果是该光源将出现虚假的运动状态。如果飞行员扩大视野，就不会出现自主运动错觉。预防方法是不把视线固着在某一光源。

驾驶舱中闪烁的灯光、防撞灯、频闪灯或其他灯光都可能导致飞行员注意力不集中，并可能引起闪光性眩晕。如果持续影响，飞行员可能出现恶心、头晕、嗜睡、意识不清、头痛等反应。飞行员应尽量关闭驾驶舱内所有可能引起暂时失明或闪烁性眩晕的光源。

当飞机在水面上或无照明的陆地上进近，仅有跑道灯作为唯一光源时，会出现"黑洞"进近效应。没有周边目视参照物的帮助，飞行员在判断自己与地面的相对位置时会比较困难。跑道像是脱离了原位置（向下倾斜或向上倾斜），严重时将导致着陆时跑道长度不够。进近中应该尽量使用盲降系统的下滑道或目视进近下滑指示器（VASI）。如果没有可用的助航设施（NAVAIDs），当使用飞行仪表来帮助定向和维持正常进近时应当提高注意力。任何时候如果飞行员不能确定飞机的位置或姿态，应立即复飞。

跑道和进近灯光系统比较亮，而周边地形几乎没有灯光照明时，可能产生距离跑道较近的错觉，这容易造成进近高度偏高。而在光源较少的地区飞行时，将产生跑道后退或距离跑道较远的错觉，这时，容易造成进近高度偏低。如果在跑道远处较高的地方有城市，进近高度有可能过低。开始进近前，对机场和周边地形图进行较详细的查阅有助于飞行员保持安全的进近梯度。

由跑道灯光引起的错觉会带来各种各样的问题。明亮的灯光或显眼的色彩会使跑道更突出，看起来离飞机更近。

夜间着陆所要求的技术比昼间更加复杂，在夜间，判断距离和高度更加困难，还可能分不清进近灯光和跑道灯光。例如，当双排进近灯与跑道边灯相连时，飞行员就可能分不清进近灯光在何处终止、跑道灯光从何处开始。在某些特定情况下，进近灯光使飞行员感觉四转弯时飞机看起来比不带坡度时高度更高。

10.3 飞行员装备

夜间飞行前，要仔细检查机上的个人设备，确保其在飞行期间已准备好并可用。建议至少配备一支可靠的手电筒作为夜间飞行的标准装备。记住在飞行箱中放一套备用电池。最好有一支使用两节5号电池且能转换选择白灯或红灯的手电筒。白灯用于飞机飞行前的目视检查，红灯用于驾驶舱操作。由于红光为非眩光，不会对夜间视力产生不良影响。有些飞行员更喜欢用两支手电筒，一支是用于飞行前的白光手电筒，另一支是笔形红光手电筒，后者可用细绳挂在脖子上，以确保随时可用。要注意的一点是，如果用红光阅读航图，图上的红色部分将不能显示。

航图是夜间转场飞行的必备资料，如果预定航线在航图的边缘附近，则还需要准备邻近区域的航图。夜间飞行时，可以在相当远的距离外看见城市和乡镇的灯光，如果没有邻近区域的航图来帮助识别这些地标，就可能出现混淆。

除了使用设备外，机组资源管理也可以减轻飞行员的负担，并增强安全性。

10.4 飞机设备与照明

民航法规 CCAR-91 中详细说明了夜间飞行所需的最低飞机设备。该设备只包括基本的仪表、灯光、电源以及备用保险丝。

在 CCAR-91 部条件下进行仪表飞行所要求的标准仪表对航空器的夜间操纵是极其重要的。飞机必需的灯光设备包括防撞灯光系统，防撞灯光系统包括闪烁或旋转的信标灯以及航行灯。飞机航行灯的布局与船舶类似，红灯位于左翼尖，绿灯位于右翼尖，白灯位于机尾（图 10.2）。

这种布局使飞行员在飞行过程中能够判断其他飞机运动的大致方向。如果飞行员在飞机上观察到另一架飞机的红灯和绿灯，则两架飞机正相对飞行，可能造成飞机相撞。

着陆灯不仅用于滑行、起飞和着陆，在夜间飞行时还能使飞机更易被其他飞行员发现。这就是为什么在飞行程序中建议飞行员"亮灯操作"的安全程序理念。"亮灯"的目的是增大"发现与被发现"的概率，以预防空中、地面冲突，并减少潜在的鸟击危险。推荐飞行员在机场 10 英里范围内打开所有的着陆灯。这既适用于白天，也适合于夜晚或能见度降低的情况，还适用于可能有鸟群出没的地区。

图 10.2　航行灯

虽然打开飞机灯光有助于"发现与被发现"，但飞行员不应放松对其他航空器的观察。在夜间，大多数飞机灯光会混杂在星光或城市灯光里而不易被发现，飞行员必须认真观察，加以区分。

10.5　机场和导航灯光助航系统

夜间用于机场、跑道、障碍物和其他目视辅助设施的灯光系统是夜间飞行的另一重要保障。

远离繁华地区的有灯光设备的机场，在夜间可以很容易地通过跑道轮廓灯光进行识别。在大城市附近或大城市里的机场，通常很难从大量的灯光中识别出来。重要的是，不仅要知道机场相对城市的准确位置，而且还要能够通过它们的灯光系统布局特点来识别这些机场。

航空灯光系统被设计和安装成各种各样的颜色及形状，每种设计都有各自的用途。一些灯光仅在低云和低能见度情况下使用。我们在这里只讨论目视飞行规则（VFR）下夜间操作所必需的基本灯光。

在夜间飞行前，尤其是夜间转场飞行前，飞行员应该核实目的地机场灯光系统是否可用及其状态。这些信息能在航图和航行资料中找到。各个设施的状态可通过查阅相关的航行通告（NOTAMs）来确定。

大多数机场的位置通过旋转的信标灯来指示。信标灯以恒定的速度旋转，产生以一定间隔连续闪烁的灯光效果。这些闪烁的灯光通常由一种或者两种不同的颜色来识别不同类型的着陆区域。

红色闪烁的障碍物灯用于指示障碍物或有可能对飞行导航造成危害的地区。常亮的红灯用来指示机场内或机场附近的障碍物，有时也作为航线上障碍物灯的一种补充。高亮度的闪烁白灯用来指示横跨河流、深沟、峡谷的架空输电线路的支撑杆塔。这些高亮度的灯也用于标识高大建筑物，如烟囱和塔。

随着航空技术的发展，跑道灯光系统变得相当复杂，以适应多种气象条件下的起飞和着陆。但是，仅限于 VFR 飞行的飞行员只需了解下列基本的跑道和滑行道灯光系统。

基本的跑道灯光系统包括两排平行的跑道边灯，它们确定了跑道的侧向边界。这些灯都是白色的，但距跑道尽头 2,000 英尺范围内有可能用黄色代替以表示警示区域。在有些机场，跑道边灯的强度可进行调节，以满足飞行需要。跑道的长度边界由跑道头横向排列的灯组来确定。在有些机场，跑道入口灯为绿色，而跑道尽头的灯为红色。

在许多机场，滑行道也有灯光系统。滑行道边灯系统由蓝灯组成，它们标识出可用的滑行道边界。

10.6　飞行前准备

在夜间飞行时，飞行员需要清楚自己的能力局限。周密地进行飞行计划对每次飞行来说都是必要的，但夜间飞行要求更加注意飞行前的准备和飞行计划的细节。

夜间飞行前应该详尽查阅可用气象报告和预报，特别是温度露点差。温度露点差较小表明容易产生辐射雾等影响飞行的天气。还应重点关注风向和风速，因为与白天相比，风在夜间对飞机的影响不易被察觉。

夜间转场飞行时，应选用合适的航图，包括邻近区域的航图。航线应该用黑色勾画出来以便于在夜间识别。

沿预定航线上有显著灯光设备的检查点应该作标记。障碍物、城市或乡镇的灯光以及主要道路的灯光等都是非常好的目视检查点。正确使用无线电助航设备和通信设备，能够使夜间飞行更加安全、高效。

飞行前应检查所有夜航装备都能正常工作。若在需要的时候才发现它们（比如手电筒）不能使用，会使飞行员措手不及。

应该检查所有的飞机灯光（短时打开以检查其工作情况），可以通过轻轻敲打航行灯的灯座来检查其接线是否松动。如果敲击时灯光出现闪亮，应做进一步的检查以查明原因。

飞行前检查时应查看停机坪状况。在夜间，很难发现梯子、地上的凹坑、轮挡以及其他障碍物或停机坪上的外来物，飞行前对停机坪状况的检查可以预防地面事故的发生。

10.7　启动、滑行和暖机试车

飞行员在驾驶舱准备的时候，应该整理飞行要用到的所有物品和资料，将它们放在容易拿到和便于使用的位置。

在夜间，需要格外注意确保螺旋桨区域没有任何障碍物和外来物。在发动机启动前打开防撞灯的目的是警告飞机附近的人员发动机即将启动，提醒其远离螺旋桨区域。为避免消耗过多的电瓶电量，建议在发动机启动前关掉不必要的电气设备。

发动机启动后，在滑行前应该打开滑行灯，如果有必要也可以打开着陆灯。在滑行时，发动机设置在小转速的情况下，长时间使用着陆灯可能使电气系统负荷过大。同时，由于没有足够的空气带走热量，进行冷却，也可能造成着陆灯过热。使用着陆灯时应该防止影响其他飞机上的飞行员，着陆灯仅在有必要时使用。夜间滑行时，应严格控制滑行速度，按照滑行路线滑行，如果在停机坪或滑行道上有滑行线，就应该严格按照滑行线滑行。

在执行启动、滑行、暖机试车程序时应该使用检查单。在白天，飞机向前的滑动很容易被发现；

但在夜间，如果飞行员没有保持足够的警觉，很可能发现不了飞机的滑动。暖机试车期间除了设置停留刹车外，还应踩住刹车踏板，并随时注意飞机是否向前滑动。

10.8　起飞和爬升

夜间飞行与白天飞行差异很大，需要飞行员更加集中精力，最明显的差别就是机外可用的目视参照物有限。因此，飞行员应该更多地参考仪表来控制飞机，在夜间起飞和爬升的过程中更是如此。驾驶舱灯光应该调至一个较低的亮度，此时，飞行员既能看清仪表指示和开关位置，又不妨碍飞行员对外观察，同时也能减少风挡上的灯光反射。

在确定五边和跑道上没有其他飞机，并且塔台准许起飞后，应该打开着陆灯和滑行灯，并将飞机对准跑道中心线。如果跑道没有中线灯，则利用跑道中心线和跑道边灯保持方向。在飞机对准后，应检查或设置航向指示器与跑道方向一致。开始起飞时，松开刹车，柔和加油门到起飞功率。在飞机加速时，应当保持飞机处于跑道边灯之间并与之平行，直线起飞。

除了缺少一些目视参考以外，夜间起飞和白天起飞所使用的程序是一样的。夜间起飞时应该注意检查仪表以确保飞机获得正确的姿态、航向以及空速。当空速达到正常的离地速度时，带杆建立正常的上升姿态，此时需要参考跑道灯光，同时参考仪表指示（图 10.3）。

图 10.3　建立正上升率

离地后，夜间的黑暗使得飞行员难以确定飞机是上升还是下降。为确保飞机以正上升率上升，必须保证地平仪、升降速度表（VSI）和高度表指示上升。保持最佳的上升速度也很重要。

俯仰和坡度的调整需要参照地平仪和航向指示器来完成。建议在达到机动安全高度前不要转弯。

着陆灯为起飞提供了帮助，但随着飞机爬升，光束不再能够照射到地面，此时着陆灯将不再起作用。在爬升中，如果遇到霾、烟或者雾，灯光被它们反射后会引起畸变。因此，当飞机完全建立爬升姿态，并且不需要用着陆灯来防撞，就可以按照程序将其关掉。

10.9　定向和导航

一般来说，在夜间，特别是在漆黑的夜晚或满天云情况下飞行时，飞行员很难看清云层，并且不易对低能见情况作出及时的判断。在 VFR 下飞行的飞行员必须谨慎操作以免飞进云层或雾中。通常来说，遇到低能见情况的第一个现象就是地面灯光逐渐消失。如果灯光周围呈现光晕或辉光，则表示地面有雾，飞行员在试图保持方向继续飞行时应该谨慎。如果为了着陆必须穿过雾、烟或霾下降，水平能见度会比垂直能见度小很多。在任何情况下，都不能在恶劣或边缘气象条件下进行 VFR 夜间飞行，除非飞行员和航空器都符合仪表飞行规则（IFR）条件下运行的要求。

飞行员应提高平飞、爬升和下降、水平转弯、爬升转弯和下降转弯以及大坡度转弯等能力，还应练习不正常姿态的改出，但只能在有教员带飞的前提下进行。飞行员还应在驾驶舱灯光全关闭的情况下练习这些机动程序。如果飞行员遇到电气或仪表灯光失效的情况，就会发现这种练习是非常有用的。训练还应该包括使用导航设备和助航设备（NAVAIDs）。

如果预先计划充分，并且飞行员能够持续监控位置、预计时间和燃油消耗等，即使只有很少的参照物或检查点，夜间转场飞行也不会遇到特别的困难。如果助航设备（NAVAIDs）可用，应该使用它们来辅助监控航路飞行进程。

单发飞机在夜间飞越大片水面时会存在潜在的危险，不仅因为在水上着陆（迫降）比较危险，而且由于灯光很少甚至没有任何灯光可以参考，地平线会与水面混为一体。在这样的情况下，判断高度和位置都变得很困难。在水面上恶劣的能见度情况下，地平线变得模糊不清，可能导致失去定向。另一方面，在晴朗的夜晚，星星可能在水面上产生反射，看上去像是一排连续的灯光，因此使地平线难以辨认。

在不同高度上看有灯光设备的跑道、建筑物或者其他物体时，飞行员可能产生错觉。例如，在 2,000 英尺的高度上，某一物体上的一组灯可能看起来是孤立的，但在 5,000 英尺或更高时，同样的这些灯可能呈现为一个整体。随着高度的改变，这些错觉可能变得相当严重，如果不加以克服的话，很可能在向有灯光设备的跑道进近时出现问题。

10.10　进近和着陆

当加入起落航线准备着陆时，尽早识别跑道灯光和机场其他灯光是非常重要的。如果飞行员不熟悉机场情况，由于在该区域内所看到的灯光错综复杂，可能要距离非常近时才能发现跑道（图 10.4）。飞行员在识别出标识跑道轮廓的灯之前，应该向机场旋转的信标灯飞行。为了保持起落航线的宽窄以及三边航向，必须明确识别出跑道入口灯和跑道边灯。一旦识别出机场灯光，在进近的整个过程中应该保持这些灯光可见。

由于照明条件有限，在夜间，可能对距离产生误判。这是由于缺乏地面参照物以及飞行员不能对比不同地面物体的大小和位置引起的。同样，对高度和速度的判断也会出现偏差。因此，飞行时必须更多地依赖于飞行仪表，尤其是高度表和空速表。

加入起落航线时，要留出足够的时间来完成着陆前检查单。如果航向指示器上有航向游标，将其设置到跑道方向，这对判断起落航线的各边来说是非常好的参照。

和白天一样，夜间进近时应尽量保持推荐的空

图 10.4　使用灯光图形定向

速，使用与白天同样的方法实施进近和着陆。夜间操作期间，下滑线低非常危险。在四边和五边时，应该参照飞机位置，不断交叉检查高度表和升降速度表（VSI）。在建立和保持正确的下滑道时，目视进近下滑指示器（VASI）（图 10.5）是非常重要的辅助系统。

高于下滑道	低于下滑道	正常
两个白灯	两个红灯	一红一白

图 10.5　目视进近下滑指示器（VASI）

如果两个灯都是白色，表示飞机高于正常下滑线；

如果两个灯都是红色，表示飞机低于正常下滑线；

如果一个灯是白色，一个灯是红色，表示飞机正好在下滑线上。

口诀："下白上红，一切轻松"可以帮助记忆灯的正确顺序。

在转向五边并根据跑道边灯对正跑道后，飞行员应该注意修正偏流。在整个五边飞行过程中，应通过调整俯仰和功率来保持稳定的进近。襟翼的使用和正常进近一样。通常，在五边进近后半段时，应该打开着陆灯。基于防撞的考虑，也可能需要较早地打开着陆灯。但是，由于在较高高度上，光束不能到达地面，此时着陆灯作用不大。灯光还可能被霾、烟或者雾反射回来，影响飞行员视线。然而，相比这些不利影响，在其他飞行器附近飞行时，打开着陆灯以获得更高的安全系数更加重要。

拉平和接地的操纵应该和白天一样。在夜间，因着陆区缺乏目视参考，会影响飞行员对高度、速度以及下降率的判断。在能够正确地判断拉平高度前，经验不足的飞行员会有拉平高的趋势。在着陆灯照亮跑道并看到跑道上的轮胎印之前保持稳定的进近和下降，这有助于确定合适的拉开始时机。然后在该点开始柔和地拉平，在飞机接地前将油门逐渐减至慢车位（图10.6）。在不使用着陆灯的情况下着陆，当跑道尽头的灯光高于机头时就应该拉开始。拉平要求柔和而及时，并且需要飞行员感觉自己离地面的高度，根据需要调整功率和俯仰使飞机慢慢地下沉，直到接地。作为一种应急程序，飞行员的夜间训练必须包含无灯着陆。

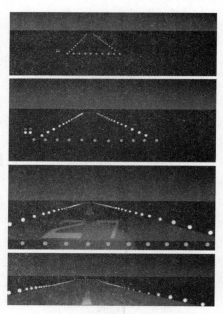

图 10.6　看见轮胎痕迹时拉平

10.11　夜间应急情况

单发飞机的飞行员在夜间飞行时最担心的是发动机失效以及随后的迫降。事实上严重事故往往只会在不利天气条件下连续飞行和飞行员判断出现失误的情况下才可能发生,但这种担心是合乎情理的。

如果夜间发动机失效,要牢记以下几个重要的操作程序和注意事项:

- 保持对飞机的控制,并建立最佳下滑构型和空速;将飞机转向机场或远离人口密集区。
- 检查确定发动机失效的原因,比如燃油选择器位置、磁电机开关位置等。可能的话,立即排除故障,重新启动发动机。
- 向空中交通管制(ATC)宣布紧急状态,与当前使用的频率保持长守,除非被告知需要改变频率。
- 如果熟悉附近地区的情况,转向没有灯光的区域,计划向无灯光区域迫降。
- 可能的情况下,考虑在接近公共设施完善的地区迫降,这有助于得到救援和帮助。
- 参考风向并保持定向,避免顺风着陆。
- 完成着陆前检查单,在高高度检查着陆灯并及时打开以便有充分的时间照亮着陆区或飞行航迹上的障碍物。以可能的最低空速和正常的着陆姿态来完成着陆。如果着陆灯不能使用并且没有可用的外界目视参照物,在接地之前飞机应该保持水平着陆姿态。
- 着陆后,关掉所有的开关,并尽快撤离飞机。

11   过渡到复杂飞机

11.1   复杂飞机

如果没有相应的飞行经历，对于大多数飞行员来说，要从单发飞机过渡到复杂飞机的难度比较大。随着飞机性能和复杂程度的提高，需要飞行员具有更高的计划能力、判断能力以及驾驶技能。因此，要过渡到这类机型，必须在有资质的飞行教员带领下，借助系统化的方法、结构化的训练课程来完成。

复杂飞机是指具有可收放起落架、襟翼和可变距螺旋桨的飞机[CCAR61.27(f)款]。对于水上飞机，必须具有襟翼和可变距螺旋桨才能被认为是复杂飞机。

11.2   襟   翼

飞机在设计时就被设计为高速飞机或低速飞机。高速飞机对机翼的要求是厚度薄、弧度适中且具有较小的机翼面积；而低速飞机需要的升力较大，机翼要更厚、弧度更大且具有较大的机翼面积。在设计机翼时，为了兼顾高巡航速度和低着陆速度，人们做了许多尝试（图 11.1）。

图 11.1   机翼类型

机翼不可能同时具有两个不同的弧度，所以二者必须选其一。为满足这种需求，要么设计出一种万能翼型，要么在巡航翼型的基础上安装一个装置，使飞机低速飞行时翼型弧度增加。改变翼型弧度的一种方法是给机翼增加后缘襟翼，这样的装置为增升装置。

11.2.1 襟翼的功能

襟翼的主要功能是改变机翼的弧度。襟翼的偏转不会增加临界（失速）迎角，在某种情况下，襟翼的偏转反而会减小临界迎角。

后缘操纵面（如副翼）的偏转既能改变机翼的升力也能改变其阻力。随着副翼的偏转，将会产生不对称的升力（滚转力矩）和阻力（反向偏航）。而襟翼的偏转产生对称的升力和阻力，所以不会有滚转或者偏转效应，俯仰的变化程度则取决于飞机的设计。

飞机的俯仰如何变化取决于襟翼的类型、机翼的位置和水平尾翼的安装情况。襟翼的偏转所造成的机翼弧度增加将使升力主要集中在机翼的后部，从而使飞机产生低头力矩；同时，襟翼偏转造成的下洗气流会作用在水平尾翼上，造成尾翼载荷的变化，对飞机的俯仰力矩也有很大的影响。因此，放襟翼时飞机的俯仰变化完全是由该飞机的设计特点所决定的。

在 15° 范围内的襟翼偏转产生的主要是升力，阻力很小。随着襟翼开始偏转，由于升力增加，飞机将会出现上飘的趋势，但是低头力矩能抵消上飘。如果偏转超过 15°，阻力会大大增加。由襟翼偏转产生的阻力叫废阻力，并且废阻力的大小和速度的平方成正比。也就是说，对于大多数上单翼飞机来说，当襟翼的角度超过 15° 时，将产生极大的抬头力矩，其原因是：流过水平尾翼上表面的下洗气流增加。

11.2.2 襟翼的类型

襟翼操作效能与许多因素有关，但主要还是取决于襟翼的大小和类型。根据本章的目的，后缘襟翼被分成四种基本类型：简单襟翼（铰链襟翼）、分裂襟翼、开缝襟翼和福勒襟翼（图 11.2）。

简单襟翼（铰链襟翼）是铰链在机翼上的一个部分。它的结构和功能与其他操作面如副翼、方向舵和升降舵类似。

分裂襟翼更复杂一些。分裂襟翼位于机翼的下部或下侧，偏转时不会影响机翼后缘上表面。分裂襟翼比简单襟翼操作效果更好，其原因是分裂襟翼的偏转会产生较大升力和较小的俯仰力矩，当然，同时也会增大阻力。分裂襟翼更适用于着陆，而部分偏转的简单襟翼在起飞过程中更有优势。分裂襟翼在偏转较小角度时就会产生很大的阻力，而简单襟翼却不会，因为气流仍然会附着在襟翼上。

在机翼和开缝襟翼的前缘之间，有一个缝隙。机翼下表面的高压气流通过这个缝隙流向压力较低的机翼上表面，使上表面的低压气流能量增多，从而延缓了气流的分离。开缝襟翼在偏转较小角度时产生的升力大于简单襟翼，但是比分裂襟翼小。并且，由于开缝襟翼偏转会产生较高的升阻比，所以它具有更好的起飞和爬升性能，所以在起飞时可以使用

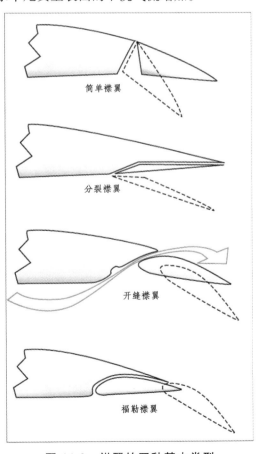

图 11.2 襟翼的四种基本类型

简单襟翼

分裂襟翼

开缝襟翼

福勒襟翼

开缝襟翼。

福勒襟翼向下偏转并向后滑动能够使机翼的面积增加。福勒襟翼有很多个缝隙,从而成为后缘系统中最为复杂的一种增升装置,然而它却能提供最大的升力系数。在偏转较小角度时,福勒襟翼产生的阻力特征和开缝襟翼非常相似。由于在密封这个缝隙时工艺非常复杂和困难,所以福勒襟翼通常是在大飞机中使用。

11.2.3　操作程序

我们不可能讨论所有的飞机设计和襟翼组合。在这里,我们要强调局方许可的飞机飞行飞册或飞行员操作手册(AFM/POH)的重要性。有些 AFM/POH 对于襟翼的操作有具体的规定,但是大多数都没有。因此,操作襟翼时飞行员的判断非常重要。另外,襟翼的操作主要是用在起飞和着陆阶段,在这个阶段,飞机距离地面非常近,任何操作上的失误都会危及安全。

因为 AFM/POH 所给的建议都是结合飞机和机翼的设计给出的,所以在实施过程中飞行员必须结合襟翼的实际空气动力效能来操作。这就要求飞行员有襟翼空气动力学和几何学的基础知识,飞行员应利用这些知识,根据跑道和进近情况以及风的影响来决定放襟翼的时机和角度。

放襟翼的时机和襟翼偏转的角度是相关的。在起落航线上放大角度襟翼时,飞机的升力变化很大。为了保持飞机的速度和下滑梯度,需要飞行员对俯仰和功率进行较大幅度的调整。在三边、四边和五边逐渐增加襟翼偏转角度比一次放全襟翼需要的俯仰和功率调整量要小得多。使用这种方法更容易完成稳定的进近。

在松软跑道或者短跑道着陆,在接地时需要达到最小速度。由于襟翼的偏转能够使地速减小,因此在这种情况下,需要使用襟翼。如果下降中有障碍物影响,则需要使用襟翼以获得最大下滑角。必须注意,在接地时能够产生最小速度的襟翼设置并不一定需要产生最大的下滑角;然而,最大襟翼角度既能提供最大的下滑角,也能使飞机在接地时的速度最小。使用最大襟翼角度,尤其为 30°~35° 时,会产生非常大的阻力,这比放部分襟翼所需要的功率更大。由于下滑角较大,并且为了抵消阻力增加了功率,所以全襟翼时的拉平动作就显得非常关键。阻力会造成较大的下降率,必须通过油门调整来控制。在着陆过程中,如果不能匀速地收光油门,飞机就会在跑道上平飘。如果飞机油门收光过早则会导致重着陆。

襟翼放下的角度需要考虑的另外一个因素是侧风分量。风会作用在襟翼偏转部分的翼面上。在侧风中,上风侧襟翼所受风的影响比下风侧的要大。然而,在使用航向法修正偏流的进近中,上述影响就变得很小,因为飞机机头几乎与风平行。当使用侧滑法修正偏流进场着陆时,下偏机翼会部分遮盖住上风侧襟翼,受机翼的上反角、襟翼和风的综合影响,飞机的横向操纵会变得非常困难。当襟翼接近最大偏转量及侧风垂直于跑道时,横向控制会更加困难。

飞机接近地面时,侧风对襟翼的影响更加显著。机翼、襟翼和地面三者形成了一个充满空气的"容器"。由于风会作用在襟翼和机体侧面,而襟翼又位于主起落架的后侧,所以上风面机翼会有上偏的趋势,而机头会向风的方向偏转。因此,操纵杆保持合适的位置对飞机保持对正跑道非常重要。同样,在侧风较大的情况下,可以考虑在飞机接地后收起襟翼。

复飞时也要考虑襟翼的角度及起落航线上放襟翼的时机。由于襟翼的偏转会产生低头力矩,必须将飞机配平以消除此力矩。复飞时使用全油门会增加流过襟翼的气流量,这样就会产生附加升力,使飞机抬头。由于飞机处于配平状态,收襟翼后飞机的抬头趋势不会完全消除。为消除阻力可快速收襟翼,但同时也会导致空速迅速增加。随后,收襟翼带来的升力减小会导致飞机下沉。

复飞时,考虑到襟翼角度以及水平尾翼与机翼的相对构型关系,飞行员要仔细监控飞机的俯仰姿态和空速,谨慎地收襟翼,使高度损失最小,并蹬舵保持协调飞行。鉴于这些因素,起落航线上放襟翼的角度和时机应该是固定的。而且起落航线大小要保持不变。这样,飞行员就可以根据飞机在起落航线上的位置，作好相应的复飞准备。

确定着陆中襟翼的角度没有固定的规则，因为着陆过程中会受到许多因素的影响。对于特定的飞机，制造商会在 AFM/POH 中提供某些着陆情况下的推荐襟翼角度。但 AFM/POH 提供的起飞襟翼设置信息更为准确。制造商的推荐是根据给定襟翼角度所产生的爬升性能得出的结果。在起飞时，任何情况下襟翼的角度都不能超出 AFM/POH 所给定的范围。

11.3　变距螺旋桨

定距螺旋桨被设计为在某一特定转速和前进速度时效率最高。这种类型的螺旋桨只能在很窄的速度范围内提供良好的性能，当飞机超出这个速度范围时，其效率会大大降低。为了能够在更宽的速度范围内获得较高的螺旋桨效率，螺旋桨的桨叶角必须是可变的。控制桨叶角最方便的方法是使用螺旋桨恒速调节系统。

11.3.1　恒速螺旋桨

在大多数飞行情况下，恒速螺旋桨通过调节桨叶角以获得最大效率。当发动机以恒速运行时，作用在螺旋桨轴上的扭矩与空气阻力产生的反向载荷是相等的。通过调整螺旋桨吸收的扭矩就可以改变转速的大小。换句话说，通过增加或者减少作用在螺旋桨上的空气阻力就可以控制转速。对于定距螺旋桨来说，螺旋桨吸收的扭矩大小是转速的函数。如果发动机的输出功率发生改变，发动机的转速就会增加或减小至某一转速，此转速下发动机输出的功等于螺旋桨吸收的功。对于恒速螺旋桨来说，螺旋桨吸收的功与转速无关。因为通过改变桨叶角，空气阻力和扭矩都会发生改变，而不受螺旋桨转速的影响。恒速螺旋桨的变距通过调速器来实现。通常，调速器都是通过齿轮与发动机的曲轴连在一起的，这样，调速器就能够灵敏地感受到发动机转速的变化。

飞行员在驾驶舱可以通过与调速器相连的变距杆来间接控制发动机转速。起飞时为获得最大起飞功率，应前推变距杆到小桨叶角位即高转速位，同时将油门杆前推到最大进气压力位。爬升或巡航时减少功率应收油门将进气压力减小到预定值，同时，向大桨叶角位即低转速位方向收变距杆，直至转速降到预定值。收变距杆，螺旋桨的桨叶角会增大，而桨叶角（桨叶迎角）增大又会导致空气阻力增加，空气阻力作用在发动机上从而使其转速降低。换句话说，在增大桨叶角时，空气阻力力矩大于发动机传递给螺旋桨的扭矩，所以，发动机转速会降低，直到这两个力矩再次平衡。

当飞机从平飞状态进入爬升时，发动机转速有变小的趋势。而调速器能灵敏地感受到发动机转速的微小变化，它将使桨叶角变小以保持发动机的转速。如果飞机低头进入俯冲，调速器将会使桨叶角变大，以阻止发动机超转。这样发动机的转速将保持恒定，同时也能维持功率的输出。进气压力一定时，改变转速可以使飞机的空速和功率发生改变；在恒定转速时，改变进气压力也可以使飞机功率和空速发生改变；或者也可以通过同时改变转速和进气压力来达到这个目的。因此，恒速螺旋桨飞机可以设置很多不同大小的功率值。

11.3.2　起飞、爬升和巡航

在起飞过程中，飞机空速较低，同时又需要最大的拉力和功率，所以恒速螺旋桨应该设置在小桨叶角位（变小距）。低速时，小桨叶角能够保持桨较小的叶迎角（迎角和相对气流有关）以及较高的效率（图 11.3）。

起飞时桨叶角较小，此时，螺旋桨每旋转一圈，所推动的空气量较少。由于加在螺旋桨上的载荷较小，发动机能够以最大转速运转并输出最大功率。在起飞开始阶段，螺旋桨的拉力最大，随着飞机速度和阻力逐渐增加，螺旋桨产生的拉力逐渐减小。在起飞时由于螺旋桨所推动的气流速度较大，其后侧机翼产生的有效升力将会增加。

离地后随着空速的增加，由于桨叶角较小，发动机上的载荷变小。调速器能够感知这种变化，并会稍微增大桨叶角。此时，桨叶角更大，飞机速度更高，相对气流中的桨叶仍处于小迎角和高效率的状态。

在起飞后的爬升阶段，飞行员可以通过减小进气压力及增大桨叶角来降低螺旋桨转速，从而使功率设置为爬升功率。更大的爬升速度和更大的桨叶角使螺旋桨在更低的滑流速度中每秒所推动的空气量更大。这就需要通过增加螺旋桨的效率来弥补功率的损失。随着空速的增加，又需要通过增大桨叶角来保持小桨叶迎角状态。

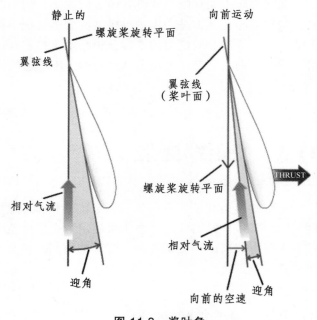

图 11.3　桨叶角

飞机在巡航高度平飞时，获得更高空速所需的功率比在爬升时小。因此，还需要减小进气压力和增加桨叶角（降低转速）来减小发动机的功率。较高的空速和较大的桨叶角使螺旋桨仍能够以小的滑流速度推动较大的气流量。在正常的巡航速度时，螺旋桨的效率最高或接近最高。由于桨叶角和空速都增加，螺旋桨仍会处于小桨叶迎角、高效率的状态。

11.3.3　桨叶角控制

当飞行员设定好螺旋桨的转速，螺旋桨调速器就会自动调整桨叶角来保持此转速。调速器依靠滑油的压力来自动调整桨叶角。一般来说，油压直接来自发动机润滑系统。调速器工作时使用的是来自发动机的滑油，通常由油泵来增压，油泵与调速器是一个整体。油压越高，桨叶角的变化就越快。螺旋桨的转速由调速器内的油压差调节。飞行员可以通过驾驶舱中的变距杆来改变调速器齿轮的位置，从而改变转速的设置。

在某些恒速螺旋桨上，可以利用螺旋桨旋转时的惯性离心扭转力矩来减小桨叶角，并通过增大与桨叶相连的液压活塞的油压来增大桨叶角。另外一种保持螺旋桨恒速的方法是利用安装在桨毂中桨叶根部的配重。螺旋桨旋转时作用在配重上的离心力使桨叶变大距，调速器油压和桨叶扭转力矩使桨叶变小距。上述第一种恒速螺旋桨的调速器油压使桨叶变大距；第二种恒速螺旋桨调速器油压和桨叶扭转力矩使桨叶变小距。因此，在不同的恒速螺旋桨中，调速器油压的降低可能有不同的效果。

11.3.4　调速范围

恒速螺旋桨桨叶角可调量从 11.5° 到 40° 不等。飞机速度越大，桨叶角的可调量越大（表 11.1）。

表 11.1　桨叶角可调量（大约值）

飞机类型	设计速度 （英里/小时）	桨叶角范围	低距	高距
固定起落架	160	$11\frac{1}{2}°$	$10\frac{1}{2}°$	22°
收放式起落架	180	15°	11°	26°
涡轮增压 可收放	225/240	20°	14°	34°
涡轮 可收放	250/300	30°	10°	40°
运输机 可收放	325	40°	10/15°	50/55°

　　桨叶角的可调量称为调速器的范围，定义为螺旋桨最大桨叶角与最小桨叶角之间的度数范围。只要螺旋桨桨叶角在调速器范围内，且不超出高距或者低距（表 11.1）的范围，发动机就可以保持所设定的转速不变。然而，一旦桨叶角达到其最大值或最小值，螺旋桨的转速就会随着空速和螺旋桨负荷的变化而增大或减小，这和定距螺旋桨相似。例如，一旦设定某一转速，如果空速减小，为了维持设定的转速不变，桨叶角就会变小，直到到达最小距位；此后，空速进一步减小将引起发动机转速的减小。相反，如果空速增加，螺旋桨桨叶角会一直增加到最大距位；进一步增大空速，发动机的转速也会增大。

11.3.5　恒速螺旋桨的操作

　　发动机启动时变距杆应位于低距高转速位，这样可以减小螺旋桨的负载和阻力，使发动机更容易启动和暖机。在暖机过程中，要缓慢柔和地操纵改变桨叶角的装置来完成一个变化周期。其操纵方法是：将变距杆（注射式）前推至高距/低转速位（进气压力设置为 1,600 rpm），然后等转速稳定之后，再后拉变距杆至低距起飞位。这样做是出于以下两个原因：一是确定系统操作是否正确；二是使新鲜热滑油在螺旋桨调速器中流通。应该记住：自上次发动机关闭以后，滑油就一直被截留在螺旋桨圆筒里。螺旋桨圆筒中的滑油会有部分泄漏，而且这些滑油有可能结冰，尤其是外界气温较低时更容易结冰。因此，如果起飞前不热机，在起飞中发动机就可能超转。

　　恒速螺旋桨飞机的起飞性能比同样功率大小的定距螺旋桨飞机更好。这是因为恒速螺旋桨的飞机即使在停止不动的情况下，也能逐渐获得其最大额定功率（转速表上的红线）。而定距螺旋桨飞机必须首先增加空速并减小螺旋桨的负荷，才能逐渐使发动机的转速和功率增加到最大值。对于恒速螺旋桨飞机，只要使用全功率，转速表上的指针就会达到红线前 40 rpm 处，起飞的整个过程都会保持此转速不变。

　　进气压力过大将导致发动机内部压力过大，同时也会使发动机温度过高。过大的进气压力和低转速还会造成发动机爆震。当改变功率时，应按以下顺序操作以防止爆震。

- 增加发动机的功率时，先增加转速，然后增大进气压力。
- 减小发动机的功率时，先减小进气压力，然后减小转速。

　　有人认为设置巡航功率时发动机（非涡轮增压发动机）进气压力（单位为英寸汞柱）决不能超过转速值（单位为百转/分钟），这种认识是错误的。当选择巡航功率时，可以参考 AFM/POH 中的巡航功率表。这些表中所有的转速和进气压力的组合都已通过了飞机结构工程师和动力装置工程师对飞机结构和发动机分别做的飞行测试。例如，在功率表上存在转速 2,100 rpm 和进气压力为 24 inHg 的功率设置，表明这组数据是可以使用的。

　　对于恒速螺旋桨飞机，可以在不使发动机超转的情况进行带功率下降。空速的增加可以通过增加螺旋桨的桨叶角来抵消。如果下降太快，或者从过高的高度下降，螺旋桨的最大桨叶角将不能维持转速恒定。这种情况下，油门杆稍有变化都会引起转速的变化。

　　进近过程中，一些飞行员认为可以把变距设置在最大转速位，这样在出现紧急情况时飞机能够获得全功率。事实上，如果在进近中将调速器在桨叶角还未达到其最小值时就过早地设置成最大转速，有可能发生超转。然而，如果在飞机完成进近时还没有将调速器再次调整到起飞转速，螺旋桨将会达到或非常接近最小桨叶角，而转速几乎不变。在紧急情况下，油门杆和变距杆都应该调整至起飞位。

在进近中，许多飞行员都希望在短时间突然改变油门时飞机能快速作出反应，可以在进近时将油门设置在小功率，并将变距杆放在接近巡航转速位来达到这个目的。

虽然调速器能够快速感受到油门的变化，但是当油门突然增加很多时，会引起发动机短时超转，直到螺旋桨能够承受增加的功率。如果进近中出现紧急情况，需要使用全功率，突然前推油门杆会引起发动机短暂的超转，并且转速远远超出调速器所能调节的范围。发动机暂时的超速可以作为应急功率储备。

恒速螺旋桨操作时的注意事项：

转速表上的红线不仅用来表示最大可用转速，也表示要获得发动机额定功率所需的转速。

起飞时快速前推油门杆可能导致螺旋桨短暂超转，如果不超出额定转速的 10% 且时间不超过 3 秒，通常不会造成严重的后果。

转速表上绿色弧线区域指示的是正常操作范围，当在此范围内增加功率时，螺旋桨的旋转是由发动机带动；而在低于绿色弧线区操作时，通常是处于风车状态的螺旋桨带动发动机旋转。在低于绿色弧线区域里长时间持续运转会引起发动机损坏。

从低海拔机场起飞时，进气压力的数值（单位为英寸汞柱）有可能超过转速值（百转/分），这在大多数情况下都是正常的。飞行员应该参考 AFM/POH，防止操作超出限制。

改变功率时，操纵油门应柔和，以避免发动机过度增压或超转。

11.4　涡轮增压

涡轮增压式发动机允许飞行员在较高的巡航高度保持足够的巡航功率，在这个高度上阻力更小，这意味着飞机的真空速更快、燃油经济性更好、航程更远。同时，涡轮发动机的灵活性较高，可以在低高度飞行时不增加燃油的消耗。涡轮增压器不会损耗动力装置功率。它们机械结构相对简单，某些增压器还能给座舱增压。

涡轮增压器靠发动机的尾气驱动，它能增大由进气口进入发动机的空气压力和密度。涡轮增压器由两个独立的部件组成：一个是压气机，一个是涡轮，它们由一根普通的轴连接在一起。在高空运行时，压气机给发动机提供增压空气。压气机及其外壳位于外界空气进气口和引气总管之间。涡轮及其外壳属于排气系统，利用尾气气流旋转带动压气机运转（图 11.4）。

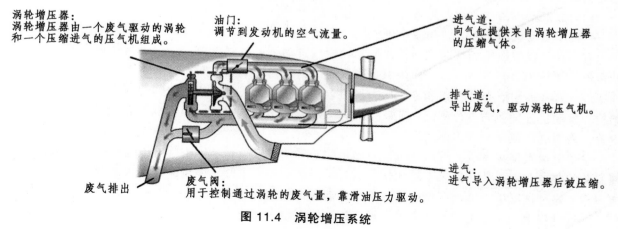

涡轮增压器：
涡轮增压器由一个废气驱动的涡轮和一个压缩进气的压气机组成。

油门：
调节到发动机的空气流量。

进气道：
向气缸提供来自涡轮增压器的压缩气体。

排气道：
导出废气，驱动涡轮压气机。

进气：
进气导入涡轮增压器后被压缩。

废气排出

废气阀：
用于控制通过涡轮的废气量，靠滑油压力驱动。

图 11.4　涡轮增压系统

涡轮增压有可能使进气压力超过发动机容许的最大值。为了不超出发动机的最大容许进气压力，可以使用旁通器或者废气阀使一些废气在通过涡轮之前就被排出发动机。废气阀能够控制涡轮的输出功率进而控制发动机可用的压缩空气量。当废气阀关闭，所有的废气通过涡轮，并带动涡轮运转。随着废气阀的开启，一些废气将会通过废气旁通器绕过涡轮流动并通过排气管排出发动机。废气阀调节器是一个靠弹簧保持的活塞装置，并通过发动机滑油压力操纵。调节器通过机械装置与废气阀相连，控制废气阀位置。

涡轮增压系统的控制中心是压力控制器。此装置将涡轮增压的控制简化为一个控制设备：油门。一旦飞行员设置好预定的进气压力，在飞行高度发生改变时，根本不需要调节油门。压力控制器可以感受各种飞行高度所需的压气机气流量，并通过改变废气阀传动机构的滑油压力来控制废气阀位置。因此，涡轮增压器只是根据油门设置来保持进气压力。

11.4.1 地面增压与高度增压

使用涡轮增压器可以实现高度涡轮增压（有时称为"常压化"）。从平均海平面到某一特定的高度，涡轮增压器都可以保持最大容许的进气压力（通常是 29～30 inHg）。这个高度是由飞机制造商设定的，被称为临界高度。在这个临界高度以上，随着高度的增加，进气压力将减小。地面增压是涡轮增压另一方面的应用，它可以在飞行中提供超过标准（29 inHg）的进气压力。对于一些使用地面增压的飞机，起飞时的进气压力可能高达 45 inHg。

虽然在上升到临界高度之前，发动机能够维持相当于海平面的功率设置和最大转速，但是这不意味着发动机一直能提供飞机在海平面时的功率。因为发动机的功率不是仅仅由进气压力和转速决定的，进气温度也是一个因素。进气会在被压缩时升温，温度上升将使进气的密度减小，从而造成功率损失。在给定的高度，为了维持相同的功率输出，需要更大的进气压力。另一方面，如果系统使用自动密度控制器来自动调节废气阀的位置，使发动机进气维持恒定的空气密度，而不是维持恒定的进气压力，那么能使功率输出几乎恒定。

11.4.2 操作特性

首要的是，在涡轮增压式发动机上，动力操作的动作应该柔和。粗猛地移动油门，可能导致过度增压。当进行动力改变时，应该仔细监视发动机仪表的读数。

当废气阀打开时，增压式发动机在转速发生变化时的反应和自然吸气式发动机一样。也就是说，当转速增加时，进气压力将会轻微减小；反之，进气压力将会轻微增加。然而，当废气阀关闭时，增压式发动机的进气压力随发动机转速变化的规律和自然吸气式发动机相反。发动机转速增加，会导致进气压力增加；转速降低，会导致进气压力减小。

在临界高度以上，如果废气阀关闭，空速的任何变化都会导致进气压力相应地变化。这是因为空速增加导致冲压空气的压力增大，并在压气机的作用下进一步增大，造成进气压力增大。进气压力增加造成通过发动机的气流量增加，引起涡轮速度更高，所以进气压力得到进一步的提高。

在高高度飞行时，航空汽油在到达汽缸前有被汽化的趋势。如果在燃油系统的油箱和发动机直接驱动的燃油泵（主燃油泵）之间出现这一现象，则发动机驱动泵在吸油时很容易发生气锁，因此需要安装一个能够提供正压力的辅助燃油泵。辅助燃油泵产生的正压力将推动燃油，减少燃油汽化的趋势。

11.4.3　温度管理

　　飞行员在操作涡轮增压发动机时必须谨慎认真，同时要持续监视发动机的压力和温度。这里有两个温度尤为重要，一个是涡轮进气温度（TIT）或者排气温度（EGT），另一个是汽缸头温度（CHT）。设置 TIT 或 EGT 的限制主要是为了保护涡轮增压器中的高温部件，而设置汽缸头温度的限制则是为了防止发动机内部部件超温。

　　由于进气会被压缩加热，所以增压发动机比非增压发动机的运转温度高。在高空，空气密度低，发动机的冷却效率会降低。并且，空气密度低将进一步导致压缩机工作更加困难。在高空，压缩机旋转速度能够达到 80,000 ~ 100,000 rpm，这样的高速旋转又会进一步导致发动机温度增加。因此多数时候，在高空运行的增压发动机需要更高的功率设置。

　　高温对活塞发动机的运转是有害的。这种危害长期累积能够导致活塞、涨圈和汽缸头故障，并且将热应力施加到其他运转的部件上。过高的汽缸头温度可能导致爆震，而反过来，爆震又能引起发动机失效。增压发动机对高温尤其敏感。因此操作涡轮增压器的关键是有效的温度管理。

　　飞行员可以通过进气压力表、转速表、排气温度表/涡轮进气温度表和汽缸头温度表来监控涡轮增压发动机的运转情况。同时飞行员可以通过油门、螺旋桨转速、混合比和鱼鳞板来进行温度管理。对于任何给定的巡航功率，调节混合比对排气/涡轮进气温度影响最大。油门能够调节总的燃油流量，但是混合比可以调节燃油和空气的比例，因此，混合比可以调节温度。

　　在起飞后的爬升阶段，通常不会发生发动机超温。这是因为使用全富油的混合比能够使发动机降温。在巡航时，飞行员通常将功率降低至 75% 或更低，同时调节混合比。此时飞行员应该更仔细地监控温度限制，虽然此时减少了功率输出，但发动机超温的可能性会更大。如果在入航后的爬升阶段，发动机过热，则需要把鱼鳞板全部打开，并且增大空速。

　　由于增压式发动机比自然吸气式发动机在巡航高度飞行时运转温度更高，所以增压式发动机更容易遭受冷却应力的破坏。因此在下降阶段，应该逐渐减少动力并注意监控温度。可以在减小发动机功率之前放下起落架，以便在不进行大幅度功率调整的情况下使飞机缓慢减速，这样就有足够的时间使发动机温度缓慢下降。在下降使用小功率时，应该稍调贫油，让温度下降更平缓。

11.4.4　涡轮增压器失效

　　由于在涡轮排气系统中存在高温高压，所以涡轮增压器的任何故障都必须引起高度重视。在各种情况下，尤其是当涡轮增压器出现故障时，应该按照制造商推荐的程序来操作。如果在制造商推荐的程序里没有对涡轮增压器故障的应急措施进行充分的描述时，应该使用以下程序。

11.4.4.1　过度增压

　　在正常前推油门杆时，如果出现进气压力升高过多（可能是由于废气阀有故障），一般按如下方法处理：

- 立即柔和地收油门，控制进气压力，使其保持在转速和混合比所限制的最大范围内；
- 对发动机进行操作时，避免发动机进一步过度增压。

11.4.4.2　低进气压力

　　尽管这种情况可能只是由很小的故障引起的，但也很有可能是由于严重的排气泄漏造成的，将带来潜在的危险，一般按如下方法处理：

- 按照推荐的发动机故障程序关闭发动机，除非存在更严重的紧急情况，必须要让发动机继续运行；
- 如果继续运行这台发动机，则需根据情况使用最低的功率设置，并尽快着陆。

需要强调的是，涡轮增压器出现任何故障，一定要确保采取正确的维护措施。

11.5 可收放起落架

起落架可收起的主要好处是能够增强爬升性能以及获得更高的巡航速度。因为收起起落架能够减小飞机阻力。可收放起落架系统一般由液压或电力控制，也可以由二者共同控制。当起落架放下锁好、收上锁好或处于收放过程中时，驾驶舱内都有相应的指示信号供驾驶员参考。起落架操作系统还包括应急操作。由于可收放起落架系统比较复杂，在操作时飞行员必须遵守相应的操作程序，且不能超出其操作限制。

11.5.1 起落架系统

电动起落架收放系统利用电力驱动马达来对起落架进行操纵。此系统主要靠电力驱动的升降机来收上或放下起落架。将驾驶舱内的控制电门移到收上（UP）位时，电动马达就开始运转。通过曲轴、齿轮、适配器、动作筒螺杆和扭矩筒将力传递给阻力撑杆联动装置，这样，起落架就收上并锁住。在打开和关闭起落架舱门时，这个撑杆也会联动。控制电门开关移到放下（DOWN）位时，电机则反向转动，起落架放下并锁好。起落架电机一旦开始运转，将持续工作直至触动安装在起落架舱中 UP 或 DOWN 位置的限位开关。

液压起落架收放系统则是使用液体压力来驱动联动装置，从而收上和放下起落架。当驾驶舱中的控制手柄移到 UP 位时，液压油直接进入起落架收上管路，并通过顺序活门和下位锁流到起落架收放动作筒，放起落架的过程与此类似。液压起落架收放系统中使用由发动机驱动或电力驱动的液压泵。使用电力驱动的液压系统称为电动液压系统。液压系统还包含一个储油器，用来储存液压油，可以根据储油器来观察液压油量。

无论是哪种驱动方式，系统都将压力保持在限定范围内，当传感器探测到压力过大时，液压泵里的释压活门将打开，液压按照一定路线回到液压储油器。另外一种释压活门可以防止由热膨胀引起的过大的压力。液压油压力也可以通过限位开关来控制。每个起落架有两个限位开关，一个专门用来放起落架，另一个专门用来收起落架。在起落架完成整个收放过程以后，这些限位开关将断开液压泵。如果限位开关发生故障，备份的释压活门将工作，释放掉过多的系统压力。

11.5.2 操纵装置和位置信号指示器

起落架的位置由驾驶舱内的操纵手柄控制。大多数飞机上的起落架控制手柄的形状像一个飞机机轮，其目的是为了容易识别并且区别于驾驶舱内其他的操纵装置（图 11.5）。

不同机型的起落架位置指示器各不相同。通常使用一组起落架指示灯来指示起落架位置。其中一种类型是由三个绿灯组成，当起落架放下并锁好时，三个绿灯亮（图 11.5）。另外一种类型是由一个绿灯和一个琥珀色灯组成，当起落架放下时，绿灯亮；当收起起落架时，琥珀色灯亮。某些飞机还使用一个红灯或琥珀色灯来指示起落架处在收放过程中或者处于不安全位置（图 11.6）。起落架指示灯通常都设计为"按压测试"型，灯泡也可以互相更换（图 11.5）。

图 11.5　典型起落架控制电门和位置指示器　　　　图 11.6　典型的起落架控制电门和位置指示器

有些飞机上使用机械式起落架位置指示器，显示"UP"标志表明起落架收起并锁好；红白斜纹标志表示起落架未锁好；而显示起落架的轮廓标志表示放下并锁好。

11.5.3　起落架安全设备

大多数起落架可收放的飞机都装有起落架警告装置。当飞机处于着陆构型而起落架没有放下并锁好时，此警告装置就会发出警报声。通常警报器与油门或襟翼位置，和/或者空速表相连。所以当飞机处于着陆构型、低于一定的空速和/或功率时，起落架仍处于收起位，就会触发起落架警告。

为防止意外收起起落架，可以使用诸如机械放下锁、安全电门和地面锁这些设备。机械放下锁是起落架收上系统的一个内置部件，并由起落架收上系统自动控制。而安装电动安全电门是为了避免放下锁意外打开和在地面上意外收起起落架。

起落架安全电门，有时也被称为空地开关，通常安装在一个主起落架减震支柱的支架上（图 11.7）。当支柱承受飞机重量被压缩时，安全电门将断开起落架收放装置的电路。这样，如果在地面上将驾驶舱中的起落架手柄置于收上位，起落架将不会收起，同时，某些飞机上还会同时响起音响警报，以警告起落架手柄处于不安全状态。然而，一旦飞机没有足够的重量作用在起落架减震支柱上，例如，在起飞过程中，虽然飞机还没有完全离地，但升力逐渐增大抵消了部分重力，此时安全电门将断开，同时起落架收起。

为防止起落架在地面收起，很多飞机都安装了地面锁。最常见的地面锁是将插销插在起落架支撑结构上两个或多个对齐的锁孔里，以机械形式锁止起落架。还有一种地面锁是用弹簧力作用的夹子将起落架支撑结构中的两个或多个部件锁在一起。无论是哪种类型的地面锁，它们通常都会系有显眼的红色飘带，以提醒在飞行前解除地面锁。

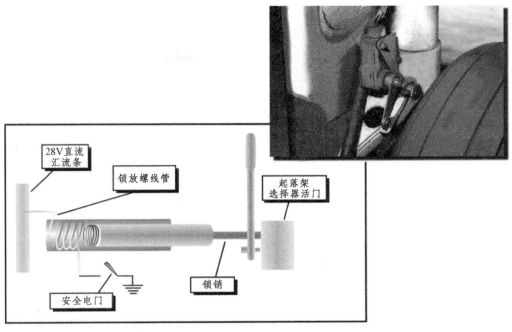

图 11.7　起落架安全电门

11.5.4　起落架应急放下系统

如果主电源系统出现故障，可以通过应急系统放下起落架。一些飞机的驾驶舱内有应急放起落架手柄，它通过一个机械连杆与收上锁连在一起。操作这个手柄时，将打开收上锁，从而允许起落架自由放下或者依靠其自身重力放下（图 11.8）。

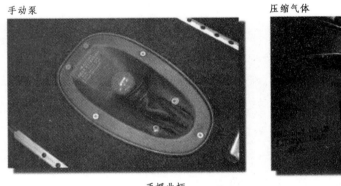

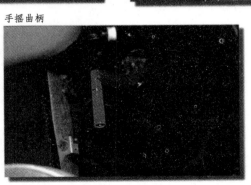

图 11.8　典型的应急起落架放下系统

在另一些飞机上，通过控制与收上锁解除动作筒直接相连的压缩气体来解除收上锁。

由于有些飞机的构型设计独特，起落架不能单独依靠自身重力或空气动力紧急放下。对于这些飞机，紧急情况下也需要能够强制放下起落架的装置：有些飞机通过液压或压缩气体应急放下起落架；而另外一些飞机使用的是人工系统，如通过手动摇把应急放下起落架（图 11.8）。根据飞机设计不同，应急放下起落架所需的液压压力由辅助手动泵、蓄压器或电动液压泵提供。

11.5.5　操作程序

11.5.5.1　飞行前

因为可收放起落架比较复杂，所以在每次飞行前都要对其进行非常仔细的检查。检查应从驾驶舱里开始。飞行员首先应该确定起落架手柄在放下位（GEAR DOWN）；然后再打开总电门，确认起落架位置指示器显示起落架放下锁好。

起落架的外部检查应该包括检查系统的每一个单独部件（图 11.9）。起落架、轮舱和附近的组件都应该干净、清洁，没有泥浆和碎片。如果电门和活门较脏，可能引起错误的起落架位置指示或在起落架完全放下并锁好之前中断起落架的动作。轮舱内应该没有任何异物，因为外部物体可能损坏起落架或者影响起落架的操作。起落架舱门弯曲变形则意味着起落架收放可能存在问题。

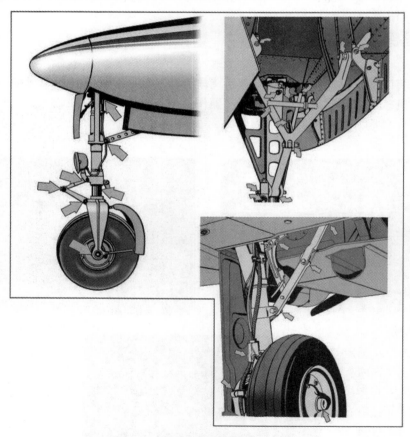

图 11.9　收放起落架检查的检查点

检查减震支柱的压力正常，而且动作筒洁净；检查主起落架和前起落架收上锁和放下锁机械装置是否正常；检查收放动力和收放机构是否存在明显的问题及其附件的安全状况；检查液压管路是否有擦伤痕迹，并检查在连接处是否有泄漏痕迹；检查警告系统的微动电门（空地开关）及其连接装置是否清洁、牢靠；检查动作筒等其他部件的基本情况及是否有明显缺陷；检查飞机机体与起落架连接处的基本情况，查看是否存在变形及裂缝；检查所有的螺钉和铆钉是否完好无损且安装牢靠。

11.5.5.2　起飞和爬升

通常，在起飞后到达一定高度时应收起起落架，在该高度以下，如果发动机故障或有其他紧急情况，飞机将可以利用剩余跑道安全着陆，不过此方法并不适用于所有的情况。飞行时应提前计划收起落架的时机，考虑的因素应包括跑道的长度、爬升梯度、越障要求、跑道离场端附近的地形特征及飞机的爬升性能。例如，在某些地面条件下进行场外迫降，保持起落架放下更安全（参看第 16 章），在这种情况下，从短跑道起飞后延迟收起起落架更为保险。当爬升航道上有障碍物时，起飞后应及时收起起落架。

飞行员应该避免过早地收起起落架，只有在仪表显示飞机获得正爬升率之后才可以收起起落架。如果飞机还没有获得正爬升率就收起起落架，飞机就有可能再次接地，尤其是在起飞过早抬前轮时更容易发生这种情况。飞行员还应该记住，在往前探身操作起落架控制电门时可能无意间前推驾驶杆，从而导致飞机下降。

随着起落架的收上，飞机空速将增加，俯仰姿态也会发生改变。收上起落架的时间可能为几秒。每种类型飞机的起落架收上和锁好的声音和感觉各不相同。飞行员应该熟悉这些正常的收上起落架的声音和感觉，以便能够马上辨别出起落架操纵时的不正常情况。收起落架时出现异常往往也意味着放起落架会不正常。

11.5.6　进近和着陆

在较高的空速下，由于气流作用力较大，此时操纵起落架可能损坏其结构。为了在飞行中避免起落架各部件受力过大，应该在较低速度时操纵起落架。此速度并没有在空速表上标出，它可以在飞机的 AFM/POH 中找到，通常也标识在驾驶舱里的一个铭牌上（图 11.10）。最大起落架放下速度（V_{LE}）是飞机在起落架放下的情况下飞行允许的最大空速。最大起落架操纵速度（V_{LO}）是起落架能够安全收上或放下的最大空速。

把起落架操纵手柄置于 GEAR DOWN（放下）位就可以放下起落架。随着起落架的放下，空速将会减小，飞机会有抬头的趋势。在放起落架的几秒时间内，飞行员应该注意声音或感觉的任何异常。飞行员应该通过正常的声音和感觉及

图 11.10　驾驶舱中标识的起落架速度

驾驶舱内的起落架位置指示器来确认起落架已经放下并锁好。除非是为了下降高度的需要，起落架应该在飞机到达三边上，与预定着陆点相切时放下。飞行员应该按照标准程序放起落架，包括放下起落架的时机。严格遵守此程序有助于避免飞行员在着陆前忘记放起落架。

操纵可收放起落架的飞机时要小心谨慎，并坚持使用检查单。目视飞行时，应养成在固定的时机放下起落架的习惯，并在三边完成与起落架相关的检查。养成此习惯有两个好处，一是确保已经完成放起落架的动作；二是增强飞行员的处境意识，以使其在着陆前能再次检查起落架的位置指示器。

除非进行特殊的训练，否则飞机必须完成着陆滑跑、脱离跑道后才能操纵任何手柄或电门。落地后起落架支架空地安全电门将启动，致使起落架不能收起。在滑出和脱离跑道后，飞行员就可以集中精力执行着陆后项目及着陆后检查单。

飞行员过渡到可收放起落架的飞机时应该了解，下列错误操纵可能导致飞行事故：

- 忘记放下起落架；
- 意外收起起落架；
- 执行了起落架操纵动作，但是没有检查起落架位置；
- 错误使用应急起落架系统；
- 在起飞过程中过早地收上起落架；
- 放起落架太晚。

为了使与起落架有关的事故发生率减至最小，飞行员应该：
- 使用适当的检查单（如可以将快速检查单贴在飞行员的视线范围内，有助于执行检查单）；
- 熟悉所飞飞机的起落架应急放下程序并定期复习；
- 熟悉所飞飞机的起落架警告系统，当警告系统指示不安全情况时，应对音响警告与起落架指示进行交叉检查；
- 学习替换起落架指示灯的方法（如可以更换），让飞行员掌握在不危及飞行安全的情况下替换灯泡的方法，如果起落架灯泡不能互换，需要在飞行前检查飞机上是否带有备用灯泡；
- 熟悉起落架系统收放时的声音和感觉（如机身的震动等）。

11.6　过渡到复杂飞机的训练

要完成过渡到复杂飞机，应该有高水平的飞行教员和系统化的训练课程，并且按照设定好的地面和飞行训练大纲来进行。

表 11.2 给出了一个典型的过渡训练时间安排。改装飞行员所持执照或待考执照的实际考试标准中有这些训练标准的详细描述。此训练时间安排是根据持有私照或以上执照并符合执照要求的飞行员的实际能力确定的。如果飞行员能力较强，可适当缩短训练时间，如果飞行员不能达到目前执照要求或最近无飞行经历，则可适当延长训练时间。

表 11.2　过渡训练时间安排

地面教学	飞行教学	指导下练习*
1小时	1小时	
1.飞行手册的操作部分 2.线路检查 3.熟悉座舱	1.飞行机动训练 2.起飞着陆复飞	
1小时	1小时	1小时
1.飞行的装载、限制及服务 2.仪表、无线电及特设 3.飞机系统	1.应急操作 2.参考仪表进行控制 3.无线电及自动驾驶仪的使用	按教员指示执行
1小时	1小时	1小时
1.飞行手册的性能部分 2.巡航控制 3.复习	1.短、松软跑道的起飞着陆 2.最大性能操作	按教员指示执行
1小时—检查		

*指导下练习可以进行单飞，也可以由教导员指定一位安全的飞行员进行机组搭配。

172

12 过渡到多发飞机

12.1 概　述

12.1.1 多发飞机

本章介绍小型多发飞机的各个部分。在本书中，讨论的小型多发飞机是指活塞发动机或涡桨发动机作为动力的传统布局双发飞机，并且最大起飞重量不超过 5,700 公斤。除特别注明以外，本章描述的"多发飞机"是指最大起飞重量不超过 2,700 公斤的小型活塞多发飞机。

多发等级训练中有一些和单发飞机不同的科目，了解和熟练掌握这些科目是安全驾驶多发飞机的必要条件。本章中，将讨论一台发动机失效的特点。需要注意的是，多发飞行训练不仅是要掌握一台发动机失效时的飞行，而是要进行全面的飞行训练以提高飞行技术。这一章详细地描述一台发动机失效的情况，重点对多发飞机与单发飞机的不同驾驶特点进行对比。

装备完善的现代多发飞机能在多种情况下正常飞行。但是与单发飞机一样，训练有素的飞行员保持谨慎的态度对于确保安全尤为重要。

本章包含了小型多发飞机各种特定飞行机动与飞行程序的资料与指导。这些资料与指导可用于飞行训练和飞行员的执照考试。但在操纵特定机型的飞机时，应由飞机的制造商最终授权。飞行教员与学员都应该知道，如果本书的指导与 CAAC 批准的飞机飞行手册（AFM）或飞行员操作手册（POH）中的制造商建议的程序和指导有冲突，应参照飞机制造商的指导与程序。

12.1.2 多发飞行的训练

在多发飞行训练时，必须掌握一台发动机失效时的应急处理。发动机失效对飞行的影响主要有两方面：性能和操纵，这两个因素对于一台发动机失效后的飞行安全至关重要。在性能方面，最明显的是飞机的动力会减少 50%，导致爬升性能减少 80%~90%，有时候甚至更多；在操纵方面，工作发动机所带来的不对称拉力会造成操纵上的困难。

12.2　名词与定义

下面这些速度是在多发飞行时常用的速度，通常会用"SE"标明一台发动机失效时的速度。

- V_R —— 抬轮速度。飞行员带杆，使飞机抬轮并建立起飞姿态的速度。

- V_{LOF} —— 离地速度。飞机主轮离开地面的速度（有些飞机制造商会用 VR 作为起飞性能数据的依据，有些则会用 VLOF）。

- V_X —— 最佳爬升角速度。飞机在最短的飞行距离中能够获得最大高度的速度。

- V_{XSE} —— 一台发动机失效时的最佳爬升角速度。

- V_Y —— 最佳爬升率速度。飞机在最短时间内能够获得最大高度的速度。

- V_{YSE} —— 一台发动机失效时的最佳爬升率速度。这个速度一般都会在空速表上用蓝线标明。在高于一台发动机失效的绝对升限时，VYSE 则表示最小下降率速度。

- V_{SSE} —— 模拟一台发动机失效安全飞行速度。该速度是模拟关键发动机不工作的最小飞行速度。该速度必须在 AFM 和 POH 上标明。

- V_{MC} —— 关键发动机失效时的最小可操纵速度。该速度在大多数空速表上用红线标明。在 CCAR-23 和适航标准里面列明的情况下，该最小速度能够保持最基本的方向控制。在现行的适航法规中规定：

（1）在该最小速度下，关键发动机突然失效时，使用最大舵量及不超过 5° 的坡度，能在原航向 ± 20° 内停止一台发动机失效引起的偏转，并且不得出现危险的姿态；

（2）在该最小速度下，飞机能以不超过 5° 的坡度保持直线飞行。

在这个速度，飞机并不一定能够爬升。VMC 所重视的只是飞机能否保持方向的控制。在飞机的适航审定过程和飞行训练中需要对 VMC 作更深入的了解。在随后的演示中会对 VMC 做进一步讨论（图 12.1）。

- 关键发动机——失效时会对方向的控制造成最严重影响的发动机。

除特别注明外，AFM 和 POH 里面所标明的各个速度都是基于海平面高度和标准大气环境的情况，并假定飞机为最大起飞重量。随着飞机重量、构型和大气环境的不同，上述速度都会有所不同。

CCAR-23 里并没有要求多发飞机具备在起飞和着陆构型下在一台发动机失效时保持飞行高度的能力。事实上，无论在什么构型下出现一台发动机失效，多数双发飞机都没有被要求具备保持高度的性能，即使是在海平面的高度。

配备活塞式发动机的多发飞机必须符合现行 CCAR-23 的要求。以下是飞机在一台发动机失效时的爬升性能要求：

图 12.1 多发飞机的空速表指示

- 最大重量 6,000 磅以上或 V_{S0} 大于 61 节：在离平均海平面 5,000 英尺的高度，一台发动机失效时的爬升率必须最少达到 $0.027 (V_{S0})^2$（英尺/分）；

- 最大重量 6,000 磅以下或 V_{S0} 小于 61 节：在离平均海平面 5,000 英尺的高度，一台发动机失效时的爬升率并没有限制。爬升率可以是一个负值。CCAR-23 并没有要求一台发动机失效的飞机在这个高度或者其他高度具有正的爬升率。

爬升率是单位时间内所能获得的高度，而爬升梯度是 100 英尺水平前进距离中所能获得的高度，用百分比表示。例如，如果在 100 英尺水平前进距离里上升了 1.5 英尺的高度（或者是 1,000 英尺里上升了 15 英尺又或者是 10,000 英尺里上升了 150 英尺），其爬升梯度便是 1.5%。

一台发动机失效会令飞机的性能骤减，尤其是在刚起飞时。飞机的爬升性能取决于在同一条件下飞机平飞时所剩余的功率大小。例如，有一架双发飞机，每台发动机能够提供 200 马力的拉力，而这架飞机在平飞时所需要的拉力是 175 马力。在这种情况下，这一架飞机便拥有 225 马力的剩余拉力来进行爬升。如果飞机其中的一台发动机失效，剩余的爬升拉力便会大幅减少至 25 马力（200 - 175）。即使在最理想的状况下，飞机在海平面高度的爬升率一般至少减小 80%～90%，这是多发飞机在一台发动机失效时性能变化的普遍情况。

12.3　系统的运行

这一部分将会探讨多发飞机上通常会配备的几个系统。多发飞机与复杂的单发飞机有很多共同点，这里仅讨论几个双发或多发飞机独有的系统。

12.3.1　螺旋桨

多发飞机的螺旋桨与单发飞机的恒速螺旋桨看上去几乎相同，但是实际上它们存在着差异。多发飞机的螺旋桨能够顺桨，以便在发动机失效时将阻力减至最小。当一台发动机失效时，顺桨通常能够使飞机飞行更远的距离，到达合适的机场降落。顺桨就是使桨叶与相对气流方向接近平行，螺旋桨停止转动，从而使阻力减至最小（图 12.2）。

废阻力会随着桨叶角的增大而减小，因此顺桨是必须的（图 12.3）。顺桨后，废阻力减至最小。一个典型的多发飞机，顺桨后螺旋桨所产生的废阻力相对于总的阻力来说是很小的。

当桨叶角在较小角度的时候，螺旋桨的阻力非常大。小桨叶角时，高转速风车状态的螺旋桨所产生的巨大阻力，可能导致飞机失控。在这种情况下，废阻力的增加量甚至可以与其他较大的飞机相当。

总的来说，几乎所有的单发飞机上的恒速螺旋桨都设计为：没有顺桨机构，通过增大滑油压力来增大桨叶角。基于这种设计的螺旋桨，调速器内的油压增大，会使桨叶角增大，转速减小。大多数多发飞机的恒速螺旋桨都设计为：可以顺桨，重量平衡，增大滑油压力用来减小桨叶角。基于这种设计的螺旋桨，调速器内的油压增大，会使桨叶角减小，转速增大，此时螺旋桨的桨叶角远离顺桨的角度。实际上，需要持续提供高滑油压力才能维持螺旋桨不顺桨。这样，即使失去滑油压力或调速器故障，螺旋桨依然能够顺桨。

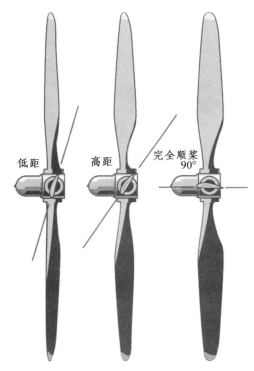

图 12.2　顺桨

螺旋桨在风车状态的时候，空气动力具有减小桨叶角和增大转速的趋势。安装于每一片桨叶根部的配重产生的离心力则有增大桨叶角和减少转速的趋势。配重产生的离心力通常会稍稍大于空气动力。来自调速器的油压能够抵消离心力，减小桨叶角并增大转速；反之，减小油压会使螺旋桨在离心力的作用下转速降低（图 12.4）。

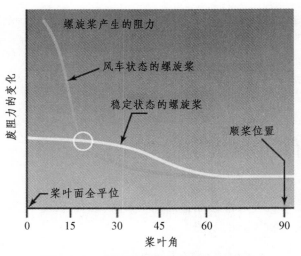

图 12.3　废阻力变化与桨叶角的关系

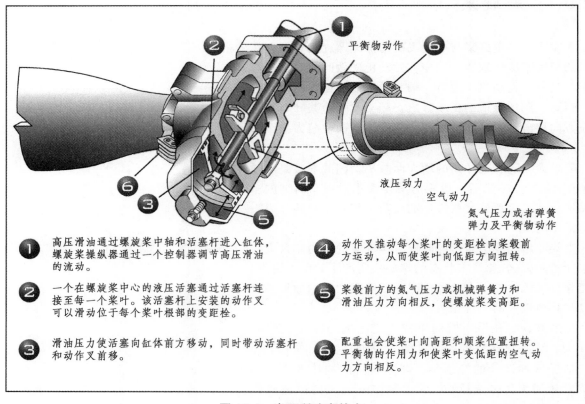

平衡物动作

液压动力
空气动力
氮气压力或者弹簧
弹力及平衡物动作

❶ 高压滑油通过螺旋桨中轴和活塞杆进入缸体，螺旋桨操纵器通过一个控制器调节高压滑油的流动。

❷ 一个在螺旋桨中心的液压活塞通过活塞杆连接至每一个桨叶。该活塞杆上安装的动作叉可以滑动位于每个桨叶根部的变距栓。

❸ 滑油压力使活塞向缸体前方移动，同时带动活塞杆和动作叉前移。

❹ 动作叉推动每个桨叶的变距栓向桨毂前方运动，从而使桨叶向低距方向扭转。

❺ 桨毂前方的氮气压力或机械弹簧力和滑油压力方向相反，使螺旋桨变高距。

❻ 配重也会使桨叶向高距和顺桨位置扭转。平衡物的作用力和使桨叶变低距的空气动力方向相反。

图 12.4　变距所改变的力

　　要使螺旋桨顺桨，应把变距杆拉到最后，这样会使调速器释放所有的油压，在配重的作用下，螺旋桨会顺桨。施加于配重上的离心力会随着转速减小而减小，所以还必须借助额外的力来使螺旋桨顺桨。这个额外的力即来自弹簧或储存在桨毂的高压空气。顺桨的过程可能需要将近十秒的时间。

　　顺桨的作用只是改变桨叶角和停止发动机运转。为了保护发动机，飞行员还必须关断油路（混合比、电动泵和燃油选择器），关闭点火装置、发电机和鱼鳞板。如果飞机是增压座舱，可能还需要关掉失效发动机。有些飞机备有防火墙关断活门，一个按钮就可以确保以上几个系统的安全。

　　应根据故障的类型、发生故障时的高度和可用时间等实际情况，对失效的发动机实施关断保护。失效发动机的燃油控制器、点火装置和发电机开关的位置对飞机的性能并没有影响。很明显，匆忙和有压力的情况极易造成飞行员的错误操作。

如果需要回桨，发动机必须运转以便产生滑油压力，从而使螺旋桨桨叶离开顺桨的位置。在启动之前应打开点火装置，油门设置在慢车位，混合比全富油，而变距杆在大转速的位置，然后接通启动机。发动机启动后产生的滑油压力使螺旋桨脱离顺桨。发动机启动后，应该立即减小转速，因为发动机需要数分钟时间进行暖机；与此同时，飞行员应监控汽缸头和滑油温度。

如果只使用启动机，转速还不足以使螺旋桨回桨，则可以通过小的俯冲增速的办法来完成回桨。任何情况下，都应遵循 AFM/POH 上规定的回桨程序。制造商建议用户不要在地面尝试顺桨或启动顺桨后的活塞式发动机，因为这样会使飞机承受不必要的压力和震动。

调速器失去滑油压力后，配重、弹簧或存储的气压会使螺旋桨顺桨。每一次发动机关车，调速器的滑油压力都随之消失，理论上螺旋桨应该会顺桨，但实际上这种情况并不会发生。防止这种情况发生的是安装在变距机构中的一根小插销，每当转速低于 800 rpm 的时候，它便会阻止桨叶顺桨。这根插销能够根据螺旋桨的转速来判断离心力的大小。当离心力小到一定程度时，这根插销就会启动，阻止顺桨。所以，如果要顺桨，必须在发动机转速低于 800 rpm 之前执行。有些涡桨发动机没有装备这根能够感应离心力的插销，所以每次关车的时候，螺旋桨都会顺桨。

有些多发飞机会额外装备回桨储压器，它可以在飞行中不使用启动机的情况下，启动一个顺桨的发动机。储压器是一个用来储存高压的装置。在多发飞机上，回桨储压器中存有滑油及少量被滑油压缩的空气或氮气。在空中启动一台顺桨的发动机，飞行员需要前推变距杆，使其离开顺桨位置，从而释放储压器中的滑油。高压的滑油流到桨毂并把桨叶改变到小迎角、大转速的位置。随后螺旋桨通常会进入风车状态（某些飞机可能需要借助启动机来带动螺旋桨转动，完成回桨），如果此时供油和点火都正常，发动机就会启动。对训练飞机而言，这样的方法可以减少启动机的磨损。发动机开始运转之后，来自调速器的高压滑油很快会再次为储压器充压。

12.3.2　螺旋桨的同步

很多多发飞机都装有螺旋桨同步器，目的是在螺旋桨转速相差不大的情况下，消除转速差带来的噪声。要使螺旋桨同步，飞行员应先使螺旋桨的转速大致相同，然后再接通螺旋桨同步器。同步器会自动调校"副"发动机的螺旋桨转速，使其与"主"发动机的螺旋桨转速相同，并维持此状态。当螺旋桨转速需要改变时，飞行员应先解除同步器，待转速稳定后再重新接通。起飞、着陆和一台发动机失效时，应该关闭同步器。此系统的描述及限制，可以在 AFM/POH 中查询。

另一种螺旋桨同步器是螺旋桨同相位器。同相位器的作用和同步器相似，它可以精确地协调转速。同相位器不仅能够协调转速，还可以在一定范围内比较和调校每一片螺旋桨桨叶的位置。此外，它还能够明显地减少噪声和震动。对飞行员而言，同步器与同相位器在操作上非常类似。

为了让飞行员能够同步螺旋桨，有一些双发飞机的转速表里面备有一个刻了螺旋桨标记的转盘式仪表。当螺旋桨不在同步状态时，这个小仪表就会转动。如果想人工调校发动机转速，需要把变距杆调到合适的位置让转盘停下。这个利用可听式脉搏原理的仪表是一个很有用的后备螺旋桨同步设备。这个仪表也常常与螺旋桨同步系统或同相位系统配套安装。在有些同相位系统上，可以通过一个旋钮控制相位角。

12.3.3　燃油交输

燃油交输系统（常称为"交输供油"）只安装在多发飞机上。利用交叉输送的特性，发动机能够使用另外一侧机翼的油箱燃油。

对大部分的多发飞机来说,交输供油是在一台发动机失效时用来延长飞行距离和时间的应急程序。有少数机型也允许在正常运行时执行交输供油,目的是为了平衡燃油。但是,这种机型并不普遍。交输供油的限制和执行程序详见 AFM/POH,不同机型会有明显的区别。

在地面,要检查交输供油系统是否正常非常简单,检查人员只需要快速地转动手柄,将燃油选择器设置到新的位置。这样做的目的是检查手柄是否能够顺畅地来回移动。如果要切实检查交输供油系统的工作是否正常,就要针对功能进行完整的检查。具体方法是,在交输供油的情况下运行每一台发动机。要注意的是,每一台发动机都应独立地进行检查。启动后,调整油门,使发动机保持在中等转速(最少 1,500 r/min)运转至少一分钟,目的是确保发动机能够从交输供油系统中获得燃油。在完成该检查后,应在起飞前把每台发动机换回主油箱(起飞时使用的油箱),再在中等转速下运行一分钟以确保燃油供应正常。

并不是每次飞行之前都需要执行这项检查。然而,由于经常不使用,交输供油系统的管道很容易累积水气和碎物。如果要确保其畅通,除了要不时使用之外,还可以通过在飞行前放油,进行油路清洁。即使在一台发动机失效的情况下飞行,如果有足够把握将飞机降落在备降机场,可以不使用交输供油。此外,在起飞和降落时禁止使用交输供油。

12.3.4　燃烧加温装置

燃烧加温装置在多发飞机上很常见。坐舱加温装置可以被形容为一个燃烧汽油的炉子。燃烧汽油产生的热气,可以给座舱进行加温,也可以用来进行风挡除雾。有的加温装置还能够自动调节温度。此外,为了便于维护,安装有一个计时器来纪录加温装置的工作时间。加温装置上还装有一个热感应断路器来防止过热,如果这个断路器断开,飞行中无法重新接通。需要维修人员目视检查加温装置有无损坏,然后再决定是否重新连接断路器。

加温装置在使用后需要一定时间冷却。在飞行中,大部分的加温装置需要最少 15 秒的时间进行自然通风冷却。在地面,则需要使用换气扇至少两分钟来进行通风冷却。如果不对它进行冷却,热感应断路器很容易断开。

12.3.5　飞行指引仪/自动驾驶仪

飞行指引仪/自动驾驶仪(FD/AP)在先进的多发飞机上比较常见。该系统将俯仰、横滚、航向、高度和无线电导航等信号集中在一台计算机中。它们的输出信号称为计算指令,并显示在姿态指引指示仪(ADI)上。ADI 取代了传统仪表板上的地平仪。ADI 有时候被称为飞行指引指示器(FDI)或飞行指令指示器(FCI)。整个飞行指引/自动驾驶系统有时候会被某些制造商称为综合飞行控制系统(IFCS),还有一些被称为自动飞行控制系统(AFCS)。

FD/AP 系统通常有以下三种状态:

- 关断(原始数据);
- 飞行指引(计算指令);
- 自动驾驶。

当系统处于关断状态时,ADI 的作用就跟普通的地平仪一样。在大部分 ADI 上,如果飞行指引没有开启,指引杆不会显示。

如果需要使用飞行指引,飞行员应在 FD/AP 模式控制器上输入指定的模式(航向、高度、导航切入、航迹)。计算出的飞行指令会通过单杆或双杆系统显示在 ADI 上。在单杆指引系统上,飞行指令会显示

为 "V" 形指引杆。在双杆指引系统上，飞行指令则会显示为两个独立的指引杆，其中一个指示俯仰，另外一个指示横滚。如果想根据指引来操纵飞机，飞行员应设法使 ADI 上的小飞机紧跟指引杆。

在大部分系统中，如果要接通自动驾驶仪，飞行员应首先接通飞行指引仪，在模式控制器上选择需要的飞行模式，然后接通自动驾驶仪。自动驾驶仪会马上根据飞行指引的计算指令操纵飞机。

同计算机一样，FD/AP 系统只会执行指定的任务。飞行员必须确定系统已经输入了正确的飞行阶段计划。预位或者已经接通的模式通常会显示在模式选择器或独立的指示灯上。人工操纵飞机时，如果不使用飞行指引，应该将其关掉，以免影响飞行员的注意力。

在系统接通之前，应该完成所有的 FD/AP 计算机和配平的检查。有很多系统在完成自检之前是无法接通的。不论是在正常或紧急情况下，飞行员应熟悉各种断开系统的方法。系统的详细描述，包括许可和限制，都可以在 AFM/POH 的补充部分找到。此外，一些航空电子设备的制造商也提供系统的使用指南。

12.3.6　偏航阻尼器

偏航阻尼器是一个能够根据方位陀螺或加速度计探测到的偏航角速度来偏转方向舵的伺服装置。偏航阻尼器能够减少由颠簸引起的在纵轴方向上产生的扰动（后掠翼飞机上的偏航阻尼器还具有阻止荷兰滚的特点）。接通偏航阻尼器时，飞机会更加平稳飞行。偏航阻尼器在起飞和着陆的时候必须断开。一台发动机失效的情况下飞行，偏航阻尼器的使用可能有额外的限制条件。大多数偏航阻尼器都可以和自动驾驶仪分开独立使用。

12.3.7　发电机

小型多发飞机多使用并联系统供电，两台发电机能够平均分担整个电力系统的负荷。当一台发电机失效时，电力系统将隔离失效的发电机，正常工作的那台发电机向整个电力系统供电。根据发电机的功率，在只有一台发电机工作的情况下，应按照 AFM/POH 中的限制和要求减小电力负荷。

12.3.8　机头部位行李舱

机头部位行李舱的使用需要遵守手册上的载荷限制。需要注意的是，不要忘记将机头部位行李舱舱门锁好，否则，舱门可能突然打开，散落的物品可能打到螺旋桨。即使机头部位行李舱是空的，飞行员也有可能被突然打开的舱门分散注意力，导致飞行事故。所以在飞行前一定要确认机头部位行李舱舱门锁好。

机头部位行李舱舱门在飞行中打开不会对飞行操纵造成大的影响，此时飞机可能产生异响。在这种情况下，最重要是操纵飞机，不要因为舱门而分散注意力。

飞行前需要检查行李舱内部，将工具、行李等物品放好并固定，以免在飞行中损坏。

12.3.9　防冰/除冰系统

有的多发飞机上安装有防冰/除冰系统，按照用途，可以分为防冰设备和除冰设备。飞机即使安装有防冰/除冰设备，也并不意味着可以在积冰条件下飞行。关于在积冰条件下飞行的许可和限制，应该查询 AFM/POH、标牌或咨询制造商。

防冰设备是为了防止机体表面某些特定的部位积冰。防冰设备包括空速管加温、具有防冰设计的静压孔和燃油管及其加温设备、螺旋桨电加热或酒精喷射装置、风挡电加热或酒精喷射装置、风挡除雾和失速警告探测器加温装置。大多数涡桨飞机的进气口周围可以用电力或引气加热。如果 AFM/POH 上没有特别说明，防冰设备应在飞机飞入已知或可能积冰的气象条件之前启动。

除冰设备通常采用气动式除冰带来除冰，它们通常只安装于机翼和尾翼的前缘，其目的是清除已经在除冰带上形成的冰层。在打开除冰设备之后，气动泵会为除冰带充气，从而破坏积冰层。充气几秒钟后，除冰带便会被抽成真空并且恢复到原来的状态。在飞行中，飞行员需要持续监控冰层的形成，并根据 AFM/POH 的要求使用除冰带。夜航时，可以利用安装在左发动机舱上的积冰检查灯来监控机翼的积冰情况。

在积冰条件下飞行的必备设备还包括一个备用进气源和一个备用静压源。此外，飞机也必须安装能在积冰状况下正常使用的天线。

当发动机的正常进气口发生积冰的时候，应该选用汽化器加热（汽化器发动机）或备用空气（燃油喷射发动机）。正常进气口上积冰时，如果是定距螺旋桨，发动机转速会减小；如果是变距螺旋桨，进气压力会减小。有些燃油喷射发动机在正常进气口被堵的时候，会自动启用备用气源。

当主静压源被堵的时候，备用静压系统能为全静压系统提供一个备份的静压源。在非增压飞机上，大部分的备用静压源都安装在客舱里面；在增压飞机上，则安装在没有增压的行李舱里面。备用静压源的开关可能是一个活门或者一个安装在驾驶舱的装置。启用之后，空速表、高度表和升降速度表的指示都会有误差。因此，AFM/POH 上通常都备有校对表。

防冰/除冰设备只能处理受保护的表面上的积冰，在其他不受保护的部分，也可能出现强烈的积冰。在大迎角姿态下爬升时，有可能在机翼底部产生积冰，而这些部分不受防冰/除冰设备保护。许多机型的 AFM/POH 严格规定飞机在积冰天气中飞行的最小速度。在积冰的情况下，飞机的飞行性能会受到严重影响，失速警告不能提供准确的警告。

附着在飞机表面上的冰是不均匀的，它不但增加飞机的重量和阻力（主要是阻力），还减小推力和升力。机翼的形状甚至也会影响积冰的情况：机翼较薄的部分比厚而高弧度的部分更容易积冰。因此，在飞机某些表面上如水平安定面比机翼更容易积冰。在积冰情况下进近着陆时，应尽量选择小的襟翼位置（大角度的襟翼会增加水平尾翼的迎角），并增大进近速度，同时应该尽量避免突然大量地改变型态和速度。

除非在 AFM/POH 上特别注明，否则不应该在飞机积冰时使用自动驾驶仪。飞机在积冰时，配平和操纵的性能都会产生变化。因为自动驾驶仪不能为飞行员提供操纵上的反馈，所以如果持续地使用自动驾驶仪，飞行员可能无法察觉到当时积冰的严重程度，当自动驾驶仪达到设计极限时会突然断开，此时飞行员可以断定飞机的状态已经不符合其正常操纵特性了。

尽管一些飞机上安装了防冰/除冰设备，但在 AFM/POH 上禁止飞机飞入已知积冰区。安装这些设备，是为了在意外进入积冰气象条件时协助飞机脱离积冰区。即使 AFM/POH 允许，也应该极力避免进入积冰区或长时间在积冰区飞行。没有任何一种多发飞机被批准在严重积冰区飞行，也没有任何一种飞机被设计成可以连续在积冰气象条件下飞行。

12.4　性能与限制

12.4.1　名词定义

首先讨论同性能与限制相关的几个定义：
- 加速-停止距离——飞机从开始滑跑加速至某一特定速度（V_R 或 V_{LOF}，依据厂商规定），出现一台发动机失效，中断起飞至完全停止所需要的跑道距离。

● 加速-起飞距离——飞机从开始滑跑加速至某一特定速度（V_R 或 V_{LOF}，依据厂商规定），出现一台发动机失效，继续起飞爬升至 50 英尺高度所经过的水平距离。

● 爬升梯度——通常是指飞机每前进 100 英尺水平距离所能获得的高度，以百分比表示。例如，1.5% 的爬升梯度是指飞机每经过 100 英尺的水平距离，能上升高度 1.5 英尺。爬升梯度也可以用每海里所能获得的高度，或水平距离和垂直距离的比（如 50：1）来表示。与爬升率不同，爬升梯度受风的影响。在逆风的情况下，爬升梯度会增加；在顺风的情况下，爬升梯度则会减少（图 12.5）。

● 实用升限——是指多发飞机在发动机工作正常的状态下，能够保持每分钟 100 英尺爬升率的最高高度。当飞机升降速度为 0 时，就达到了绝对升限。

● 一台发动机失效的实用升限——是指多发飞机在一台发动机失效的状态下，能够保持 50 英尺/分爬升率的最高高度。当飞机升降速度为 0 时，就达到了一发失效时的绝对升限。

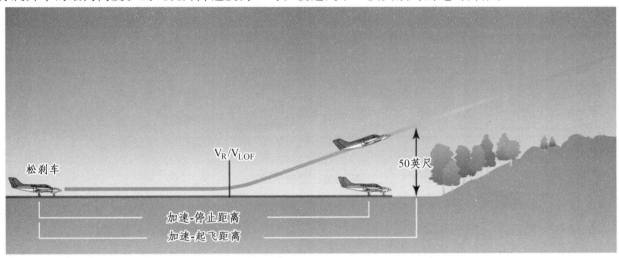

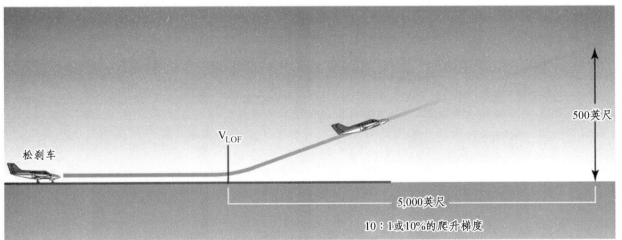

图 12.5 中断起飞所需距离、继续起飞所需距离以及爬升梯度

12.4.2 飞机的性能和限制

飞行员应全面地了解飞机的性能和限制，并在起飞前对整个起飞程序做周密的计划，以便在一台

发动机失效时能够及时正确地处理。该计划应该在起飞简述中明确阐述。

起飞计划要考虑的因素包括重量与平衡、飞机性能（一台发动机失效和全发）、跑道长度、坡度与污染物、地形与障碍物、天气状况和飞行员的能力。大部分多发飞机的 AFM/POH 上都有飞机的性能图，飞行员必须熟练地使用这些图表。在起飞前，飞行员应该明确：飞机的重量与平衡、跑道长度、安全越障的飞行路径以及一台发动机失效时的应急措施。

起飞后，发动机突然失效，飞行员应决断继续起飞或迫降（场内或场外）。如果一台发动机失效，飞机的爬升性能满足继续起飞的要求，且飞行员能及时正确地设置好构型，则可以继续起飞。然而，如果一台发动机失效，飞机的爬升性能不能满足继续起飞的要求，应立即选择合适的场地迫降。严禁超出飞机的性能限制继续飞行（图 12.6）。

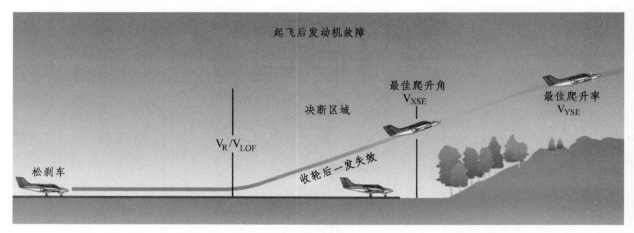

图 12.6　决断区域

法规并没有特别要求跑道的长度要大于或等于加速-停止距离。大多数 AFM/POH 中的加速-停止距离仅仅是一种推荐，但当其作为限制时将标注在 AFM/POH 中的限制部分。跑道的长度仅达到正常起飞滑跑距离的要求是不够的，起飞时还需要一定的安全余度。通常，跑道长度至少达到加速-停止距离。

飞行员应牢记，在理想的情况下，飞机在加速-起飞距离内能上升到离地 50 英尺。在这一段爬升过程中，飞行员必须立即识别并处置一发失效。首先应收上起落架，然后识别出失效发并顺桨。同时，还应精确保持一台发动机失效时的最佳上升率速度（V_{YSE}）和坡度。

假设飞机的剩余上升率为 150 英尺/分，一台发动机失效时的最佳上升率速度为 90 节，此时飞机大概需要 3 分钟爬升 450 英尺，以达到离地 500 英尺的高度。飞行距离需要比原来的加速-起飞距离多出 5 海里，此时飞机的爬升梯度约为 1.6%。转弯（比如返场落地）将严重影响飞机的临界爬升性能。

不是所有多发飞机的 AFM/POH 里都会标注加速-起飞距离，标注爬升梯度的就更少。即使AFM/POH 上标注出这些数据，由于这些数据都是在最理想的飞行状态下得出的，也很难在实际飞行中体现出来。

飞行员应在起飞的过程中预先选择一个合适的点。如果在此点之前一台发动机失效，即使飞机已经离地，也应中断起飞并在前方落地（场内或场外）；如果在此点之后一台发动机失效，且飞机具备爬升性能，应果断执行正确的发动机失效程序并继续爬升。通常推荐，如果起落架还没有收上，即使飞机已经离地，也应该中断起飞。

在实际飞行过程中，如果飞机一台发动机失效的爬升率无法达到 100～200 英尺/分，不应继续起飞。紊流、阵风、发动机与螺旋桨的磨损或者速度、坡度、方向舵的控制不佳会减小大约 200 英尺/分的爬升率。

12.5 重量与平衡

12.5.1 重　量

12.5.1.1 相关名词定义

多发飞机的重量与平衡概念类似于单发飞机，但在实际运行中更加复杂。多发飞机增加了许多装载区，如机头和机尾的行李舱、发动机舱、主油箱、辅助油箱、发动机油箱和许多不同的座位配置。按照多发飞机装载平衡的规定，每次飞行之前都必须计算重量与平衡。

下面将介绍几个有关飞机重量与平衡的概念：空机重量、审定空机重量、标准空机重量，基本空机重量。

1975 年，GAMA（通用航空制造商联盟）重新规范了 AFM/POH 的标准。1976 年，多数制造商开始采用新标准的 AFM/POH。随后，使用 GAMA 新标准的制造商运用以下公式来计算飞机的重量与平衡：

标准空机重量+选装设备重量=基本空机重量

标准空机重量包括标准的飞机重量、满液压油重量、不可用燃油重量和满滑油重量。选装设备重量包括所有标准安装设备以外的设备重量。注意，基本空机重量只包括不可用燃油重量和全部的滑油重量。

执行 GAMA 新标准之前制造的飞机一般都是运用以下公式来计算飞机的重量与平衡：

空机重量+不可用燃油重量=标准空机重量

标准空机重量+选装设备重量=审定空机重量

空机重量包括标准的飞机重量、满液压油重量和不可用燃油重量。不可用燃油是指余留在飞机上，发动机不可用的燃油。审定空机重量包括标准的飞机重量、选装设备重量、满液压油重量、不可用燃油重量以及不可用滑油重量。

GAMA 新标准与之前的旧标准的主要区别在于基本空机重量包括了满滑油重量，而审定空机重量没有包括满滑油重量。在所有使用的审定空机重量的重量与平衡计算中，必须加上滑油重量。

12.5.1.2 重量与平衡的计算

运行中，机务人员会提供经修正的有关重量与平衡的文件，以反映安装设备的变化。旧的重量与平衡文件都会被标记上"作废"，并且保留在 AFM/POH 中。法规没有要求机务人员更新和使用 GAMA 的术语，因此重量与平衡文件与原始文件可能使用不同的术语。在计算重量与平衡时，飞行员应该证实是否需要加上滑油重量。

在多发飞机上将涉及"零燃油重量"这一概念。大多数多发飞机的 AFM/POH 都有零燃油重量限制。零燃油重量就是除去可用燃油，飞机允许的最大商载。如果给定了零燃油重量限制，则超过该限制的所有重量必须包括可用燃油重量。设定零燃油重量的目的是限制机身作用在翼梁上的载荷力。

【例 1】　假定一架多发飞机的重量和容量如下：

基本空机重量·····················3,200 lb

零燃油重量·······················4,400 lb

最大着陆重量·····················5,200 lb

最大可用燃油重量·················180 gal

1. 计算可用载重量

最大起飞重量·····················5,200 lb

基本空机重量····················· − 3,200 lb

可用载重量……………………………………2,000 lb

可用载重量是指飞机能装载的最大重量，包括可用燃油、乘客、行李和货物的重量。

2. 计算商载

零燃油重量……………………………………4,400 lb

基本空机重量……………………………… − 3,200 lb

商载……………………………………………1,200 lb

商载就是飞机能运载的乘客、行李和货物的最大总重量。而公布的零燃油重量是一个限制重量。

3. 计算在最大商载（1,200 lb）下的燃油量

最大起飞重量……………………………………5,200 lb

零燃油重量……………………………… − 4,400 lb

可装载的燃油量…………………………………800 lb

假设要达到最大商载，超过零燃油重量以外所允许的其他重量必须包含可用燃油重量。在本例中为 133.3 加仑（800 lb）。

4. 计算在最大燃油量（180 gal）下的商载

基本空机重量……………………………………3,200 lb

最大可用燃油……………………………… +1,080 lb

最大燃油重量……………………………………4,280 lb

最大起飞重量……………………………………5,200 lb

最大燃油重量……………………………… − 4,280 lb

允许的商载………………………………………920 lb

假设在最大燃油重量的情况下，商载就是最大起飞重量与飞机在满油时重量的差值。

部分多发飞机还规定了停机坪重量，这个重量往往大于最大起飞重量。停机坪重量是滑行所消耗的燃油重量加上最大起飞重量。飞机在开始起飞滑跑时的重量不允许超过最大起飞重量。

禁止超过公布的最大着陆重量着陆。这就需要在飞行前计算到达目的地机场将消耗的燃油重量，以便使飞机着陆时的实际重量小于或等于最大着陆重量。当出现特殊情况而需要紧急着陆时，飞行员应该意识到飞机在超重着陆时会超过其结构限制。所以在超重着陆前，应该查询 AFM/POH 或咨询制造商相关限制。

12.5.2 平 衡

前面只讨论了重量问题，下面将着重讨论有关平衡的问题。多发飞机的重心在其允许的范围内改变时，其飞行特性也会发生明显的改变。

当重心靠前时，飞机的稳定性增强，失速速度增大，巡航速度减小，更易失速；当重心靠后时，飞机的稳定性减弱，失速速度减小，巡航速度增大，不易失速。重心的前极限通常取决于在飞机审定时用于着陆拉平时的平尾/水平安定面；重心后极限取决于可接受的最小纵向稳定性。应参考飞机的操作限制，以免超出重量与平衡限制。

部分多发飞机要求在一定的装载情况下，需装载配重来使飞机重心保持在重心极限内。有些机型则要求当飞机上只有一名学员和一名教员时，需在后行李舱装载配重以免超出重心前极限。而在另外一些机型上，当乘客坐在最后排的座位时，需在机头部位行李舱装载配重或行李以免超出重心后极限。因此，飞行员必须合理安排乘客座位及行李和货物的装载位置，以确保重心在允许的范围内。多数多

发飞机的 AFM/POH 中的重量与平衡部分都有推荐的装载方法。装载配重时，必须进行固定且确保其不超出行李舱板承重限制。

有些飞机使用特殊的重量与平衡方法，包括使用几个可移动的部件，以便调整重心，使其在重心包线范围之内；另一种较为典型的方法是，在特定的机型上采用特定的装载方法。对于可移动式的装载方法，可以用铅笔在重心包线配载图上勾画出装载位置。这些勾画的内容可以很方便地擦除，并在下次飞行前重新计算和填写。每种机型应使用其特定的重量与平衡图表。

12.6 地面运行

单发飞机飞行前检查和开车的良好习惯对于学习多发飞机很有帮助。然而，进入多发飞机训练，滑行阶段的操作将会有区别。最明显的是，由于翼展的增加，在拥挤区域滑行时要提高警惕。多发飞机在地面的操纵不像单发飞机那样灵活。正常减速时，应先收油门至慢车位，然后使用刹车。适当地利用不对称拉力可以减少刹车的使用并减小转弯半径。

特别要注意的是，在地面同时使用刹车和发动机不对称拉力做急转弯时有可能导致飞机以转弯内侧主轮为支点原地转弯，这样可能损坏飞机结构，应该注意避免类似操纵。

除非 AFM/POH 有其他规定，否则所有地面运行过程中都应该将鱼鳞板全开，而频闪灯通常在进跑道时才打开。

12.7 正常和侧风情况下的起飞与爬升

完成"起飞前检查单"并得到 ATC 的许可后，飞机方可滑进跑道并对正跑道中心线。应避免急转弯进入跑道并立即起飞，这样可能影响油箱供油。在侧风条件下飞行时应对风进行修正。无论昼间或夜间，在起飞前都应打开飞机的外部灯（如着陆灯、滑行灯和翼尖频闪灯）。

起飞功率应该按 AFM/POH 的建议进行设置。普通（非增压）发动机及多数增压发动机在起飞时设置为满油门。但有些增压发动机要求设置特定的功率，通常保持在刚好不超过进气压力表红线位置（额定功率）起飞。

使用增压发动机时要格外注意，应柔和调整油门。因为增压发动机功率增加缓慢，可在起飞滑跑前踩住刹车保持飞机位置不变，加油门，直到发动机稳定在一定的功率，再松开刹车开始滑跑，这样可以有效减小起飞距离。如果跑道较短或者越障要求较高，则应该在松刹车前参照功率图表把油门设置到最大起飞功率。

设置好起飞功率后，应该集中注意力保持飞机沿跑道中心线滑跑，在检查速度的同时监控发动机仪表，检查发动机是否达到设定功率，并且检查燃油流量、燃油压力、排气温度（EGT）和滑油压力是否正常。侧风情况下，随着飞机加速，修正侧风的压盘量应逐渐减小，而驾驶杆应始终保持在中立位置。

每一次起飞都必须使用全功率，不允许使用减功率起飞。没有证据显示活塞发动机会因为使用减功率起飞而延长发动机寿命。减功率起飞时，燃油控制系统未调富油以冷却发动机，反而有可能导致发动机过热和磨损。

起飞滑跑过程中，当速度小于 V_{MC} 时一台发动机失效，必须中断起飞。应立即将油门收至慢车位，并根据情况使用刹车和方向舵，控制好方向。如果飞机已离地，且速度小于 V_{MC}，此时若一台发动机失效，且另一台发动机设置为起飞功率，将无法控制飞机方向。因此，在起飞过程中，严禁在速度小于 V_{MC} 时抬轮离地。飞行员应该使用制造商推荐的抬轮速度 V_R 或离地速度 V_{LOF} 起飞。如果没有公布的 V_R，可将 $V_{MC}+5$ 作为 V_R 使用。

起飞时，应柔和带杆抬轮建立爬升姿态。侧风情况下，在修正偏流的同时应避免飞机二次接地。此时，可以适当增大抬轮速度。但飞行员应牢记 AFM/POH 的性能图表中根据推荐的 V_R 和 V_{LOF} 速度计算出来的加速-停止距离、起飞滑跑距离和越障距离。

离地后应尽快爬升高度。飞机离地以后，获取高度比增加空速更为重要。事实证明，一台发动机失效时，增加的空速并不能有效地转换成高度，而足够的高度能提供更多的时间处理应急情况。因此，正常情况下飞机离地后应保持较小的姿态增速至 V_Y（全发工作时的最佳爬升率速度）。随后保持 V_Y 爬升，直至一台发动机失效的安全高度（该高度与地形和障碍物有关）。

为了帮助飞行员完成起飞和初始爬升，部分机型的 AFM/POH 提供了一个"50英尺"或"50英尺越障"速度，作为抬轮、起飞和增速到 V_Y 时的参考速度。

在飞机获得正上升率之后，应收上起落架。部分机型的 AFM/POH 建议在飞机离地后，收上起落架之前，应短时使用刹车使机轮停转。起飞过程中，襟翼的操作也应遵照 AFM/POH 中的推荐程序。

当飞机爬升至一台发动机失效的安全高度（通常为离地 400～500 英尺以上），应增速至巡航爬升速度（大于 V_Y），并保持该速度爬升至巡航高度。保持巡航爬升速度可以减小飞机姿态以增加视线范围，冷却发动机并增加地速。增速至巡航爬升速度之后，可以按需减小发动机功率。

部分机型的 AFM/POH 推荐（或规定）了爬升功率设置，应根据 AFM/POH 进行设置。如果没有推荐的爬升功率，通常也应适当减小进气压力和转速进行巡航爬升（非要求）。通常，在设置爬升功率和接通偏离阻尼器（如安装）后，螺旋桨会进行同步。AFM/POH 也可能建议在爬升时调贫油。根据 AFM/POH 规定，在工作负荷允许的情况下，及时完成"起飞后检查单"（图 12.7）。

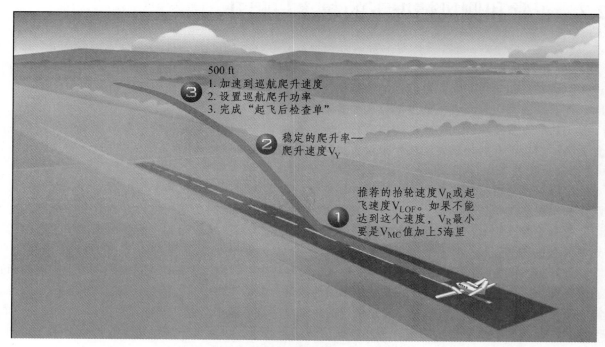

图 12.7　起飞和爬升过程的剖面图

12.8 改平飞与巡航

在到达巡航高度改平飞时，飞行员应保持爬升功率增速至巡航速度，然后再设置巡航功率和转速。为了达到最佳巡航性能，飞行员应按照制造商提供的功率设置表设置巡航功率。如果气缸头温度和滑油温度在正常范围内，则可收上鱼鳞板。当发动机温度稳定以后，应根据 AFM/POH 的推荐将混合比调至比较贫油的状态。此时，应执行"巡航检查单"。

通常，多发飞机的燃油管理比单发飞机复杂。根据系统设计，飞行员可能需要选择主油箱或副油箱供油，或者将燃油从一个油箱传输到另一个油箱。在复杂的燃油系统中，常常会限制某些油箱只能在平飞时使用，或者要求主油箱有一定的燃油储备用来下降及着陆。电动燃油泵广泛应用于许多机型上，特别是在转换油箱或燃油传输时使用。某些机型在起飞和着陆期间需要打开燃油泵。在操作较复杂机型时，对于系统的认识和 AFM/POH 相关知识的学习十分重要。

12.9 正常进近与着陆

与大多数单发飞机相比，多发飞机巡航速度较大（通常，巡航高度也较高），因此，必须做更充分的下降准备；否则会导致下降匆忙，造成在最后下降阶段使用慢车或接近慢车的功率，使发动机温度过低，同时，也可能造成乘客的不舒适（尤其是非增压飞机）。一般来说，如果条件允许，非增压飞机应以最大 500 英尺/分的下降率计划下降，而增压飞机则可以使用更大的下降率。

下降时，某些机型规定了最低排气温度、最小功率设置或最低气缸头温度。在任何情况下，应尽量避免低进气压力时高转速。如果需要更大的下降率，收油门前应首先放下部分襟翼或放下起落架。飞行员应该在下降前开始执行"进近检查单"，在进入目的地机场范围前完成。进入机场终端区域后，尤其是在距离机场 10 英里范围内或在低能见的情况下，当高度低于 10,000 英尺时，应打开飞机着陆灯和识别灯。

与大多数单发飞机相比，在起落航线上以及进近过程中，多发飞机空速较大，飞行员可以提前执行"五边检查单"。很多多发飞机在进入起落航线前，速度大于 V_{FE} 时放下部分襟翼。起落架通常是在三边时放下（图 12.8）。

稳定进近是指当飞机在五边，离地高度 500 英尺时，飞机应该保持好速度、打好配平、建立着陆构型、对正跑道中心线，并保持稳定的下滑角飞向接地区域。在正常情况下，飞机只需要较小的修正量来完成进近和着陆。

飞机进入最后进近阶段时，应保持制造商推荐的速度；如果没有制造商推荐的速度，则应保持不小于一台发动机失效的最佳爬升率（V_{YSE}）速度，直到进入最后阶段并确保能够着陆。任何情况下进近速度决不能小于最小可操纵速度（V_{MC}）。

拉平过程中，应柔和收光油门。由于多发飞机机翼载荷较大以及慢车状态下螺旋桨风转阻力，会缩短平飘距离。

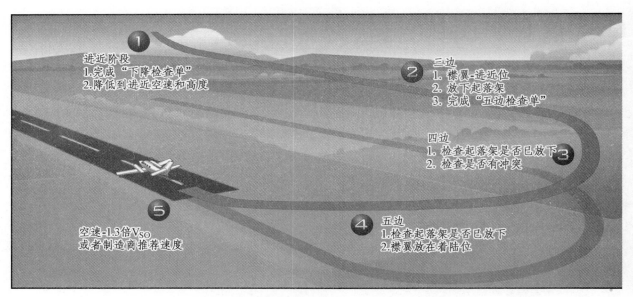

图12.8　正常情况下全发飞机的进近与着陆

通常情况下，不建议多发飞机做完全失速接地。与高性能单发飞机一样，多发飞机着陆时应带住杆，使主轮在飞机完全失速前接地。在有利的风向条件下，应带住前轮以获得最佳气动减速效果。柔和放前轮过程中，持续的带杆力也有助于刹车减速。如果跑道长度不够，侧风过大，或跑道表面有积水、积冰、积雪，则飞机接地后不能只依靠气动减速。应尽快使主轮承重，因为刹车减速比气动减速更有效。前轮接地后，应带杆力使主轮承重并增加阻力。必要时，可收起襟翼以使主轮承重，提高刹车效率。正常情况下，不推荐在着陆滑跑过程中收襟翼。

部分多发飞机可以带小功率着陆，这样可以防止下降率过大，并能使飞机柔和接地。带功率着陆只能在跑道足够长时使用。当速度减小至滑行速度，飞行员应尽快操纵飞机安全脱离跑道，然后执行"着陆后检查单"。通常情况下，在飞机脱离跑道并停止后，方可收襟翼并执行检查单，以防止在收襟翼时误收起落架。

12.10　侧风进近与着陆

通常情况下，多发飞机比单发飞机的进近速度和接地速度大，所以多发飞机在侧风情况下着陆更为简单、容易。多发飞机与单发飞机一样，接地前，飞机的纵轴必须跟跑道中心线一致，以避免起落架受到侧向载荷。

航向法与侧滑法是飞机常用的两种典型的侧风修正方法。在飞机进入最后进近阶段，如果使用航向法，应立即改变航向以修正偏流，使飞机沿跑道中心延长线进近。根据侧风大小，适度调整偏航角，以抵消侧风影响；在侧风情况下，向上风面压盘，并向反方向蹬舵以防止飞机转向，此方法称为侧滑法。着陆时，上风面的起落架会先接地，其次是下风面的起落架，最后是前轮。接地后，应逐渐向上风面压满盘。

何时由偏流修正法转为侧滑修正法，应基于飞行员对机型的熟悉程度和自身的经验。在具备高水平的技巧和经验时，该动作可以在飞机着陆前的瞬间完成。如果是新手则需要在着陆前多留一段距离作准备。有些多发飞机（包括一些单发飞机）的AFM/POH对侧滑时间长短有限制，如30秒，这是为了确保飞机在侧滑时不会因为在上风面的机翼供油不畅而引起发动机功率损失，所以如果使用这样的方法，飞行员必须经常留意这个时间限制。

有些飞行员倾向于使用差动功率修正侧风。这种利用不对称拉力产生偏航趋势的方法与用舵略有不同。向上风面压盘时，需要增大上风面发动机的功率以防止飞机转向。这种方法有一定的实用性，但大部分飞行员觉得用舵和副翼修正侧风比用油门更快捷，尤其在涡轮增压飞机上更为明显，因为其油门响应往往更慢。所以这种侧风修正方法最好在有经验的教员指导下练习。

12.11 短跑道起飞与爬升

在空速和初始爬升剖面上，短跑道起飞、爬升与正常起飞、爬升存在差异。有些机型的 AFM/POH 会提供短跑道起飞和爬升程序，包括特定的襟翼角度和指示空速。如果 AFM/POH 没有提供这一特殊程序，就应该根据 AFM/POH 推荐的正常程序进行操作，决不允许违背 AFM/POH 规定的程序进行操作。

从短跑道起飞和爬升，通常会在抬轮和离地后加速到 V_X 并保持这一速度直至飞越障碍物，再增速到 V_Y（图 12.9）。

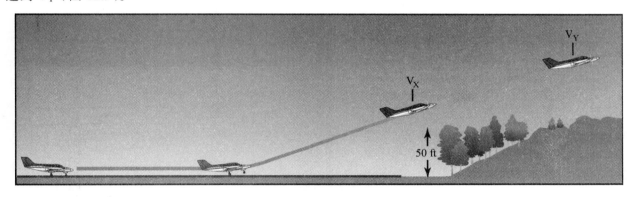

图 12.9 短跑道起飞和爬升

如果按照推荐使用部分襟翼从短跑道起飞，多数轻型双发飞机在 V_{MC} + 5 海里之前都会出现强烈的离地趋势，为防止过早离地而顶杆可能引起机轮抖动。为避免这种情况，可以先允许飞机离地升空，但保持离跑道几英寸。在飞机增速至 V_X 之前，飞行员应随时做好准备，一旦出现发动机失效应及时中断起飞并着陆。

从短跑道起飞，尤其是在有障碍物的情况下出现发动机失效，应当使用较小的速度和较陡的爬升姿态，但由于 V_X 和 V_{XSE} 非常接近 V_{MC}，因而飞行员往往容易在这一环节出现操作失误。如果带部分襟翼起飞，一台发动机失效后，附加的阻力会使情况更加危急。如果 V_X 小于 V_{MC} + 5 海里，强烈建议减少飞机装载或选择其他跑道起飞，以增加起飞的安全余度。

12.12 短跑道进近和着陆

短跑道进近、着陆与正常进近、着陆的方法基本相同。大多数制造商并没有在 AFM/POH 中提供短跑道进近和着陆的技巧及有关性能的图表。在没有具体的短跑道进近和着陆方法时，应该按照

AFM/POH 的正常程序进行操作。

短跑道进近的关键在于建立正确的构型（全襟翼），保持一定的下滑角稳定进近，以及精确地控制空速。作为短跑道进近和着陆程序的一部分，有些 AFM/POH 建议使用比正常进近略小的进近速度。

全襟翼进近时，下滑角度最大。如果有障碍物，应做好充分的准备，避免在越过障碍物后需要大幅度的减小功率下降。在拉平过程中，应柔和地收油门至慢车。飞行员应该牢记，螺旋桨除了产生推力，吹向机翼的气流还可产生部分升力。因此，如果在越过障碍物后突然大幅度地减小发动机功率，通常会引起飞机急剧下沉而导致重着陆。

在短跑道着陆后，为了尽快使飞机停止，可以收上襟翼，适当带杆，并使用足量的刹车。如果跑道的长度许可，飞机的襟翼可以保留在放下的状态直至飞机脱离跑道。应避免在着陆后收襟翼时误收起落架。

着陆过程中何时收上襟翼取决于着陆条件，包括是否是短跑道、有无大风或强侧风。如果需要在着陆后尽早收上襟翼，飞行员必须在执行项目之前进行确认。

12.13 复 飞

一旦决定复飞，应立即推油门至起飞功率。当飞机增加到一定空速后应建立适当的爬升姿态。这样可以防止飞机下沉，并建立合适的姿态使飞机爬升。飞机的初始速度为 V_Y，如果有障碍物时则速度应为 V_X。当飞机获得足够的空速时，应收襟翼（从全襟翼位收至中间位），当飞机具有一定的正上升率并且剩余跑道不足以落地时，收起落架，然后再收上余下的襟翼（图 12.10）。

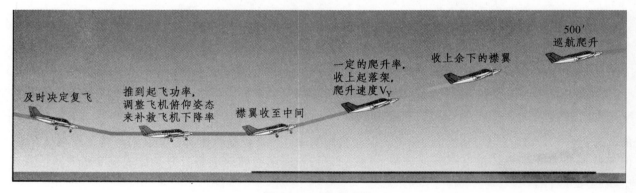

图 12.10 复飞程序

如果飞机复飞是因为地面或空中冲突，飞行员应该适当压坡度将飞机偏至一侧，平行于跑道或着陆区域飞行，以便目视观察冲突。

如果在进近时飞机已配平，那么在复飞阶段加速并转至爬升时会需要较大的顶杆力。飞行员应该适当增大向前的稳杆力保持飞机姿态，然后适当调整配平。完成这些操作之后，飞行员可以执行相应的检查单。

先收襟翼后收起落架有两方面的原因：一是因为大多数飞机的全襟翼都比起落架产生的阻力更大；二是飞机会因为襟翼收上而出现一定程度的下沉，此时起落架应在放下位，以防止飞机由于操作不当而接地。

多数多发飞机的起落架收上限制速度都明显低于放下限制速度，所以飞行员在复飞过程收起落架时应特别注意不要超过收起落架的限制速度。如果飞行员准备再次着陆，必须再次执行完整的"五边检查单"；否则，可能导致未放起落架着陆的事故。

如果在速度较小的状态下复飞，则必须在增加足够速度的前提下改变俯仰姿态使飞机爬升。小速度复飞的情况包括拉平过程中复飞、改出严重跳跃的复飞以及进近失速时的复飞。至关重要的是保持飞机的状态控制并获得足够的速度。要使飞机增速至爬升速度，可能需要短时间保持平飞或接近平飞的状态。

12.14　中断起飞

多发飞机与单发飞机可在同样的情况下中断起飞。一旦决定中断起飞，应果断地收光油门并使用方向舵、前轮转弯机构和刹车以保持飞机滑跑方向。为使飞机停止在跑道上，中断起飞时需要比平时更大的操纵量，尤其是在未能及时识别发动机失效或未能及时收光油门的情况下。然而一定要明确，中断起飞的首要目的并不是在最短的距离使飞机停止下来，而是在减速的过程中保持对飞机的控制，一旦飞机失去控制，所产生的后果可能比冲出跑道更为严重。

12.15　起飞后一台发动机失效

在起飞或复飞时，飞机速度小、高度低，甚至起落架及襟翼都可能处于放下位，所以起飞或复飞时出现一台发动机失效，处置最为困难。在顺桨前，失效发螺旋桨风转会产生较大的阻力和严重的偏航趋势。此时爬升率会很小，飞机甚至可能下降。因此每次起飞前都必须对可能出现的一台发动机失效做好充分的准备。

一台发动机失效时，最重要的是保持对飞机的操控并执行飞机制造商推荐的应急程序。起飞后发动机完全失效可大致分为以下三种情况：

（1）起落架放下（图 12.11）。起飞后一台发动机失效而起落架仍处于放下位时，可迅速收光油门并在剩余的跑道内着陆。如果飞行员未能及时准确地修正一台发动机失效导致的偏航趋势，飞机可能偏离中线至跑道一旁侧。在完成收上襟翼和起落架，将螺旋桨顺桨，并使飞机加速的同时还要保持对飞机的方向控制非常困难。有些飞机的液压泵仅由一台发动机驱动，如果恰好该发失效，要收上起落架，唯一的方法是让螺旋桨继续风转或使用手动泵。

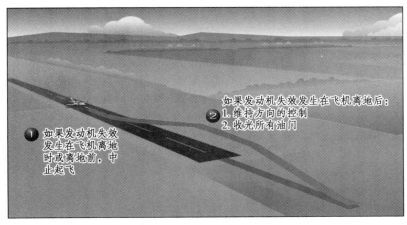

如果发动机失效发生在飞机离地后：
1. 维持方向的控制
2. 收光所有油门

如果发动机失效发生在飞机离地时或离地前，中止起飞

图 12.11　在起飞，起落架放下的情况下发动机失效

（2）起落架手柄收上位，且一台发动机失效，爬升性能不足（图12.12）。当飞机在起飞离陆瞬时出现一台发动机失效，并且接近或超越一台发动机失效时的升限，无论任何情况都必须着陆。在之后的飞行中应注意，切忌为了使飞机保持在空中而进行超越飞机性能限制的操作，可利用工作发动机保持V_{YSE}速度下降并继续飞行。严禁通过减小空速来保持高度。首要的是控制飞机尽快着陆，而不要超过飞机的性能限制范围继续飞行。

分析表明：起飞后一台发动机失效，飞机处于可控状态下迫降（即使在场外），成功率非常高；同时，若超过飞机性能限制范围勉强飞行，极易引起失速螺旋，进而导致严重事故。

若收放起落架的液压泵恰好由失效发来驱动，则无论是让该发动机继续风转以驱动液压泵还是利用手动泵收上起落架，飞机都有可能在该过程中损失较多的高度。

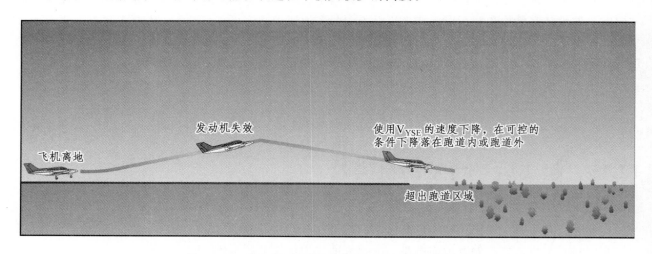

图12.12 起飞时发动机失效，不合适的爬升性能

（3）起落架手柄收上位，满足一台发动机失效的爬升性能（图12.13）。如有足够的一台发动机失效爬升性能，应注意以下几点：控制、构型、爬升和检查单。

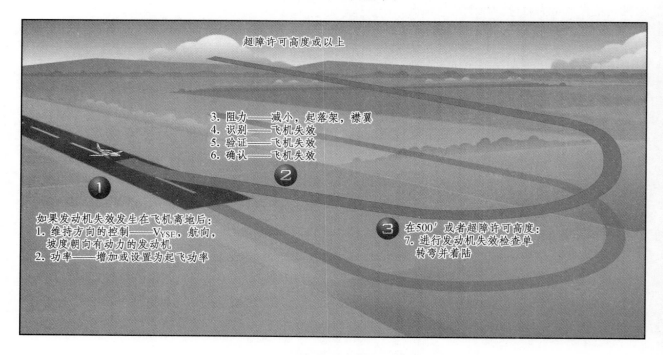

图12.13 起落架收上，合适的爬升性能

192

• 控制——首要的是控制好飞机的状态。判别发动机失效的同时，应当立即向工作发一侧压盘及蹬舵，以抵消不对称推力所产生的偏航及滚转趋势，此时方向舵的操纵量将会比较大。飞机在一台发动机失效并保持 V_{YSE} 时比正常情况保持 V_Y 时的俯仰姿态要小。为保持好飞机的方向，可能需要使用至少 5° 的坡度，但该坡度仅仅用于初始阶段，一旦方向控制稳定，可适当减小坡度。当坡度超过 2°～3° 时飞机爬升性能将受到影响，但任何情况下都应以获得和保持 V_{YSE} 以及保持方向控制为首要目的。进行这些操纵时应使用配平来减小操纵力。

• 构形——应当立即执行"一台发动机失效应急检查单"里的记忆项目以建立爬升的构型（图12.14）。随后的特殊程序应参考该机型的 AFM/POH 和检查单。大多数程序都会要求保持 V_{YSE}，设置起飞功率，收上襟翼和起落架，识别、确认失效发并进行顺桨（有些飞机要求先收上起落架后收襟翼）。

```
                 起飞后发动机失效

    空速 . . . . . . . . . . . . . . . . . . . .    维持WYSE
    混合比 . . . . . . . . . . . . . . . . . .    富油
    螺旋桨 . . . . . . . . . . . . . . . . . .    高转速
    油门 . . . . . . . . . . . . . . . . . . . .    起飞功率
    襟翼 . . . . . . . . . . . . . . . . . . . .    收上
    起落架 . . . . . . . . . . . . . . . . . .    收上
    识别 . . . . . . . . . . . . . . . . . . . .    确定失效

    验证 . . . . . . . . . . . . . . . . . . . .    收光失效发
                                                动机油门

    螺旋桨 . . . . . . . . . . . . . . . . . .    顺桨
    调整片 . . . . . . . . . . . . . . . . . .    配平
    发动机失效 . . . . . . . . . . . . . . .    安全的
    实际许可尽快 . . . . . . . . . . . . .    着陆

        勇敢 各项目需要立即行动并在记忆的指导下完成
```

图 12.14　典型的起飞后发动机失效检查单

"识别"即判别失效发的过程。在不同的失效类型情况下，仅根据仪表的显示来判断不一定可靠，应根据保持飞机直线飞行时操纵上的变化来进行判断（未蹬舵的一侧即失效发）。"确认"则通常是指将识别出的失效发油门收至慢车，若飞机的状态没有发生变化，则认为"识别"正确，然后将此发动机顺桨。

• 爬升——一旦控制好方向并建立好爬升构型，应适当减小坡度以获得最佳的爬升性能。在没有明显侧滑的情况下，建议使用 2° 坡度，侧滑仪小球偏离 1/3～1/2 个小球位置的状态下飞行，并保持 V_{YSE}。由于转弯会使爬升性能下降，如果计划返场着陆必须先保持直线爬升或以小坡度转弯以满足越障的要求，在不低于离地 400 英尺的高度进行转弯。

检查单——在完成"一台发动机失效应急检查单"里的记忆项目后，在时间充足的前提下须执行该检查单。随后，执行"关闭失效发动机"检查单（图 12.15）。如果怀疑发动机失火，应及时有序地完成"起飞后发动机失效检查单"里剩余的项目，但切忌在执行检查单项目时忽略对飞行状态的控制。

失效发动机安全确认	
混合比	闲置的切断
磁电机	关闭
整流式直流发电机	关闭
鱼鳞板	关闭
燃油增压泵	关闭
燃油选择开关	关闭
螺旋桨同步器	关闭
电力负载	减小
燃油交叉运输	视情况而定

图 12.15　典型的失效发动机安全确认检查单

　　上述处置措施中，除关闭失效发动机的鱼鳞板外，其余项目即使没有及时完成也不会对爬升性能构成严重的影响。在紧急情况下执行快速检查单时，应防止出现错误的操作。飞行员应集中精力控制好飞机状态，争取最佳的爬升性能，并及时向地面管制报告紧急状况。

　　在执行"一台发动机失效应急检查单"里的记忆项目时，有些项目已完成。例如，在爬升阶段，起落架和襟翼已收上，但执行检查单记忆项目时仍有此两项收上的操纵，其目的是保证必要的项目已完。

　　上述三种起飞后一台发动机失效的情况中，起落架是决定着陆或继续飞行的关键因素。比如，当起落架在放下位时，一般都建议着陆，但也不能因此误认为正常情况下离陆后收上起落架不正确。在正常情况下，如仍有剩余跑道或停止道可供着陆，起落架须处于放下位置。

　　有两个可以帮助飞行员处置发动机失效的口诀：第一，"Dead foot—dead engine"可用来识别失效发，即根据发动机失效后向工作发蹬满舵来判断另一侧发动机失效。因此，"dead foot"将对应"dead engine"，另一个相同的说法是"idle foot—idle engine"或"working foot—working engine"。第二个，"Raise the dead"与爬升性能有关。要获取最佳的爬升性能应向工作发一侧压盘保持约 2° 的坡度，相应地，失效发一侧则被"提升"了 2°。

　　有时，发动机故障并不代表该发动机完全失效，某些情况下该发动机仍能提供部分动力。如果飞行员在将故障发油门收至慢车时发现飞机性能有所下降，可考虑在不影响飞行安全的前提下，容许其继续工作直至获取安全的高度和速度。切忌为了保护故障发而失去对飞机的控制，否则将导致飞行事故。

12.16　飞行中一台发动机失效

　　在较高高度出现的发动机失效，其处置方法与小速度、低高度的情况有所不同。巡航速度将使飞机保持较好的操纵性，高高度则可提供较多的时间对特情作出判断和处置。最关键的还是保持对飞机的操纵。经验表明，过分地集中于处置发动机故障可能导致丢失状态，从而引发重大飞行事故。

　　并非所有的发动机故障或失效都是灾难性的（指主要的机械失效导致发动机受损而不能继续工作）。大部分情况是因为没有燃油供给，通常可以通过交输供油来恢复动力。规则而有序地检查相应的仪表及开关有利于查明原因。可使用汽化器加温或备用空气源。受影响的发动机在单磁电机或低功率设置下也许能顺畅地工作，而调整混合比也会有帮助。如果怀疑燃油气锁，可以打开燃油增压泵以消除流量和压力的波动。

大多数飞行员会倾向于对失效发动机进行保护性关车，但在不确定其是否能提供剩余动力的情况下，应允许该发动机继续工作。灾难性的失效会伴随强烈震动、烟雾，有色液体溅出或滑油外流。此时，应立即顺桨并执行"失效发动机关车"检查单。飞机应立即转向备降场并向地面管制报告紧急情况。

交输供油可将失效发动机一侧的燃油输送至另一侧的工作发动机。使用交输供油可延长一台发动机失效时的续航时间，但附近有适当的备降场时则可不考虑交输供油；否则，则应通过交输供油充分利用机上的所有燃油，这样也有助于平衡两翼燃油分布。

不同机型的 AFM/POH 内的燃油交输程序不尽相同，燃油选择器位置和增压泵使用都会有差异。飞行员在交输供油时，应全面了解飞机的燃油系统。在着陆前，应停止交输供油而恢复原油箱供油的状态。

当发动机失效时的高度高于一台发动机失效的绝对升限时，飞机将不能保持高度。飞行员应立即操纵飞机保持 V_{YSE}，以减小下降率。"飘降率"在发动机失效的初期最大，在飞机下降至一台发动机失效升限的过程中逐渐减小。由于发动机和螺旋桨效率、乱流和飞行技术等因素的影响，飞机不一定能保持公布的一台发动机失效升限高度。但低于该高度时，飞行员可以控制飞机的下沉率。

在飞机下降时或者处于小功率状态下出现一台发动机失效，飞行员不易察觉。小功率状态下，偏航和性能损失并不明显，飞行员可能无法察觉发动机失效。若怀疑一台发动机失效，可前推混合比杆、变距杆和油门杆，如需要可增至起飞功率，来识别失效的发动机。工作发的功率可随后进行调整。

12.17　一台发动机失效时的进近与着陆

本质上，一台发动机失效与正常情况下的进近与着陆相同。其起落航线的高度、速度及关键位置点与正常情况类似，主要区别在于可用功率减小以及存在不对称拉力。进近与着陆时，正常发功率设置应比平时稍大。

若有足够的空速，以及性能许可的情况下，起落架仍然可在飞至三边时放下，但应在正切预计着陆点前就已经确认放下。通常在三边放下初始襟翼（通常为 10°），空速则应不低于 V_{YSE}。此时应重点考虑的是飞机的操纵和性能，其次考虑起落航线的方向，即转弯方向，通常推荐向失效发动机一侧转弯。

在四边上，可放襟翼至中间位置（通常为 25°）。但当飞机空速小、下降率大时，应稍后放下襟翼。此时，应继续保持 V_{YSE} 进近。

在五边进近时，通常会保持 3° 的下滑角。应利用 VASI 和其他下滑道辅助灯光作为引导，采取较高的下滑线进近，应避免做长距离、低下滑线的进近，粗猛的油门增减也应该避免。空速应保持在 V_{YSE} 直至能确保飞机着陆，然后减速至 $1.3\,V_{SO}$ 或 AFM/POH 中建议的速度。在确保能在跑道内着陆时放下全襟翼，或者使用部分襟翼着陆。

在进近过程中应适当地配平飞机。但是，飞行员应在拉平接地过程中相应地使用方向舵以修正由收油门引起的方向改变。此时，由于只有一台发动机的螺旋桨处于风车状态，相对于正常情况，阻力较小，飞机显现出明显优于正常情况的滑翔性能。因此应该对空速作精确的控制，尤其是在短、湿滑跑道面着陆时。

有些飞行员习惯在五边将方向舵配平重新设置到中立位，用蹬舵的方法来制止偏航趋势。这种技巧消除了接地前后收油门所产生的方向改变。在五边飞行时调整方向舵配平及在着陆前将配平设置回中立位，可能使飞行员的注意力分散。所以，实际飞行中应遵照 AFM/POH 里的建议或根据个人习惯采取相应的方法来操作。

一台发动机失效的情况下，当飞机进入五边且起落架和襟翼处于放下位，应尽量着陆，避免复飞。即使不能在预定的跑道上着陆，也应尽快降落在另一条跑道、滑行道或草地上。一台发动机失效时，小型双发飞机起落架和襟翼放下后不具备爬升性能。保持 V_{YSE}，收上起落架和襟翼时，会损失一定高度（一般为 500 英尺以上）。如果通过应急程序放下起落架，通常不能再次将其收上，此时想要使飞机爬升将更为困难。

12.18　发动机失效的飞行原理

当飞机在最大可用功率和最小阻力下以 V_{YSE} 飞行时，将获得一台发动机失效时的最佳爬升性能。一旦襟翼和起落架收上且失效发动机已顺桨，尽量消除侧滑是确保获得最佳爬升性能的关键。

对于单发或者正常运行的双发飞机，侧滑仪上的小球如在中间位置，说明该飞机不带侧滑（即"零侧滑"）。此时飞机相对迎面气流的横截面积最小，受到的阻力也最小，这一状态称为协调飞行。

多发飞机出现一台发动机失效时，因为不对称拉力的缘故，侧滑仪小球即便处于中心位置也不代表飞机"零侧滑"。事实上，此时任何仪表都不能直接指示飞机零侧滑所需的飞行状态。在没有偏航指示绳（类似于侧滑仪的指示器）时，飞行员可操纵飞机形成预定的坡度和小球位置以最大限度地减小侧滑。AFM/POH 中一台发动机失效时的飞行性能图表都是在零侧滑情况下得出的。如果想要获得和图表上类似的性能，则必须使用零侧滑技术。

为了抵消因一台发动机失效而产生的不对称拉力，通常需要进行以下两方面的操纵：第一，蹬舵制止偏航；第二，压盘形成坡度，从而产生升力的水平分量。要获得零侧滑和最佳的爬升率，必须有效地同时进行以上两种操纵。

下面将讨论三种飞行操纵的情况，其中前两种操纵不正确。该讨论再次说明，零侧滑状态下飞机将获得最佳的爬升性能。

（1）在一台发动机失效的情况下，要使飞机不带坡度并且保持小球在中立位置，需要向工作发一侧施加很大的蹬舵力（图 12.16）。这会导致飞机向失效发一侧产生中度侧滑，爬升性能会下降。由于不带坡度，没有有效的升力水平分量来抵消不对称拉力，V_{MC} 会明显增大。

（2）在一台发动机失效的情况下，若不使用

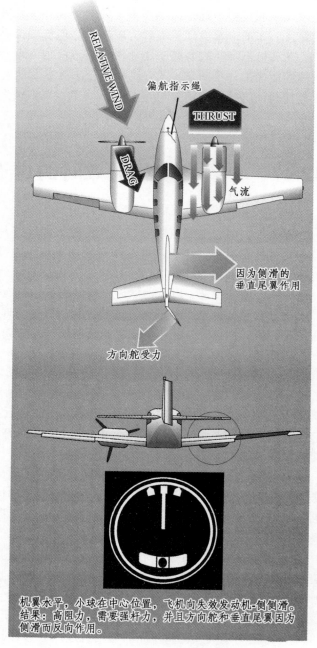

机翼水平，小球在中心位置，飞机向失效发动机-侧侧滑。结果：高阻力，需要强杆力，并且方向舵和垂直尾翼因为侧滑而反向作用。

图 12.16　零坡度的一台发动机失效的飞行

方向舵，需要向工作发一侧压盘形成 8°～10° 的坡度来保持飞行（图 12.17）。这会导致飞机向工作发一侧产生很大的侧滑，侧滑仪小球将远离失效发一侧，爬升性能会明显下降。

（3）协调使用方向舵和副翼，使飞机向工作发一侧形成大约 2° 的坡度，侧滑仪小球将偏离中心向同侧移动 1/3～1/2 个小球位置，飞机将处于零侧滑状态并获得最佳的爬升性能（图 12.18）。一旦飞机产生侧滑，将导致阻力增大，飞机性能下降，此时，V_{MC} 将大于公布的数据（坡度不超过 5°）。

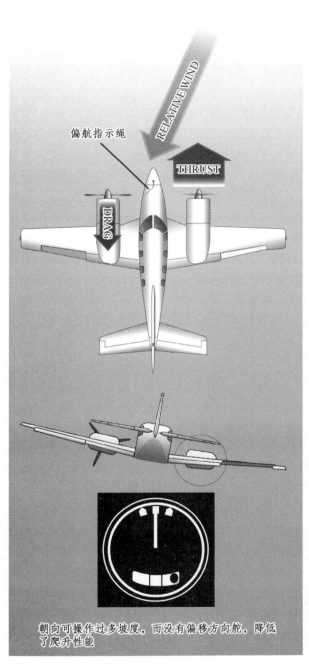

图 12.17　带大坡度下的一台发动机失效飞行

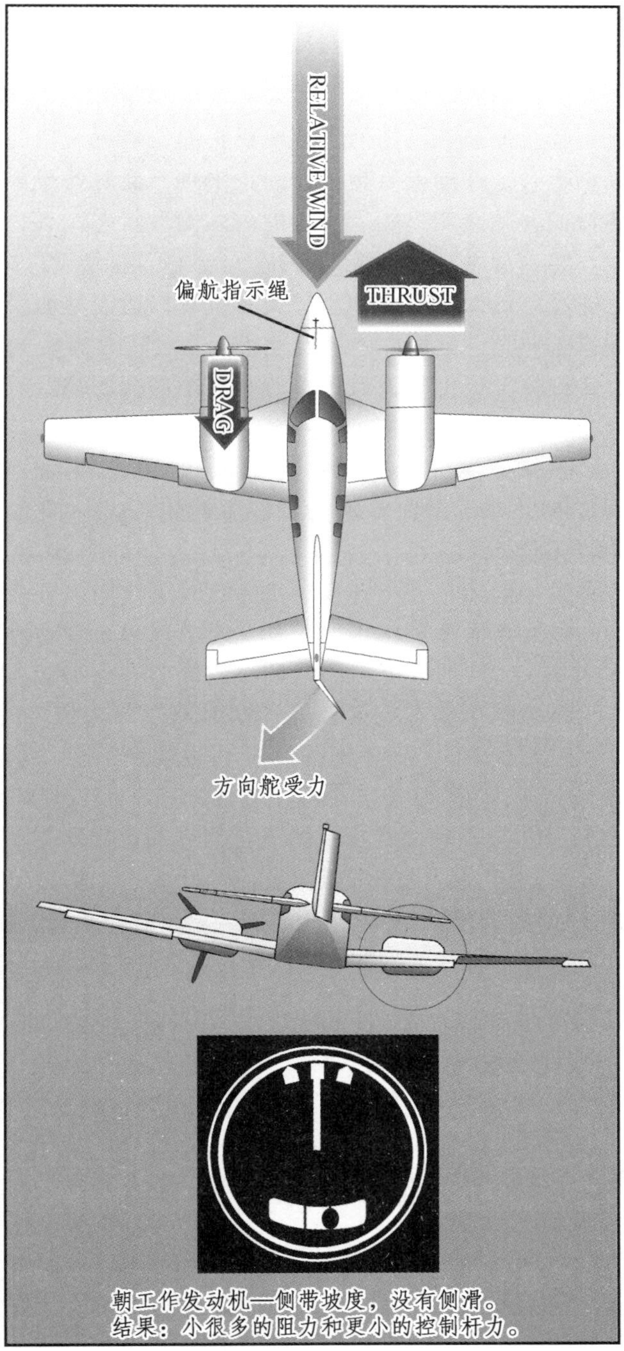

图 12.18　不带侧滑的一台发动机失效飞行

根据机型、可用功率和空速的不同，零侧滑状态（坡度和小球位置）也略有区别。若飞机装备的不是对转螺旋桨，由于螺旋桨反作用力的影响，零侧滑状态还与哪一台发动机失效有关。前面建议的零侧滑操纵方法适用于活塞式多发飞机将失效发螺旋桨顺桨后并保持 V_{YSE} 飞行的情况。零侧滑状态下，飞机转弯时小球偏转的位置与平飞时完全一样。

双发飞机带坡度会使爬升性能下降，然而由于飞机处于零侧滑状态，可使其获得最佳的爬升性能或最小的下降率。飞机不带坡度（用满舵制止偏转），会产生中度的侧滑而使爬升性能下降；相反，只压盘形成坡度（不使用方向舵），会产生很大的侧滑而使爬升性能明显下降。

保持飞机零侧滑所需的坡度随机型不同而有所差异，通常为 1.5°~2.5°，而侧滑仪小球位置为偏离中心 1/3~1/2 个小球宽度。

多发飞机可以用偏航绳来显示出零侧滑状态，偏航绳是一条长为 45~90 厘米的细绳或纱线，沿飞机中轴线安装在风挡的底部或机头部位靠近风挡的位置。在协调飞行时，相对气流会使绳索与飞机的纵轴重合，并向上直指风挡的正中央，此时处于零侧滑状态。保持足够的高度和速度飞行，随风偏摆的偏航绳就会明显指示飞机的内外侧滑状态。

将一台发动机设置为零拉力（或顺桨）且飞机减速至 V_{YSE} 时，另一台发动机处于最大功率爬升时，可通过精确保持坡度和小球偏移位置以达到零侧滑状态及最佳爬升性能。零侧滑状态下偏航绳会再次垂直于风挡。根据失效的发动机（非对转螺旋桨）、可用功率、空速和重量的不同，压盘及蹬舵量可能有少许差异；但在没有更精确和灵敏的探测装置时，要发现这样的差异非常困难。唯一比较明显的差异是在不同密度高度、可用功率和重量条件下保持 V_{YSE} 飞行的俯仰姿态变化。

飞机在演示 V_{MC} 的时候，如安装了偏航绳，会发现飞机在接近 V_{MC} 时带有侧滑。在飞机合格审定时，并不是在零侧滑状态下确定 V_{MC}。而且，在实践考试时，对 V_{MC} 的演示并不包括零侧滑的状态。

综上所述，在一台发动机失效时可使用以下两种坡度：

- 在慢速飞行（比如爬升）时出现一台发动机失效，要保持方向控制，应立即向工作发一侧压盘形成 5°~10° 的坡度，同时调整俯仰姿态保持 V_{YSE}。有经验的多发飞行员会在 1~2 秒内准确作出反应。调整俯仰姿态获得 V_{YSE} 后，应保持该操纵和飞行状态，以确保方向控制。

- 要获取最佳爬升性能，应将失效发顺桨，将工作发设置为最大可用功率，保持 V_{YSE} 和零侧滑状态。达到零侧滑状态需要向工作发动机一侧压大约 2° 的坡度并蹬舵使侧滑小球向工作发动机一侧偏移 1/3~1/2 个小球位置。根据飞机型号和可用功率，在不同的情况下坡度和小球偏移量会有所不同。在一台发动机失效的升限以上，使用此姿态和构型可使飞机以最小的下降率下降。

如在低高度和小空速飞行时一台发动机失效，比如起飞后的初始爬升，操纵飞机时应注意避免出现以下三种可能导致飞行事故的情况：① 失去方向控制；② 损失飞行性能；③ 损失飞行速度。上述三种情况都可导致严重的后果。但在确保方向控制和飞行性能的情况下，速度的损失也许就不那么严重。

12.19　低速飞行

多发飞机的低速飞行没有太多特殊的地方。在平行、转弯、光洁形态、着陆形态或任何起落架和襟翼的组合形态下都可作慢速飞行。慢飞时飞行员应密切关注汽缸头温度和滑油温度以确保安全。有些大功率的多发飞机，在低速飞行时会出现快速增温的现象，特别是在着陆形态下。

在低速飞行下不允许模拟发动机失效，因为飞机将会减速至一台发动机失效操作速度（V_{SSE}）以下并非常接近 V_{MC}。因此在慢速飞行时，失速警告或预防失速的设备必须能够正常工作。

12.20　失　速

多发飞机的失速特性与单发飞机相同，也是飞行员应该熟练掌握的。然而，多发飞机在增大功率改出失速时，效果往往比单发飞机更为显著。由于发动机通常安装在机翼上，所以增大发动机功率将直接使大量、高速的气流吹过机翼，因此除产生预期的拉力外还会获得一定的升力，尤其是机身较轻的多发飞机会有更大的推重比，这样可使飞机更快地改出失速状态。

一般而言，双发飞机的失速识别和改出训练，与其他高性能单发飞机一样。但多发飞机的所有失速训练科目完成时，飞机都应有至少 3,000 英尺的离地高度。

一台发动机失效时失速或明显不对称拉力下的失速，容易导致失控或进入螺旋，因此切勿尝试。同样的道理，应避免在失速进入或改出时进行模拟一台发动机失效的练习。

12.20.1　无功率失速（进近和着陆）

无功率失速练习模拟的是进近和着陆状态下的紧急情况。在进行该练习之前，该空域应该没有其他空中活动，飞机必须减速并建立进近着陆的构型，然后建立一个稳定的下降率（大概为 500 呎/分），并调整好配平。飞行员可从这一稳定的下降姿态转入可导致失速的俯仰姿态，发动机功率需慢慢减少，并且柔和地进行配平调整。

当飞机进入失速状态时，应协调操纵飞机减小仰角，同时柔和加油门至起飞或规定功率，襟翼则需从全放下位收上至进近位或制造商指定的位置。在获得正上升率后收上起落架。飞机进入爬升状态后，收襟翼至 0°。应注意，改出操作必须结合飞机性能，争取尽可能少地损失高度。

在改出和后续爬升的过程中，飞机需增速至 V_X（如有模拟的障碍物）或 V_Y。在达到该速度后一般都需要相当大的顶杆力以保持飞行状态，故有必要再次配平好飞机。

无功率失速可以在无坡度平飞或小至中度坡度转弯时进行。在转弯过程中改出失速，应先减小仰角，后改平坡度，所有的飞行操纵都必须协调一致。

由于机翼负荷相对较大，所以通常不建议在多发飞机上做深度失速的练习。失速训练往往只限于开始进入失速或刚刚进入失速；而改出则应在一旦出现失速警告、飞机操纵效应开始减弱或刚出现失速的征兆时就开始进行。

12.20.2　带功率失速（起飞和离场）

带功率失速练习模拟的是起飞离场过程中的紧急情况，在进行该练习之前也需清除附近的空域活动，飞机必须减速至制造厂商建议的起飞离地速度并建立起飞构型，同时也需配平好飞机。随后开始增加发动机功率至 AFM/POH 里关于带功率失速练习的建议数据，如没有指定这一功率，可使用最大可用功率的 65% 左右，并同时形成恰好能诱发失速的临界俯仰姿态。其他的低功率设定可用于模拟更大的飞机空机重量和更高的密度高度时的情况。

当飞机接近失速时，应减小仰角并协调一致操纵飞机以便改出失速状态。

然而，在较大飞机空机重量和较高密度高度的情况下，模拟的发动机可用功率应是有限制的，也就是说，改出失速时可用的功率不能超过该条件下的发动机最大输出功率，整个改出过程需要根据飞机的特性完成操纵，并争取使损失的高度最少。

飞机获得正上升率后，应收上起落架；如襟翼设置在起飞位也应随之收上。改出时如前方有障碍物，目标空速为 V_X，否则应保持 V_Y。飞行员需在飞机增速至 V_X 或 V_Y 后调整俯仰配平。

带功率失速也可在平直飞行或小至中等坡度的转弯中开始进行，在做带坡度转弯的失速改出练习时，应首先减小仰角然后改出坡度，所有飞行操纵应协调一致。

12.20.3　螺旋的警觉意识

任何多发飞机都禁止作螺旋，因为它们的螺旋改出性能极差。因此飞行员有必要练习如何避免进入螺旋并对可能导致螺旋的情况保持高度警觉。

要进入螺旋，首先必须让飞机失速。有了失速的条件，还需要一个偏航的力矩使其进入偏转运动。在多发飞机上，这个偏航力矩可来自方向舵或不对称拉力。因此，最能培养飞行员螺旋警觉性的科目是在演示 V_{MC}、失速练习、慢速飞行或拉力严重不对称的情况下进行的，尤以小速度/大姿态的情况更为显著。但一台发动机失效时的失速训练并不是多发飞行训练的一部分。

在不适当的低速飞行时模拟发动机失效，有可能导致不经意地进入螺旋。在低于一台发动机失效安全空速（V_{SSE}）的时候严禁做发动机失效的练习，如没有公布的 V_{SSE} 则使用 V_{YSE}。应避免在小速度时模拟发动机失效。除训练的情况外，多发飞机只在刚起飞离陆的瞬间和落地前距地面几十英尺的高度以下才会低于 V_{SSE} 飞行。

要在练习发动机失效时避免进入螺旋，飞行教员在学员严格执行程序的同时应密切注意正确空速和坡度的保持情况。飞行教员在失速和慢速飞行练习时也同样应提高警惕。前移重心位置有助于避免失速和螺旋，但并不能完全消除危险。

当进行 V_{MC} 的演示时，教员应对各种失速征兆保持高度的警觉。学员可能因过分集中精力在方向控制上而忽略失速征兆。如果在当前的密度高度上 V_{MC} 演示的练习不能完成，为了训练需要，可以通过方向舵来完成。

大多数多发飞机都没有进行过螺旋测试（没有相关要求），故其螺旋改出建议的技巧只是根据已知的最佳资料汇集而成的。这时飞机的操纵可能变化得非常突然，并有可能失去定向。螺旋方向可由转弯侧滑仪上的转弯指针或小飞机指示出来，但不能通过侧滑小球或其他仪表进行判断。

如不慎进入螺旋，大部分飞机制造商均建议立即收光油门、向前顶杆并向螺旋相反方向蹬舵（副翼则置中立位）。以上所有动作都必须同步进行，并在到位后维持当时的偏转量。注意，螺旋改出的整个过程会损失较多高度，因此改出动作越晚，成功的机会便越小。

12.21　发动机失效——失去方向控制的示范

发动机失效——失去方向控制的示范，常被称为"V_{MC} 演示"，是多发飞行等级考试中要求的一个实际操作科目，该级别的飞行员应全面理解影响 V_{MC} 的因素以及其定义。它是由制造商注明的一个空速，公布在 AFM/POH 内，并在大部分的空速表上标注为一条径向红线。飞行员应明确，在不同条件下 V_{MC} 并不是恒定的。只有在特定的条件下 V_{MC} 才会是一个恒定的值，该速度在飞机审定过程中给予确定（图 12.19）。

实际飞行中，V_{MC} 会因下面所介绍的因素改变而有所改变。在真正的飞行训练和示范中，或在一台发动机失效时的操作中，V_{MC} 取决于当时的具体情况和飞行技巧，其大小有可能不同于公布值。

在飞机审定时，V_{MC} 是指海平面校准空速，关键发不工作后，通过剩下的工作发对飞机进行控制，在坡度不大于 5° 时恰好能维持匀速直线飞行的速度。

以上讨论的是"动态"条件下确定 V_{MC} 的方法。除了有丰富经验的试飞员作飞机试飞验证外，在任何其他情况下都不能进行。在认证阶段，还会牵涉"静态"条件下的 V_{MC} 判定，如果测试出来的动态和静态的速度结果存在差异，则将两者中较高的一个作为 V_{MC} 公布在飞行性能里。静态测定得到的 V_{MC} 是飞机在正常情况下坡度不大于 5° 时刚好能维持直线平飞的速度。这一数据更加接近多发飞机等级实践测试中的 V_{MC} 演示速度。

在 AFM/POH 里公布的是关键发动机失效时所测定的结果。所谓关键发动机是指失效时会对方向控制造成最严重影响的发动机。传统多发飞机通常使用顺时针转动的螺旋桨（从座舱向外看），则左发动机是关键发动机。

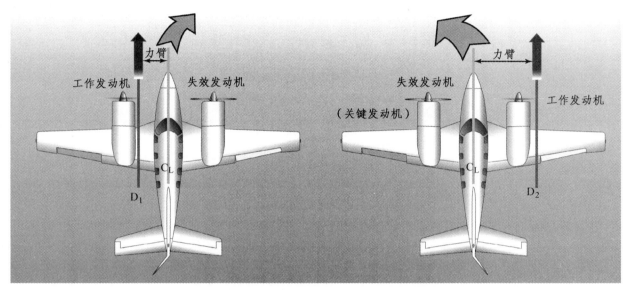

图 12.19　一台发动机失效飞行所产生的力

多发飞机会像单发飞机一样受到螺旋桨因素（P-factor）的影响。在大仰角状态，螺旋桨带功率转动飞行时，螺旋桨的下行桨叶仰角较大，上行桨叶仰角则较小，故前者在等速运动时产生较大的拉力，形成了偏转力矩。再考虑左右发动机在配置上，右发动机中下行桨叶相对左发动机的下行桨叶是处于离飞机纵轴较远的位置，故此有较大的力臂。由此可见当左发动机失效时，单靠右发提供拉力会产生更大的不对称拉力，也就是所谓的反偏航。

很多多发飞机的两台发动机的螺旋桨旋转方向是相反的，在这样的设计下任何一台发动机失效导致的不对称拉力都是相等的，因此任何一台发动机都不是关键发动机。V_{MC} 的演示飞行也因此可以在任意一发的螺旋桨处于风车状态时进行。

飞机审定时，动态 V_{MC} 是在以下条件确定的：

* 最大可用起飞功率——V_{MC} 随工作发动机功率增大而相应增大。对于非增压发动机，V_{MC} 在起飞推力及海平面高度时最大，随高度增加而逐渐减小。对于涡轮增压发动机，在设置起飞推力的前提下，V_{MC} 在涡轮增压发动机的临界高度（即发动机不能再继续提供 100% 拉力的高度）以下会保持恒定。相对应的，非增压发动机的临界高度就是海平面。当飞机高于涡轮增压发动机的临界高度时，V_{MC} 将开始像使用自然吸气式非增压发动机那样随高度增加而下降。V_{MC} 测试会在不同高度进行，然后利用得到的大量数据推断出一个结果，即海平面高度上的 V_{MC}。

* 螺旋桨风转——V_{MC} 会随着失效发动机阻力的增大而增大。关键发动机失效，且其螺旋桨在风转时处于小距、高转速状态，这一条件下的 V_{MC} 是最大的。如果发动机没有配备自动顺桨装置，V_{MC} 便在起飞时关键发动机处于风车状态的条件下进行测定。

• 最不利的重量和重心位置——V_{MC} 会随着重心后移而增加。重心后移时，方向舵的效应会因为力臂缩短而减弱；与此同时，螺旋桨桨叶的力臂增大，会加剧拉力不对称的状况。重心位于重心后极限位置时是最不利的。现在，CCAR 23 要求在最不利的重量状态下测定 V_{MC}，而在 CCAR 3 或早期的 CCAR 23 中并没有指定双发飞机测定 V_{MC} 时的重量。V_{MC} 随重量减少而增加（图 12.20）。

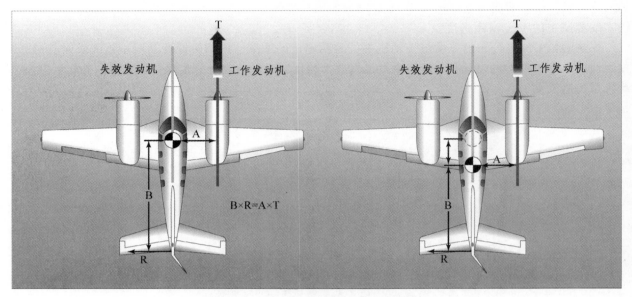

图 12.20　重心位置对方向舵的影响

• 起落架收起——V_{MC} 在收上起落架时会增加；放下起落架会增加方向稳定性，因此可以降低 V_{MC}。

• 襟翼在起飞位——大部分的双发飞机，指的是 0° 设定。

• 鱼鳞板在起飞位。

• 飞机配平至起飞位。

• 飞机起飞后的地面效应可忽略。

• 5° 的最大坡度——V_{MC} 随坡度的变化是非常敏感的。为防止公布的 V_{MC} 过小以至于不切实际，可容许制造商在测定时向工作发动机压最大不超过 5° 的坡度。由坡度形成的升力水平分量可以协助方向舵抵消工作发动机带来的不对称拉力。制造商也会根据各自的习惯确定坡度大小以降低 V_{MC}。

V_{MC} 在坡度增加时会显著减小。相反，坡度减小时 V_{MC} 的增加也很快。测试结果表明，在 5° 坡度以内，坡度每变化 1° 将导致 V_{MC} 至少变化 3 海里。飞机不带坡度时，即使空速大于公布的 V_{MC} 20 节也可能发生方向失控。

5° 的最大坡度是制造商对飞机进行审定时的法定限制，此坡度不一定刚好满足零侧滑或一台发动机失效最佳爬升性能的要求。实际上零侧滑和一台发动机失效最佳爬升性能通常是在坡度明显小于 5° 时实现的。审定时演示的 V_{MC} 是在特定条件下能保持方向控制的最小速度，与爬升性能无关，也与最佳爬升性能要求的理想姿态或构型无关。

在审定阶段测定动态 V_{MC} 时，试飞员会关断关键发动机的混合比并逐步减小空速。V_{MC} 可定义为当关键发动机在关车/停止工作后能够维持方向控制，且航向的变化能够控制在 20° 以内的速度。在这一测试中，当两台发动机都工作时爬升角较大，而在发动机停止工作后则需要迅速减小俯仰姿态以重新获取初始速度。飞行员绝不能在大功率时关闭发动机来演示 V_{MC}，也不允许故意在空速小于 V_{SSE} 时模拟一发失效。

在飞行训练时演示和改出的 V_{MC} 更接近于飞机审定时测定的静态 V_{MC}。在演示时，飞行员应适当选择高度以确保完成改出动作时离地高度至少还有 3,000 英尺。以下描述是针对左发为关键发的非对转螺旋桨（螺旋桨转向相同）双发飞机进行的。

在起落架收上和襟翼位于起飞位时，应减速至大约 V_{SSE} 或 V_{YSE} 以上 10 节的速度（以较大者为准），并适当配平至起飞状态，之后的飞行操纵中不应改变配平状态。选定一个初始进入航向后将两个变距杆前推至高转速位。左发动机油门收回至慢车位，而右发动机则前推至起飞功率。收回左发动机油门后将出现起落架语音警告，此时飞行员需加强监听失速警告或监视失速警告灯。飞行操纵上应注意利用右舵控制并抵消左偏转的趋势，并向右压 5° 的坡度。

保持初始进入航向，以 1°/s 左右（勿快）的速率缓慢增加飞机的俯仰姿态。在飞机减速和飞行操纵效应逐渐减弱的同时，应逐步增加舵量以抵消逐渐增大的偏航趋势，而 5° 的坡度也需要更大的副翼偏转量来维持。空速会很快下降以至于满舵和 5° 的右坡度不再能抵消不对称拉力，飞机将会无法控制地向左偏转。

在飞机出现无法控制的偏转或出现任何一种失速征兆的一瞬间，应迅速减少工作发动机的功率并减小俯仰姿态。改出时应尽可能少地损失高度，在初始进入航向上以 V_{SSE} 或 V_{YSE} 建立直线飞行，随即恢复对称拉力状态。只增加风车状态发动机（模拟的失效发）的功率，会使改出更加困难。

为简化以上的讲解，有几个相关事项被有意省略了。在 V_{MC} 示范时对方向舵施加的操纵力可以是非常大的，在审定时，当限制因素由方向舵行程转变为向方向舵施力时，压力可增大至 150 磅。尽管大部分双发飞机的方向舵在施力至 150 磅之前都已达到满偏状态，这仍然是值得留意的一点。

由于此机动飞行演示的是飞机的操纵性而不是性能，所以在演示时是否能保持高度稳定并不重要，很多飞机在实施该科目时都会上升或下降高度，但切记确保完成动作改出后在离地 3,000 英尺的高度以上。

如前所述，对于正常涡桨发动机的飞机，其 V_{MC} 会随着高度上升而下降，而失速速度（V_S）则不变。除少数飞机外，公布的 V_{MC} 几乎都大于 V_S。在海平面时，V_{MC} 与 V_S 通常都有数海里的差值，但这一差值会随高度的增加而减小，在某一特定高度时 V_{MC} 和 V_S 是相等的（图 12.21）。

如在不对称拉力的情况下飞机进入了失速状况，尤其是在较大不对称拉力下，飞机极有可能进入螺旋状态。由不对称拉力引起的偏航力矩与单发飞机在有意蹬满舵时诱发的偏航有一定的区别。此时，飞机会偏离操纵向慢速发动机一侧偏转，而不是向蹬舵的方向偏转。双发飞机通常都不需要示范螺旋改出，而且它们的螺旋改出性能都很差。

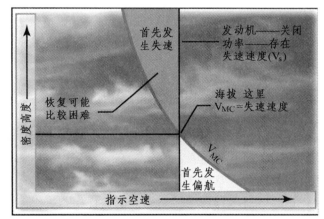

图 12.21　V_{MC} 和 V_S 的关系图表

当失速速度等于或稍高于 V_{MC} 时，飞机一旦失速，操纵性能将突然变差，以至出现大幅度的偏航和滚转，进而进入螺旋。因此，在 V_{MC} 示范时如果发现任何失速征兆，如出现失速音响警告或失速警告灯亮、机身或平尾抖动，或操纵性快速减弱，应立即终止演示科目，减小飞机仰角并收回油门，恢复进入时的空速。注意，飞行员如果佩戴了耳机，失速警告声音可能被掩盖。

V_{MC} 演示的目的只是验证最开始失去方向控制时的特性，并不是执行失控后的程序或者使飞机进入失控状态，任何时候都不应让失速发展。在不对称拉力下绝对不能进行失速练习，V_{MC} 的演示也绝对不允许发展为一台发动机失效、拉力不对称情况下的失速，因为这十分容易导致严重失控。

在某些特定的密度高度，或飞机的 V_{MC} 等于或小于 V_S 时要真实地示范 V_{MC} 可能是做不到的。在这些情况下，如以训练的出发点考虑，可人工限制方向舵的最大行程来模拟最大可用偏转量，此限制需在 V_S 以上（大概 20 海里）的速度完成。限制偏转量的技巧可以防止大不对称拉力下由失速而诱发螺旋危险的可能性，并且能有效地示范失去方向控制的机动飞行。

当飞机的两台发动机都工作，并且处于大仰角情况下，不能通过减小某一发动机功率来进行 V_{MC} 演示。之前的讨论也对禁止在小速度时进行发动机失效练习给出了解释和警示。时刻牢记，V_{SSE} 是模拟发动机失效时的最小空速限制。遗憾的是，仍然有部分飞机和飞行员因为在小速度飞行时模拟发动机失效，失去安全的保证，最终导致严重飞行事故。

12.22　多发训练考虑因素

飞行教员和飞行学员应充分理解和考虑以下因素，以便确保飞行训练的安全进行。

- 任何飞行都必须有详尽的起飞简述，涉及的内容应包含训练目的、机动飞行动作、预期的学员动作以及完成标准。

- 应清楚了解如何进入模拟的紧急情况以及预期的学员动作。

一直以来，介绍、练习和测试紧急程序都是备受关注的训练内容，在训练时不允许让学员在没有得到预先提示并进行相应准备的情况下突然进入紧急状态。应注意平衡有效的训练和安全之间的关系。例如，进入科目时不够小心，就有可能很快使模拟的发动机失效发展为真正的发动机失效，从而导致不安全事件或更为严重的后果；又如，拔出断路器可能导致起落架收上位的着陆。数据表明，训练飞行中的意外失速引起的螺旋事故，比由紧急情况引起的螺旋事故还要多。

所有的正常、非正常和紧急程序都可以在地面停放的飞机座舱内实施和练习，这时飞机实质上成为座舱程序训练器、地面训练器或模拟机。绝对不能低估这种训练的价值。训练时可不用启动发动机，但在完成训练后务必将选择开关、阀门、配平、燃油选择器和断路器置于正常位置。

对多发飞行员而言，不善于使用检查单是一个致命弱点，使用检查单是确保安全飞行的重要前提，任何飞行中都应执行。无论使用制造商提供的还是后续制作的检查单，都应注意确认适用的特定机型和有效年份。如果检查单内容上相对飞机的 AFM/POH 有错漏或冲突，则优先参考 AFM/POH。

有些需要立刻执行的动作（如在重要飞行阶段发生发动机失效的处置）应该按照记忆项目去做，完成这些项目后且精力允许的情况下，飞行员应对照检查单作出确认。

在起飞滑跑过程中可利用混合比杆模拟发动机失效，而开始进行模拟失效的速度应当不大于 V_{MC} 的 50%。如果学员没有及时收光油门，教员可把另外的混合比杆也关断。

实施离地 3,000 英尺以下的空中发动机失效演练时，飞行速度不得小于 V_{SSE}，且应柔和收油门，这样可保持发动机处于运转状态以备必要时立即投入使用，同时也可以避免动作粗猛对发动机造成损坏。

如果发动机设有动态曲轴配重，在模拟发动机失效时更应当柔和收油门以防损坏配重本体，可导致损坏的动作还包括高转速和低进气压力的组合、过大增压和螺旋桨顺桨。重复地滥用和损坏配重可引起发动机失效。动态配重一般都装配在大型和较复杂的发动机里，飞行教员应该向维修人员或发动机制造商确认所在飞机是否配置了该设备。

模拟发动机失效时，学生应该首先完成所有记忆项目，并将变距杆收回到顺桨位置。如果需要设置零功率，教员应及时前推变距杆变小距，设置适当的进气压力和转速，而学员则需了解教员的意图，教员可发口令"我操纵右发动机，你操控左发动机，右发动机已设定零推力并模拟顺桨"。任何机组之间都应该清楚对方对系统和设备的操作。

在模拟发动机失效的后段，飞行教员应该继续监视"失效"的一发而学员则操作工作的一发，如使用零推力当作顺桨状态，鱼鳞片须关闭并将混合比设定在贫油状态。在可能的情况下，应避免在长时间零推力下飞机发动机被过度冷却后立即使用最大功率。教员需向学员讲述在真正发生发动机失效时及时顺桨的重要性。风车状态的发动机会使缺乏经验的多发飞机学员以为发动机仍在提供动力，而顺桨后发动机会停止运转，这容易造成学员不愿实施顺桨的心理倾向。飞行教员应对此进行讲解和演示飞行，使学员体会到模拟顺桨（零拉力）和风车状态时发动机带来的不同影响。

发动机顺桨应在能提供安全着陆的机场附近适当高度和位置进行。如前所述，顺桨和空中重新启动发动机需要在离地最少 3,000 英尺上完成。对于一些特定的机场标高或者特定的多发飞机，此飞行高度可能已超过飞机的一台发动机失效升限，飞机将不能保持平飞。

反复地顺桨和回桨，会给发动机和机身均带来严峻的考验，只在为满足训练要求而有必要的情况下才进行这类操作。中国民航局对多发飞机的飞行考试水平要求是在安全前提下只对其中一个发动机进行顺桨。

本章利用大量篇幅来讨论多发飞机在一台发动机失效时的特定飞行特性，但实际上活塞发动机在良好的维护下是非常可靠耐用的。由于没有足够的安全余度，禁止在超低空（如在刚起飞离地时）或在 V_{SSE} 以下模拟发动机失效。比如，在离地高度低于 200 英尺时实施该科目，既危险也没有价值。

对于危及飞行安全的机动飞行，或高级多发飞机的初始训练和复训，可考虑借助模拟机或制造商提供的特别训练课程来完成。详尽的训练手册和课堂讲解应当配以系统的训练仪器、视听器材、飞行训练设备和模拟机。模拟机可以模拟各种外部条件和飞机状态，一些在真飞机上无法做到或非常危险的科目可以在模拟机上安全有效地完成。飞行训练器和模拟机无需完全参照相应所飞机型的特性和系统设备，在通用的模拟训练设备上同样可以完成高质量的训练。

大部分多发训练都选择使用 4~6 座的飞机，且往往在远小于最大容许重量的状态下进行。一台发动机失效时飞机在低密度高度表现出的性能相对较好。要体验重量大、高度高和高温时的性能，教员应人工地限制工作一发的进气压力，也可以利用这一方法在机场附近模拟高于一台发动机失效升限的操作。任何情况下都不允许在携带无关乘员的情况下模拟最大起飞重量下的紧急状况。

在训练时，使用连续起降历来富有争议。由于在有限时间内重设起飞构型带来的安全隐患，以及偏离正常着陆后的标准操作，连续起降的训练价值值得审视。在多发飞机的初始训练中应尽量避免连续起降。如果确实需要实施连续起降训练，在每次训练前教员和学员之间都必须进行详细的分工和交流。接地后，学员一般用左手操控驾驶盘、右手操作油门，保持飞机滑跑方向，教员则重设襟翼、调整配平并提示飞机构型已改变。相对单发飞机而言，多发飞机完成连续起降需要的跑道会更长。初始训练时全停-滑回的方式是比较可取的，建议每次着陆都滑回。

13 过渡到涡轮螺旋桨动力飞机

13.1 概 述

在飞行操控上，涡桨发动机飞机和其他体积、重量相似的飞机是相同的，空气动力学上也是一样的。涡桨发动机飞机和非涡桨发动机飞机最大的不同之处是在发动机和系统上。涡桨发动机和其他发动机不同，它需要燃气涡轮飞机独特的操作程序。除此之外，其他系统如电力系统、液压系统、环境控制系统、飞行操纵、降雨和积冰的防护以及航空电子设备也不同。涡桨发动机飞机的优点在于安装了恒速器、全顺桨和反桨，这是一般活塞发动机所没有的。

13.2 燃气涡轮发动机

活塞发动机和燃气涡轮发动机都是内燃发动机。它们都有类似的工作循环，包括进气行程、压缩行程、燃烧行程、膨胀行程及排气行程。在活塞发动机内，上述行程都会发生在每个独立的气缸内；并且在活塞发动机的每次工作循环当中，都有一次点火过程。与活塞发动机不同，燃气涡轮发动机的这些工作行程是同时并且连续的；再者，点火只发生在发动机的启动阶段，之后燃气就持续燃烧了。

一般的燃气涡轮发动机包括四个部分：进气、压缩、燃烧和排气（图 13.1）。

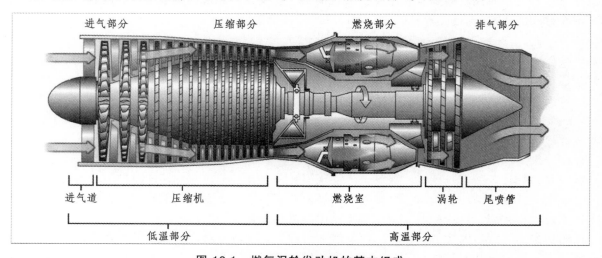

图 13.1 燃气涡轮发动机的基本组成

启动燃气涡轮发动机时，通过启动机带动压气机。小型发动机通过电动启动机启动，大型发动机通过气动启动机启动。随着压气机的转速增加，由进气道引入的空气被压缩成高压空气，传送到燃烧室。与此同时，燃油通过燃油喷嘴喷出与空气混合，并由点火电嘴点燃（并不是所有高压空气都用于燃烧，部分高压空气通过旁通对发动机内部进行冷却。）混合气在燃气室内进行连续的燃烧过程并产生高温，温度大约在 2,200 °C，并使整个气体温度增至 900 ~ 1,300 °C。被加热的气体膨胀带动涡轮叶片旋转，从而通过一条与之相连的转轴带动前段的压气机。在涡轮发动机启动后，废气从尾导管或排气喷嘴高速排出。当涡轮发动机经由燃烧室的高温气体启动后，启动机和点火电嘴便不再工作，燃烧会持续不停，直至关断燃油对发动机实施关车。

被排出的高压气体可用作涡轮喷气发动机的推力。另外，对涡桨发动机而言，这些被排放的气体也可由附加的涡轮组件通过减速齿轮来驱动螺旋桨。

13.3 涡桨发动机

涡轮喷气式发动机在大速度和高高度条件下的性能优于活塞发动机。另一方面，相比活塞发动机而言，涡轮喷气式发动机的起飞及初始爬升性能受到一定的限制。活塞发动机的起飞及初始爬升性能比涡轮喷气式发动机更好。涡轮喷气式发动机在高速和高高度的环境下性能最佳；而螺旋桨发动机则在低速度和中速度（一般小于 400 mph）性能最佳，并且也能改善起飞和爬升的性能。涡桨发动机的研发就是尝试把涡轮喷气式发动机和活塞螺旋桨发动机的优点结合在一个发动机上。

涡桨发动机与其他发动机相比有许多优点，例如：

- 重量轻；
- 由于移动组件较少，机械结构较稳定可靠；
- 操作简易；
- 震动少；
- 每一重量单位所输出的功率较大；
- 螺旋桨用作起飞和着陆。

当涡桨发动机的速度在 250 ~ 400 mph 及高度在 18,000 和 30,000 英尺之间时性能最佳。在起飞和着陆小速度下工作，涡桨发动机也有很好的表现，而且还很经济。一般而言，高度从 25,000 英尺至对流层顶之间，涡桨发动机的燃油消耗最少。

活塞发动机的功率输出是用马力来度量，并以 rpm 和进气压力来表示。涡桨发动机的功率输出是用轴马力（shp）度量。轴马力是用 rpm 和作用于螺旋桨转轴的扭矩（扭曲力矩）来表示。因为涡桨发动机是燃气涡轮，所以部分推动力是由发动机的喷气所产生的。这种推动力加上轴马力便是涡桨发动机所输出的总功率或称为等效轴马力（eshp）。由喷气产生的推动力一般少于总功率的 10%。

虽然涡桨发动机相对于同体积和功率的涡轮喷气式发动机而言较重，结构较复杂，但是它在亚音速飞行时能够提供较大的拉力。但随着飞行速度增加，这个优点逐渐减弱。在正常的巡航速度范围内，涡桨发动机的推进力效率（输出除以输入）随速度增加而减小。

在标准大气压的海平面上，对一台涡桨发动机而言，螺旋桨提供了大约 90% 的总拉力。涡桨发动机在起飞及初始爬升的卓越性能，是由于螺旋桨能够在飞机处于相对低速的条件下，加速大体积的空气。不能把"涡桨"与"涡轮增压"或其他相类似的词混淆。所有燃气涡轮发动机都与吸气式（非增压）活塞发动机类似，可用的最大功率都随高度的增加而减少。

虽然功率随飞行高度增加而减小，但从燃油消耗（每小时每马力所消耗的燃油）而言发动机的效能却增加了。涡桨发动机的优点就是随着高度的增加，飞机的真空速增加并且燃油消耗率降低。

所有涡轮发动机，包括涡桨发动机和涡轮喷气式发动机，都以温度、转速和（对涡桨发动机而言）扭力限制来进行定义。由于选装不同，功率设定的主要数据可能是温度、扭矩、燃油流量或转速（螺旋桨转速或压气机转速或两者皆是）。在寒冷的天气下，当气温保持在可接受的范围内时，扭矩可能超出限制。在炎热的天气下，在扭矩不超出限制的情况下，温度也有可能超过限制。在任何天气条件下，燃气涡轮发动机的最大功率设置通常是在满油门后一点的位置。对于那些转机型的飞行员来说，明白燃气涡轮的限制并且对其进行监控是非常重要的。因为超温或超扭几秒钟，便足以损坏发动机内的部件。

13.4 涡桨发动机的种类

13.4.1 固定轴

其中一种涡桨发动机是恒速且固定轴心型，如 Garrett TPE331（图 13.2）。这种发动机是把空气直接从发动机的进气口带到增压室。在这个两行程增压室内，被吸进的空气经过增速/扩散过程，从而使气体增压并引导到后方的燃烧部分。燃烧部分由燃烧室、过渡衬管和涡轮增压部分组成。在燃烧室内，雾化燃油和高压气体混合燃烧。部分高压气体在燃烧室内循环运行，以对燃烧室进行冷却和绝缘。

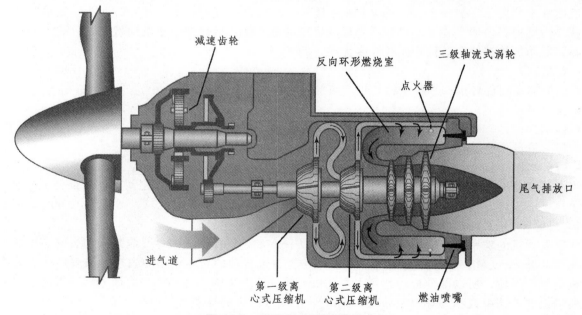

图 13.2　固定轴心型涡桨发动机

油气混合体起初由高能点火器点燃，经点燃后的气体受热膨胀并流向涡轮部分。涡轮转子把这些高温、高速的气体的能量转化为主轴的扭矩。减速齿轮把主轴上的"高转速-低扭矩"转化为"低转速-高扭矩"，从而推动发动机内的其他附件和螺旋桨。废气经排气管从涡轮发动机内排出。

流经发动机内的气体，只有大约 10% 是用于燃烧。至少有约 20% 的高压气体是用于加热、制冷、座舱增压和气动系统。一半以上的发动机功率是用于推动压气机，当发动机停车或风车状态时压气机会产生非常大的阻力。

对于恒速固定轴心型发动机（单转子发动机）而言，发动机转速在 96% 和 100% 之间也会有轻微的改变。在地面操作时，发动机转速会减至 70%。飞行时，发动机能保持恒速是靠螺旋桨的调速器维持的。功率转换是靠增加燃油流量和螺旋桨的桨叶角而非发动机的转速。增加燃油流量使温度增加，涡轮的可用能量相对增加，涡轮吸收更多的能量，然后转化为扭力并传送至螺旋桨。当扭力增加后，螺旋桨的桨叶角也因而增加以保持转速不变。在产生功率时，涡轮温度是一个很重要的考虑因素。这是直接与燃油流量有关，当然也与产生功率有关。由于制造燃烧部分和涡轮部分材料的强度和耐用性，温度也必须受到限制。控制系统控制燃油流量，以产生适当的温度，从而确保它不会超出燃烧部分和涡轮部分的温度限制。发动机的设计是在整个工作寿命内以全功率工作。它内部的所有组件，如压气机和涡轮均在其设计的转速附近得到最佳效率。

动力装置（发动机和螺旋桨）的控制是靠油门杆和状态杆（图 13.3）。它没有像活塞发动机飞机上的混合比杆和变距杆。对于恒速固定轴心型涡桨发动机，其油门杆是用于增加或减小推力，还可以提供反拉力。在地面操作或飞行时，状态杆可以在小范围内调整所需的发动机转速。

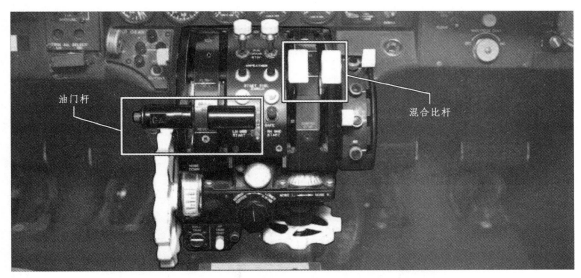

油门杆

混合比杆

图 13.3　动力装置的控制（固定轴心型涡桨发动机）

固定轴心型涡桨发动机（单转子发动机）通常具有以下的发动机仪表（图 13.4）。

- 扭矩或马力表；
- ITT——内涡轮温度表；
- 燃油流量表；
- 螺旋桨转速表。

由涡轮所产生的扭矩是由扭矩传感器测量的。这种扭矩会通过驾驶舱内的马力表反映出来，该仪表是用马力（×100）来表示的。内涡轮温度表是反映涡轮内第一节和第二节的燃气温度，该仪表是用摄氏度来表示的。螺旋桨转速表是反映在转速计上并以最大转速的百分比来表示。一般而言，刻度表上的一小格代表 1%。而燃油流量表以磅/时的燃油流量率来表示燃油流量。

固定恒速涡桨发动机（单转子发动机）的螺旋桨变距是通过状态杆来控制的，这种发动机在失效时会产生很大的阻力，这是由于螺旋桨吸收了用来推动压气机的大量功率。对于双发飞机，除非对失效的发动机及早识别并且顺桨，否则会产生严重的操作问题。由于这个原因，固定恒速涡桨发动机装

图 13.4　动力装置的仪表（固定轴心型涡桨发动机）

有负扭矩传感器（NTS）。

负扭矩传感器是用来管理推动发动机的螺旋桨扭矩及自动增加螺旋桨的迎角从而减少阻力。负扭矩感应器的功能是限制发动机在风车状态时吸收螺旋桨的扭矩，以避免产生较大阻力。若在飞行中发动机突然失效，负扭矩传感器会自动使螺旋桨桨叶向顺桨方向移动。所以负扭矩传感器是发动机失效的紧急后援，而不是取代状态杆进行顺桨的装置。

13.4.2 分轴式/自由涡轮式发动机（双转子发动机）

分轴式/自由涡轮式发动机，如 Pratt & Whitney PT-6，螺旋桨是靠独立的涡轮通过调速器来带动。与一般的涡轮发动机不同，螺旋桨并不是与发动机和压气机同轴的（图 13.5）。与固定轴式发动机不同，分轴式发动机能够在保持发动机运转的情况下，在空中或地面对螺旋桨进行顺桨。自由涡轮式的设计允许飞行员选择所需的螺旋桨转速，而不考虑发动机本体的转速。

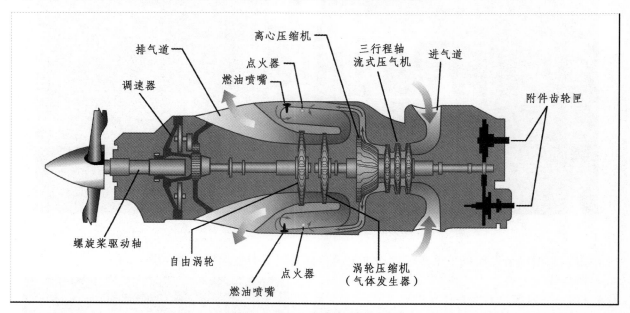

图 13.5 分轴式/自由涡轮式发动机

一个典型的自由涡轮式发动机有两个独立的反转涡轮。一个用于推动压气机，而另一个是透过调速器推动螺旋桨。一般来说，在发动机内的压气机包括三级轴流式压气机和一级离心式压气机。这两种压气机是装在同一轴心上的，且作为一个部件来工作。

大气经由发动机尾部的进气口进入发动机，然后向前流经连续的压气机。这些进气流程经由离心压缩行程向外扩散直至到达燃气室。在燃气室，进气流向是与之前相反的。在燃气过程中产生的气体会再一次通过每个涡轮节，逆向向前方扩张。气体在离开涡轮后，在外围排气口储集，然后通过发动机前端部分的两个排气口向外界排出。

油气控制系统通过油门来控制燃油流量以维持功率。除了在 β 范围内，当变距杆放在某个位置时，螺旋桨通过调速器保持恒定转速。

在发动机尾部的附件传动机构负责提供动力以推动燃油泵、燃油控制、滑油泵、启动机/发电机及转速表传感器。这个传动机构的转速（N1）是发动机内压气机的真速，一般大约为 37,500 转。

动力机构（发动机及螺旋桨）的操作靠每个发动机的三个控制机构，包括油门杆、变距杆和状态杆（图 13.6）。油门杆是用于调整发动机的功率，调整范围由慢车至起飞功率。前推或后拉油门杆，使燃气发生器的转速（N1）增加或减小，因而增加或减小发动机的功率。变距杆的操控与传统方法一样，它可透过首级调速器控制恒速螺旋桨。螺旋桨转速范围一般在 1,500～1,900 rpm 之间。状态杆控制流入发动机的燃油流量，跟活塞发动机的混合比杆相同，它的位置在动力操纵台的最右边。但涡桨发动机的状态杆只是一个燃油输送的开/关活门。在地面操作有高转速及低转速，但此时状态杆没有测量的功能。涡轮发动机不需要进行贫富油调节，由单独的燃油控制组件来控制。

分轴式/自由涡轮式发动机一般由以下发动机仪表组成（图 13.7）：

图 13.6 动力装置的控制（分轴式/自由涡轮式发动机）

图 13.7 动力装置的仪表（分轴式/自由涡轮式发动机）

- ITT（涡轮级间温度）指示器；
- 扭矩表；
- 螺旋桨转速表；
- N1（燃气发生器）转速表；
- 燃油流量指示器；
- 滑油温度/压力指示器。

ITT 指示器指示增压涡轮和自由涡轮之间的实时发动机燃气温度。扭矩表与油门随动，并指示作用于螺旋桨的扭矩，指示单位为 ft/lb。由于自由涡轮式发动机的螺旋桨不是物理地连接在燃气涡轮的轴上，所以使用了两种转速表。一种转速表是为螺旋桨指示转速，而另一种则指示燃气发生器的转速。螺旋桨转速表的单位是转/分。N1 或燃气发生器转速表的单位是转速百分比。对于 Pratt & Whitney PT-6 发动机而言，100% 的转速指示一般是 37,000 转/分。燃气发生器的最大转速一般限制在 38,100 转/分或 N1 的 101.5%。

ITT 指示器和扭矩表是用于设置起飞功率的。爬升及巡航功率的设置，是在参考扭矩表和螺旋桨转速的同时监控 ITT 限制。燃气发生器（N1）的操作靠监控燃气发生器转速表。正确地理解并监控这些仪表，可以对发动机的性能及工作情况进行更好地判断。

13.5 反拉力及 BETA 范围的操纵

螺旋桨所产生的拉力与迎角和速度有关，而迎角会随螺旋桨桨叶角的不同而不同。

所谓"低螺距"，是在最少旋转阻力下的桨叶位置。前推变距杆会产生向前的拉力，所以速度越大，需要的桨叶角越大。

变距杆在"顺桨"位置时，螺旋桨所得的桨叶角是最大的（图 13.8）。螺旋桨在顺桨时是不能产生拉力的，所以只有发动机在空中停车时才把螺旋桨调到顺桨位置，以减少阻力并且防止把螺旋桨当作涡轮使用。

当变距杆放在反桨位置时，发动机/螺旋桨转向与正常桨叶的方向相同，但螺旋桨桨叶角会在低螺距的另一方向。在反桨时，空气是从飞行方向推出而不是吸入飞机的。反桨导致减速，而不是带动飞机向前。这可在滑行时后退避开障碍物、控制滑行速度，或在飞机着陆时帮助飞机减速。反桨并不代表使发动机逆转。无论螺旋桨桨叶在低螺距时处于什么位置，发动机输出功率的方法是相同。

对涡桨发动机而言，要获得飞行的足够功率，油门杆的位置要放在"高慢车"和满偏位之间。油门杆直接传输燃油选择的信号至燃油控制组件以完成人工选择燃油。螺旋桨调速器会调整桨叶角以保持螺旋桨/发动机的转速，这称为螺旋桨调速效应或"α"模式操控。当油门杆设置在高慢车位之后，油门杆可直接控制螺旋桨的桨叶角，这称为"β"范围操控。

β 范围操控发生在油门杆设置在高慢车和全反桨之间。从油门杆设置在高慢车后一点的位置开始，螺旋桨桨叶角随油门杆后收而减小，直至油门杆后拉超越最大低螺距位置，螺旋桨桨叶角会减至负值，因而产生负拉力。对于固定轴/恒速发动机，由于螺

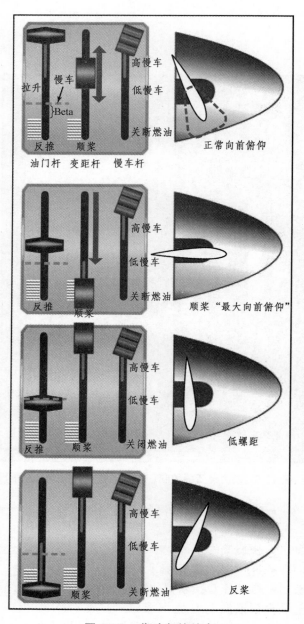

图 13.8 桨叶角的特点

旋桨桨叶角已为负值，所以发动机保持在高转速不变；对分轴式发动机（PT-6）而言，当桨叶角已在 – 5° 的位置时，再把油门杆向后拉会令发动机转速（N1）大大提高，直至达到最大值 – 11° 或 N1 的 85%，发动机转速才会停止增加。

对不同型号的飞机，在 β 范围内对反拉力的操纵有不同的技巧和程序，并且应特别注意该范围内的发动机参数和限制。所以对于转机型至涡桨飞机的飞行员来说，掌握这些参数和限制是非常重要的，因为这都与涡轮发动机飞机不同。

13.6 涡桨飞机的电力系统

一般而言，涡桨飞机的电力系统是 28 伏特直流系统，这是从一个或多个电池及一个启动机/发电机提供至每个发动机的。所使用的电池一般都是与活塞发动机飞机相同的铅酸型电瓶或镍镉（NiCd）型电瓶。镍镉型与铅酸型电瓶的不同之处在于镍镉型电瓶可在长时间工作下仍维持高电压的输出。但是当镍镉型电瓶的电力耗尽时，电压会突然下降。在这种情况下，使启动机带动压气机旋转能力也会消失，而热发所导致发动机损害的机会也会大大增加。所以在发动机启动前检查电瓶的工作情况是非常重要的。相对于铅酸型电瓶，高效能的镍镉型电瓶能快速地重新充电，但充电速度越快，所产生的热量也越大。所以，装有镍镉型电瓶的飞机都会装配电瓶过热报警指示灯。

涡桨飞机使用的直流发电机也可以用作启动马达，所以也称为启动机/发电机。启动机/发电机是以电能产生机械扭力以启动发动机，然后在发动机运行后以发动机的机械扭力产生电力。部分直流电被转为 28 伏特、400赫兹的交流电。这些交流电是供航空电子设备、指示灯和指示器同步功能使用。这个电转换的过程是由称为变流器的电力装置来完成的。

直流电和交流电的分布是由电力分布汇流条完成的。它们之所以称为汇流条是因为它们有共同的终端以获取电流（图 13.9）。汇流条通常取名于它们所提供电力的设备（如航空电子设备汇流条）或它们从哪取得电力（如右发电机汇流条或电池汇流条）。直流电和交流

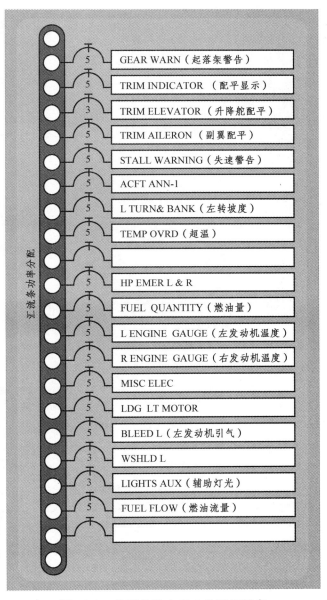

图 13.9 典型的独立电力分配汇流条

汇流条功率分配

5	GEAR WARN（起落架警告）
5	TRIM INDICATOR （配平显示）
3	TRIM ELEVATOR （升降舵配平）
5	TRIM AILERON （副翼配平）
5	STALL WARNING （失速警告）
5	ACFT ANN-1
5	L TURN& BANK（左转坡度）
5	TEMP OVRD（超温）
5	HP EMER L & R
5	FUEL QUANTITY（燃油量）
5	L ENGINE GAUGE（左发动机温度）
5	R ENGINE GAUGE（右发动机温度）
5	MISC ELEC
5	LDG LT MOTOR
5	BLEED L（左发动机引气）
3	WSHLD L
3	LIGHTS AUX（辅助灯光）
5	FUEL FLOW（燃油流量）

电的分布通常都是以功能组（总汇流条）划分的，这些功能组在一般或紧急情况下优先提供电力至某些装置。主汇流条为大多数的飞机电力装置提供电力，重要汇流条则为需优先供电的电力装置服务。

多发涡桨飞机通常都有多个电源，一个电瓶和每个发动机至少有一台发电机。电力系统（图 13.10）的设计是任何汇流条都能在任何电力源获取电能。例如，一个典型的电源系统会有左右发电机汇流条，并且同时由左右发电机供电。这些汇流条由一般的开关连接，使之成为独立的单元。如果一个发电机失效，与之相连的汇流条的电力会丢失，但是若把它连接到其他汇流条上，电源便可恢复。所以把汇流条连接上，便能使仍工作的发电机所产生的电力提供至两边的汇流条。

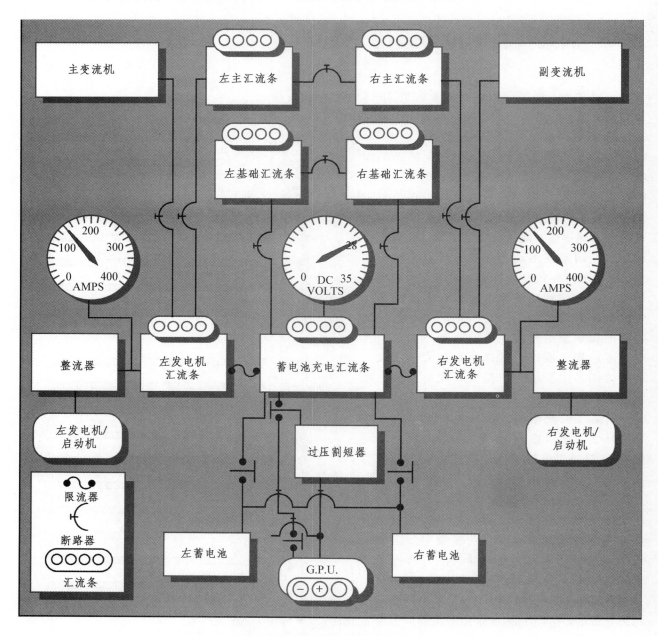

图 13.10　涡桨飞机电气系统示意图

限流器是保险丝的一种，用于防止短路和其他故障，从而对电源分布汇流条起到保护作用。当任何电源提供过大的电流时，限流器会断开电路并隔离电源，使受影响的汇流条从该系统分离，但其他

214

汇流条仍可正常工作。个别电子设备是通过电路跳开关连接至汇流条的，当过大的电流流过时，跳开关便会断开电路。

13.7　运行方面的考虑因素

之前已经提过，涡桨飞机的飞行与其他体积、重量相同的活塞发动机飞机相同。但涡桨发动机飞机的发动机和飞机系统的操纵与活塞发动机飞机是不同的。发动机和飞机系统的人为错误操纵是导致飞机损坏或灾难的最直接原因。在燃气涡轮发动机启动时，人为错误是最容易发生的。

燃气涡轮发动机对热量是极为敏感的，只要过热的情况维持超过几秒，燃气涡轮发动机的损坏就不可避免。启动时的发动机温度高于其他任何时候，所以，在启动时，涡轮转速必须超过最低值后才能让燃油进入燃烧室。飞行员在发动机启动时要对过热警惕温度和加速度作监视，并时刻保持警觉，直至发动机在稳定的速度运转。一个成功的启动是基于启动前能否提供足够的电力需求，或配置有合适输出的地面电源（GPU）。

启动以后，燃油很快便引入燃烧室，完全燃烧并且它相对的热量会上升得很快。在发动机稳定和温度进入正常操作范围前，发动机在 2～3 秒内，温度很快便会达到峰值。此时，飞行员一定要多加留意发动机的温度是否有超越限制的趋势，并准备好随时关断燃油。

热启动是指在发动机启动时，温度超越最高启动温度限制。温度的升高可能是因为启动时的高燃油流量，这也是飞行员判断发动机不正常启动的首要指示。若让热启动持续发生，会导致严重的损害。

发动机启动后增速比正常情况慢，称为"悬挂启动"或者"故障启动"。在悬挂启动的情况下，发动机会稳定在一个转速下转动，但这个转速并不足够使发动机在脱开启动机的情况下工作。这是由于低电力或启动机不能使发动机加速至正常转速造成的。

要使涡桨飞机起飞，并不是简单地把油门杆往前推至最前就可以了。这要根据不同情况而定，并受制于扭矩或发动机温度。一般情况下，起飞时油门杆的位置是在最前位后一点。

操纵涡桨飞机（尤其是双发带座舱型）起飞及离港，通常是根据该特定型号飞机的起飞及离港"剖面"设定来达成的（图 13.11），而这些起飞及离港的"剖面"设定是需要根据飞机制造商的建议程序而制订的。这些建议程序都是根据经由 CAAC 审批的飞机飞行手册及飞行员操作手册而制订的。基于涡桨飞机的复杂性，一套标准化的程序是使飞机安全及高效操作所必需的。对于转机型的飞行员来说，要熟悉飞机的起飞和离港"剖面"设定，必须在起飞前先回顾这些"剖面"设定及程序，并在脑海里建立一个印象。

对于任何给定的功率，随着飞机高度的上升，发动机的温度会逐渐增加。在炎热的天气下，飞机会在相对较低的高度上达到最大限制温度，所以在高高度上保持大功率是不可能的。再者，在空气密度低的条件下工作，发动机的压气机负荷相应增加。在高密度高度下可用功率将会减少，因此必须调整功率以保持发动机温度在限制值之内。

对涡桨飞机而言，飞行员可在任何时候把油门关断，而不需考虑发动机的温度会冷却得过快。因此，通过较小的桨叶角来快速下降的效果很明显。与起飞和离港一样，进近和着陆也需要根据标准的进近和着陆程序进行（图 13.12）。

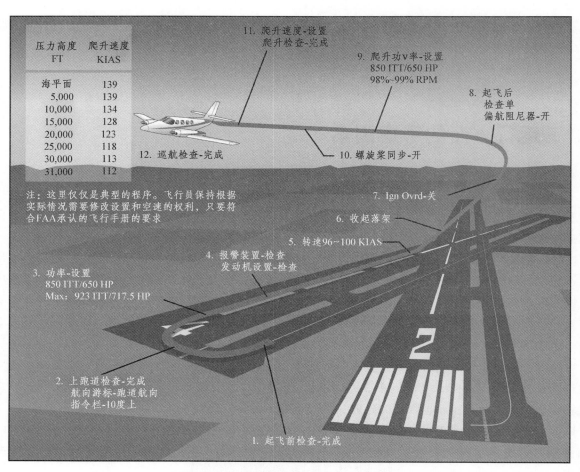

图 13.11　典型的涡桨飞机起飞离场图

表格内容：

压力高度 FT	爬升速度 KIAS
海平面	139
5,000	139
10,000	134
15,000	128
20,000	123
25,000	118
30,000	113
31,000	112

11. 爬升速度-设置
爬升检查-完成

9. 爬升功v率-设置
850 ITT/650 HP
98%~99% RPM

8. 起飞后
检查单
偏航阻尼器-开

12. 巡航检查-完成

10. 螺旋桨同步-开

注：这里仅仅是典型的程序。飞行员保持根据实际情况需要修改设置和空速的权利，只要符合FAA承认的飞行手册的要求

7. Ign Ovrd-关

6. 收起落架

5. 转速96~100 KIAS

4. 报警装置-检查
发动机设置-检查

3. 功率-设置
850 ITT/650 HP
Max: 923 ITT/717.5 HP

2. 上跑道检查-完成
航向游标-跑道航向
指令栏-10度上

1. 起飞前检查-完成

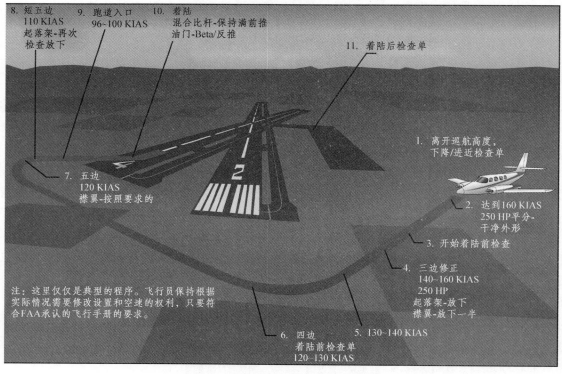

图 13.12　典型的涡桨飞机进场着陆图

8. 短五边
110 KIAS
起落架-再次
检查放下

9. 跑道入口
96~100 KIAS

10. 着陆
混合比杆-保持满前推
油门-Beta/反推

11. 着陆后检查单

7. 五边
120 KIAS
襟翼-按照要求的

1. 离开巡航高度，
下降/进近检查单

2. 达到160 KIAS
250 HP平分-
干净外形

3. 开始着陆前检查

4. 三边修正
140~160 KIAS
250 HP
起落架-放下
襟翼-放下一半

5. 130~140 KIAS

6. 四边
着陆前检查单
120~130 KIAS

注：这里仅仅是典型的程序。飞行员保持根据实际情况需要修改设置和空速的权利，只要符合FAA承认的飞行手册的要求。

一个稳定的进近是进近和着陆过程中最重要的部分。根据飞机型号和设计的不同，其稳定进近的下滑角范围是 2.5°~3.5°。而稳定进近的速度参照飞行手册而定，一般是飞机在进近形态下的失速速度的 1.25~1.30 倍，下降率则恒定为 500~700 英尺/分，直至完成着陆。

若在着陆过程中过早把油门收光，会使某些涡桨飞机（及某些活塞式双发飞机）重着陆。这是由于大螺旋桨在小的桨叶角下快速转动时会形成相当大的阻力。对于这类飞机来说，在整个下降及着陆过程中最好是保持一定的功率。在平稳接地后，螺旋桨的 β 范围操控使涡桨飞机比起重量相近的活塞飞机而言，刹车的要求大大减低。

13.8 训练方面的考虑因素

由于涡桨飞机在中高空飞行，相对于低空飞行来说，是一个不同的飞行环境。对法规、空域结构、生理以及气象等，都有不同的要求。对于转机型至涡桨飞机的飞行员，尤其是对中高空飞行运行不熟悉的飞行员来说，应特别对此引起重视。一个完整的地面训练一定要覆盖所有中高空飞行的要素，其中包括飞行环境、天气、飞行计划和领航、高空飞行的生理要素、氧气和增压系统操作及高空应急处置方案。

飞行员要在飞行训练时确保获得综合全面的知识，包括飞机性能、系统、应急程序、操作限制，并且熟练掌握所有机动飞行的性能和飞行中的应急程序。

以下的训练大纲覆盖了飞行员在高空安全运行时所需要的最基本信息：

1. 地面训练

（1）高空飞行环境：

a. 空域；

b. CCAR-91，对氧气的使用要求。

（2）气象：

a. 大气层；

b. 风、晴空颠簸；

c. 积冰。

（3）飞行计划和领航：

a. 飞行计划；

b. 天气图表；

c. 领航；

d. 导航系统。

（4）生理训练：

a. 呼吸系统；

b. 缺氧；

c. 持续用氧的影响；

d. 减压疾病；

e. 视力；

f. 高度室（可选择性）。

（5）高空系统及组成部分：

a. 供氧及供氧设备；

b. 增压系统；

c．高高度元素。

（6）空气动力学和性能因素：

a. 加速度；

b. 重力；

c. 超音速临界马赫（涡轮喷气飞机）。

（7）应急程序：

a. 失压；

b. 佩戴氧气面罩；

c. 氧气面罩故障，或完全失去氧气供应；

d. 飞行中火警；

e. 飞进严重颠簸区或雷暴区。

2. 飞行训练

（1）飞行前讲评。

（2）飞行前计划：

a. 对天气的讲评简述；

b. 航路标绘；

c. 飞机飞行手册；

d. 飞行计划。

（3）飞行前检查：

氧气系统的功能测试，包括氧气供应和氧气压力的验证，调节器操作，氧气流量，面罩合适度，以及使用氧气面罩进行驾驶舱与空中交通管制之间的沟通测试。

（4）发动机启动程序、试车、起飞及初始爬升。

（5）爬升至高高度，并在平均海平面 25,000 英尺以上巡航。

（6）应急程序：

a. 模拟快速失压，包括快速佩戴氧气面罩；

b. 紧急下降。

（7）下降计划。

（8）关车程序。

（9）飞行后讲评。

14　过渡到喷气式飞机

14.1　概　述

本章对喷气式飞机操作进行了整体简单介绍,不能替代喷气式飞机型别等级训练课程的任何内容,只作为训练前的准备和补充。本章的主要目的是:为飞行员介绍在过渡到喷气式飞机时将会遇到的与其他飞机操纵的差异。为了更合理地达到此目标,我们将喷气式飞机和活塞式飞机之间的区别归纳为两个方面:一是技术差异,或者说飞机自身的差异;二是飞行技术差异,即飞行员针对技术差异采取的不同飞行技术。对于某一特定机型,如果本章内容与通过局方批准的飞机飞行手册(AFM)冲突,则以 AFM 为准。

14.2　喷气式发动机基础

喷气式发动机是燃气涡轮发动机。与螺旋桨飞机通过把大量空气加速到相对较低的速度产生拉力的原理相反,喷气式发动机依靠把少量空气加速至非常高的速度来产生推力。

如第 13 章所述,活塞发动机和燃气涡轮发动机都是内燃式发动机,有相似的基本工作循环,即进气、压缩、燃烧、膨胀、排气。空气进入发动机后被压缩,注入燃油之后点燃。热混合气膨胀后剩余的能量用来压缩气体,最后再排出发动机。无论是活塞式还是喷气式发动机,都是通过增加进气量和压缩比来提高循环效率的。

部分燃气膨胀做功发生在发动机的涡轮部分,以提供带动压气机的能量,而其他的膨胀过程发生在发动机尾部的排气喷管处,从而把混合气加速到很高的速度后喷出以获得推力(图 14.1)。

从原理上来说,喷气式发动机更简单、更直接地将热能(燃气燃烧和膨胀)转化为机械能(推力)。而活塞式发动机需要先通过可运动部件将热能转化为机械能,然后再通过带动螺旋桨而产生拉力。

相对活塞式发动机,喷气式发动机的优点之一在于它能够在高空和高速情况下,产生更大的推力。事实上,涡喷发动机的效率会随高度和速度的增加而提高。

尽管螺旋桨飞机的效率没有喷气式飞机高,特别是在现代航空所需要的高空和高速情况下,但是螺旋桨飞机具备的少有优点之一是:飞机几乎能够在起飞滑跑时就获得最大可用推力。喷气式飞机起飞时发动机的推力相对较小,直到高速时才能获得最大推力。为解决这一问题,人们发明了涡轮风扇(涡扇)发动机。实质上,它是涡喷发动机和螺旋桨发动机的结合体。

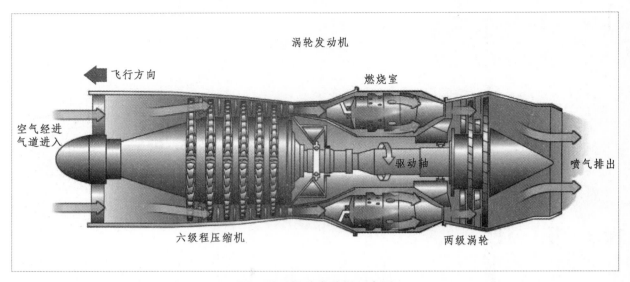

图 14.1　涡喷发动机示意图

与其他燃气涡轮发动机类似，涡扇发动机的核心是燃气发生器，用于产生高温、高速气体。与涡桨发动机相似，涡扇发动机也有低压涡轮，它会吸收燃气发生器产生的大部分能量。低压涡轮固定在一个同心轴上，经过燃气发生器的轴与发动机前部的整流扇连在一起（图 14.2）。空气进入发动机，经过风扇后分为两路。一部分空气叫做旁通空气（外涵空气），顾名思义就是在发动机核心部件之外流过；流入发动机燃气涡轮的空气称为核心气流（内涵空气）。外涵空气总量与内涵空气总量之比叫做涡扇发动机的涵道比。涡轮风扇发动机将燃油燃烧产生的热量转化为推力的效率较高是因为它先通过大面积的风扇产生低压空气，与此同时涡喷发动机还利用燃气涡轮输出的所有燃气高速喷出来产生推力。涡扇发动机有 30% ~ 70% 的推力是由低温低速的外涵空气产生的。

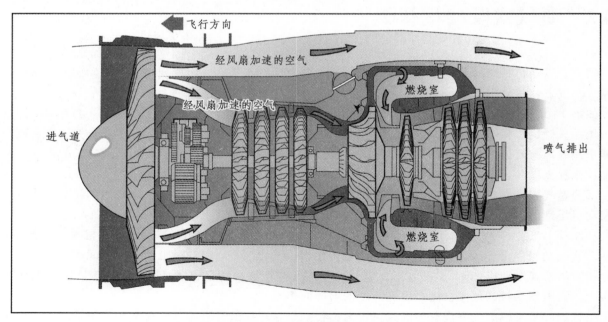

图 14.2　涡扇发动机示意图

涡扇发动机的工作理念是提高喷气式发动机的总推力，尤其在低速和低高度的情况下。虽然在高高度上发动机的效率有所降低（涡扇发动机随着高度的升高，推力衰减比较大），但是涡扇发动机能够提高飞机加速性，减小起飞滑跑距离，提高飞机爬升性能并可以降低燃油消耗。

220

14.3 喷气式发动机的操作

　　喷气式发动机的推力取决于喷入燃烧室的燃油量。由于大部分发动机的控制功能都是自动的，所以大多数涡喷和涡扇发动机是通过油门杆控制发动机进行功率控制。油门杆与燃油控制器和/或发动机电子监控系统相连。发动机电子监控系统依据转速、发动机内部温度、周围环境和其他因素等来计算燃油流量（图14.3）。

　　在喷气式发动机里，每个主要的旋转部件都有一个传感器监控其转速。根据不同的构造和型号，涡喷发动机一般都有一个 N1 表，用来监控低压压气机和/或风扇的转速，燃气涡轮部分由 N2 表监控，而三轴式发动机还有 N3 表。发动机每个部件的转速可达每分钟几万转。因此为了方便显示和认读，测量转速的仪表都以实际转速的百分比而不是实际转速显示（图14.4）。

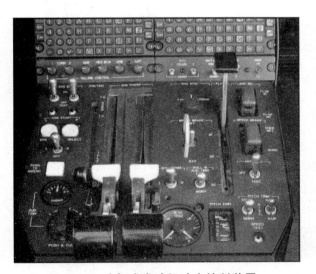

图 14.3　喷气式发动机动力控制装置

图 14.4　喷气式发动机转速表

　　飞行员必须密切监视涡轮燃气的温度。对于所有燃气涡轮发动机而言，如果温度超过其极限值，即使在很短的时间内，都可能对涡轮叶片和其他部件造成严重损坏。根据发动机构造和型号不同，燃气温度可以在发动机的不同位置进行监测。由于测量位置的不同，该温度的名字也不同，例如：

- 排气温度（EGT）——流经涡轮后进入喷管时气体的温度。
- 涡轮进口温度（TIT）——经过燃烧室后进入第一级涡轮时气体的温度。TIT 是涡轮发动机中的最高温度，也是发动机所能产生推力的限制因素之一。但是 TIT 很难测量。由于 EGT 与 TIT 相关联，通常测量 EGT。
- 涡轮级间温度（ITT）——高压涡轮和低压涡轮间气体温度。
- 涡轮出口温度（TOT）——和 EGT 类似，TOT 是涡轮后部的气体温度。

14.3.1　喷气式发动机点火

大多数喷气发动机点火系统由两套点火装置组成，用于地面或者空中启动发动机。一旦发动机启动，点火器则自动关闭或需要人工关闭，之后发动机燃烧室会连续工作。

14.3.2　连续点火

发动机对进入进气道的气流特征非常敏感。只要气流不发生分离，发动机会连续平稳工作。尤其是对于后置式发动机，有时来自机翼的乱流会使压气机失速或发动机熄火。这些非正常飞行情况通常与俯仰变化过大有关，如在严重乱流或失速时可能遇到。

为了避免在以上情况下发动机可能熄火，或者在其他情况如暴雨、积冰、鸟击等情况下发生点火问题，多数喷气式发动机都配置了一套连续点火系统。该系统只要需要，在任何时候都可以启动并连续工作。在很多喷气式飞机上，该系统作为预警系统通常在起飞和着陆阶段使用。许多发动机上还加装了自动点火系统，系统在飞机失速告警或者抖杆时会启动两个点火器。

14.3.3　燃油加温装置

喷气式发动机在高空以及外部温度极低的情况下飞行时，燃油温度过低可能导致悬浮在油中的小水滴结成冰晶，堵塞通向发动机的燃油过滤器。所以喷气式发动机通常装有燃油加温装置。燃油加温装置可以自动工作以保持燃油的温度在冰点以上，也可以由飞行员在驾驶舱里人工控制。

14.3.4　功率设定

一些喷气式飞机采用发动机压力比（EPR）来反映推力的大小。喷气式飞机的 EPR 相当于活塞发动机的进气压力。EPR 描述的是空气在发动机内获得的总能量。例如，EPR 设定为 2.24，意味着发动机涡轮出口空气压力与进气口压力之比为 2.24∶1。在这些飞机上，EPR 是发动机功率设定的主要参考依据（图 14.5）。

大多数涡扇发动机通常由风扇速度（N1）来表示推力大小，燃油流量作为推力的补充指示。正确交叉检查燃油流量表可以帮助发现 N1 表的故障。涡扇发动机也有一个燃气涡轮转速计（N2）。它们主要在发动机启动和一些系统功能中用到。

设置功率时，通常最重要的参数是主要功率参考（EPR 或 N1），要根据其仪表指示来限制油门杆调整量。但是也可能发生超速或超温的情况。原则是：在某功率设定下，如 EPR、转速或温度其中任何一个达到了极限值，就必须停止前推油门杆。

图 14.5　EPR 表

14.3.5　推力与油门杆的关系

活塞式螺旋桨飞机的推力与转速、进气压力、桨叶角之间成比例关系，其中进气压力是最主要的因素。如果活塞式发动机的转速保持恒定，那么推力与油门杆的位置成正比例关系。但是对于喷气式发动机而言，推力与油门杆的位置不成正比例。这一点是飞行员在进行喷气式飞机改装时，需要注意的一个重要区别，必须要习惯这种差异。

对于喷气式飞机，推力与转速、空气流量和温度（油/气比）成比例关系。它们是一一对应的，压气机效率的改变表现为转速的改变，而转速的改变导致推力改变。喷气式飞机在高转速时效率最高，发动机也是为这种主要的运行情况设计的。随着转速增加，气流量、温度、效率也随之增加。因此，油门杆在靠前位置时的相同前移量比在靠后位置时所增加的推力要大。

对于从活塞式飞机过渡到喷气式飞机的飞行员，有一点需要引起注意：对于喷气式飞机，从慢车加到满功率需要的油门杆前推量，比活塞式发动机的要大很多。例如，无论油门杆在什么位置，活塞式发动机上 1 英寸油门杆移动量等效于 400 马力的推力。但对于喷气式发动机，在低转速时，1 英寸等效于 200 磅的推力，而在高转速时等效于 2,000 磅推力。因此，如果喷气式发动机在低转速时需要大推力，"以英寸为单位前推油门杆"的规则不再适用，此时需要大幅度前推油门杆，但并不代表增大推力的标准就是猛推油门。如果功率已经很高，就只需要稍微前推油门杆。喷气式发动机与活塞式发动机的操作习惯有两大不同：一是喷气式发动机的推力变化量随转速的大小而不同，二是喷气式飞机加速较慢。

14.3.6　转速对应的推力变化量

活塞式发动机通常在可用转速的 40% ~ 70% 之间运行，而喷气式发动机的转速在其最大转速的 85% ~ 100% 之间时效率最高，空中慢车时的转速为最大转速的 50% ~ 60%。喷气式发动机在最大转速的 90% ~ 100% 之间所产生的推力为可用总功率的 70%（图 14.6）。

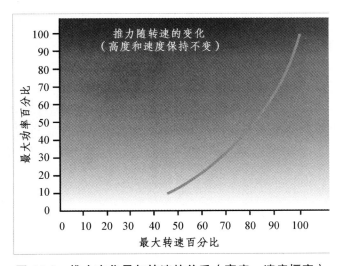

图 14.6　推力变化量与转速的关系（高度、速度恒定）

14.3.7　喷气式发动机的慢加速性

对螺旋桨飞机而言，恒定螺旋桨转速能在其调节范围内保持发动机的转速恒定，通过改变进气压力来改变功率。从慢车加速到满功率时相对较快，通常需要 3～4 秒。不同的喷气式发动机加速性能大不一样，但通常会慢很多。

喷气式发动机在高转速时效率最高，此时压气机处于最佳性能状态。在低转速时发动机的工作循环效率较低。如果发动机处于正常进近转速时需要突然增加推力，则可以在 2 秒内加到全推力。但是如果在低转速突然使用全功率，可能使发动机富油导致压气机喘振、涡轮温度过高、压气机失速和/或发动机熄火。为防止这种现象的发生，在发动机系统中安装了如压气机引气活门的限制器，将发动机转速限制在能够安全快速加速的范围内。发动机在空中慢车运行过程中，快速将油门杆推到高功率位时，这一临界转速特别明显。发动机刚开始加速较缓慢，但达到 78% 最大转速时加速就会变得非常快（图 14.7）。

即使发动机在转速达到最大转速的 78% 之后可以实现很快的加速，但从慢车位加速到全推力也需要约 8 秒。因此，在最后进近和着陆阶段及其他需要迅速增加推力的情况下，多数喷气式发动机都在相对较高的转速下运行。

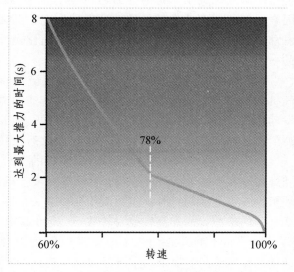

图 14.7 典型喷气式发动机加速时间曲线

14.4 喷气式发动机效率

目前一般航空涡轮发动机飞机的最高飞行高度可以达 51,000 英尺。喷气式发动机优良的高空性能是飞机能在高空环境运行的主要原因。在恒定发动机转速和真空速（TAS）的情况下，喷气式发动机的燃油消耗量随着外界空气温度的下降而降低。因此，在高空飞行的过程中，飞行员可以在最佳巡航速度下将油门设置在最经济燃油消耗位。为了保证燃油效率，喷气式飞机通常会在非常靠近转速或排气温度的极限值附近的高度飞行。在高空飞行时只有少量的剩余推力可以用于机动飞行。因此对喷气式飞机来说，高空中通常不能同时爬升和转弯。所有的机动飞行必须在可用推力限制范围内完成，不能因此牺牲飞机的稳定性和操纵性。

14.5 没有螺旋桨效应

飞行员必须习惯喷气式飞机没有螺旋桨的特点。该特点是由于缺少螺旋桨滑流产生的升力以及飞机无螺旋桨阻力造成的。

14.5.1　没有螺旋桨滑流

螺旋桨飞机依靠向后加速大量空气产生拉力（特别对于那些安装在机翼上的发动机），该部分空气会流经机翼的大部分面积。螺旋桨飞机机翼产生的总升力由不受螺旋桨尾流影响的部分和受其影响部分分别产生的升力组成。因此可以在不改变空速的情况下依靠增加或者减小滑流速度改变机翼的总升力。

例如，在飞机性能允许的情况下，在五边上低高度和低速飞行，如果突然加大油门，该螺旋桨飞机反应会很灵敏，低空低速的状态很快就能改变。这样，除了能够在保持空速不变的情况下增加升力，飞机带功率时的失速速度也会减小。另一方面，喷气式发动机也是依靠向后加速空气来产生推力，但气流不流经机翼，因此在空速不变时增加功率不能产生额外的升力，也不能有效地减小带功率失速速度。

因为没有螺旋桨，喷气式飞机具有以下两个特点：

● 不能仅仅依靠增加功率立即增加升力。

● 不能仅仅依靠增加功率减小失速速度，失速的余度比螺旋桨飞机少了 10 节（螺旋桨飞机在指定构型下无功率和带功率的失速速度差值）。

再加上喷气式飞机的加速性较差，使喷气式飞机的飞行员相比螺旋桨飞机的飞行员存在劣势因素，成为喷气式飞机的第三个特点。

因为这些原因，活塞发动机飞机和涡轮发动机飞机的进近性能存在很大的差异。活塞发动机的错误操纵余度更大，速度就不是特别重要，快速地改变功率能弥补下降率的增大。而对于喷气式飞机，错误操纵的余度很小。

如果喷气式飞机的下降率增大，飞行员必须按正确顺序牢记以下两点：

（1）只有通过增加流经机翼的气流速度才能增大升力，而增大气流速度只有通过加速整架飞机才能实现。

（2）假定不允许掉高度，飞机只能通过快速增大推力来加速。此时喷气式发动机较差的加速性便成为影响飞行的一项因素。

在五边上通过一个机动飞行来弥补喷气式飞机下降率增大的情况比较困难。由于喷气式飞机不能产生恒定升力且加速性较差，就要求稳定进近，需要在到达跑道入口前保持全襟翼、起落架放下的着陆构型、恒定空速、可控下降率和相对较大的功率设定。这样飞机在需要少量改变进近空速和下降率时能够作出快速反应，而且在需要时可以马上执行复飞。

14.5.2　缺少螺旋桨阻力

对于活塞式飞机，当收光油门时，螺旋桨会产生较大的阻力，空速或高度也会立即下降。而在喷气式飞机上，将油门收至慢车位时不会产生这样的阻力。实际上，喷气式发动机在慢车位时仍能产生推力。喷气式飞机驾驶员的主要优势是由于飞机无螺旋桨或相当于安装了反转的螺旋桨，在操纵飞机时不会面临潜在的阻力增加；其缺点在于，由于喷气式发动机的"空转"，慢车位时仍会产生推力，但这在长距离下降时反倒是有利的，而当进入最后进近时或着陆拉平时需要快速减速时就变成为缺点。喷气式飞机缺少螺旋桨阻力及其流线型机身的特点对大多数飞行员来说都是全新的，所以减速问题就成为进行喷气式飞机改装的飞行员会遇到的困难之一。

14.6 边界速度

典型活塞式飞机涉及的两个最大运行速度：

- V_{NO}——最大结构巡航速度，是空速表上绿色弧线区的上限。在某些飞行状况下允许超过 V_{NO} 并在告警区（黄弧区）工作。

- V_{NE}——极限速度，在空速表上用红线标注。

对于活塞式飞机而言，在正常的运行情况下不必过多考虑这些速度限制，因为飞机的阻力较大，而且巡航功率相对较低，飞机一般不会超过这些速度限制。

喷气式飞机最大速度的表示方式不同，飞行时需要一直低于飞机最大操纵速度运行，此速度类似于活塞式飞机的 V_{NE}。喷气式飞机的最大速度指：

- V_{MO}——最大操纵速度，单位为节。

- M_{MO}——最大操纵马赫数，单位为马赫（音速）。

喷气式飞机飞行员要观察飞机的 V_{MO} 和 M_{MO} 值，需要飞机上安装有空速表和马赫数表，每个表上都要有红线标记。在一些通用航空喷气式飞机上，这两个表采用同心圆组合在一起指示，一个指示空速，另一个指示马赫数，每个表盘刻度上都有红线标记（图 14.8）。

大多数喷气式飞机上都使用更精密的指示仪表，它看起来像传统的空速表，可以自动移动，以随时显示相应的速度极限。

由于喷气式飞机的可用推力较高及其较低的阻力设计，即使在巡航飞行时也很容易超过飞机速度范围，有些飞机甚至在小梯度爬升中也会发生超速。当超过最大运行速度时，喷气式飞机的操作性能会发生很大改变。

设计为亚音速飞行的高速飞机的速度要限制在低于音速一定马赫数以内，以防飞机马赫数接近 1.0 时产生激波。这些激波（及其伴随的不利影

图 14.8　喷气式飞机空速表

响）可能在飞机速度低于马赫数 1.0 很多时就会发生。高速飞行时流经机翼的一部分气流会最先达到马赫数 1.0，此时飞机的马赫数称为临界马赫数（MACHCRIT）。这也是在飞机上首先出现激波时的速度。

当气流加速至马赫数为 1.0 时不会产生特殊的问题，但是在气流突然回落至亚音速时将形成激波。随着机翼速度的增加，激波将变得更加强烈并在机翼上向后移动，深度发展的激波最终将发生气流分离（图 14.9）。

如果允许飞机速度进一步增大高于 M_{MO}，激波之后的气流分离可能导致飞机抖振及可能失控或者"颠簸"。

当飞机速度从超音速增加到大于 M_{MO} 的过程中，由于激波移动导致机翼升力作用点移动，所以飞机会有改变俯仰姿态的趋势（图 14.10）。

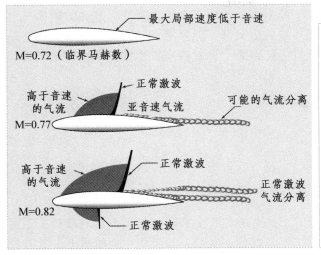

图 14.9　接近音速的气流分离图

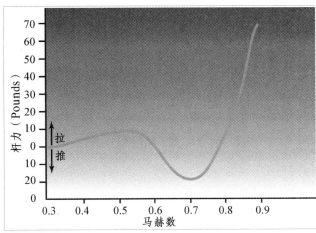

图 14.10　典型喷气式飞机杆力与马赫数关系图

如图 14.10 所示，当速度增至 0.72 马赫数的过程中，机翼升力大幅度增加，需要顶杆或者配平才能保持平飞。随着速度的继续增加和激波的后移，机翼的升力中心也向后移，导致机头下俯或"俯冲"。当马赫数增至 0.83 时，下俯力矩进一步增强，需要 70 磅的带杆力来保持机头位置。如果继续发展，最后将发生马赫俯冲。虽然需要一定过程才能形成马赫俯冲，但是如果让其进一步发展，压力中心将向后移动过多，导致升降舵不能抵消其下俯力，飞机可能进入快速下降，甚至进入无法改出的俯冲。

飞行员必须认真监控空速指示，并在感受到飞机抖振及在较大的杆力出现之前对音响警告器作出反应。然而，如果没有采取措施允许机头继续下俯，空速将进一步增大，这样将迅速进入危险情况。随着马赫数的进一步增加，当超过飞机的 M_{MO} 后，气流分离的影响和激波后的乱流将变得更加严重，最终，由于机翼上的气流发生分离，水平安定面上没有足够的下洗气流，飞机会发生抖振，进而发生马赫俯冲。这就是在一些喷气式飞机上采用 T 型尾翼的主要原因，尽量使水平安定面远离机翼乱流。考虑到飞机在高高度和大马赫数时的临界状态，大多数飞机设计有各种配平片和自动马赫补偿装置（自动带杆器），在飞行员疏忽导致马赫数接近飞行手册上的 M_{MO} 时给予及时告警，这样飞机就能够在安全的马赫数范围内运行。

14.7　超速状况改出

对于超速状况最简单的应对方法就是：确保这种情况不要发生。因此，飞行员必须知道导致飞机超出最大操纵速度的各种情况。良好的仪表飞行技术和功率控制是非常重要的。

飞行员必须对特定机型的飞机速度接近 V_{MO} 或者 M_{MO} 时可能出现的各种征兆有所了解。这些征兆可能包括：

- 机头有下俯趋势，需要带杆或配平。
- 速度超出临界马赫数后发生气流分离，飞机有轻微的抖振。
- 当速度达到或稍微超出 V_{MO} 或 M_{MO} 时，警告器或自动带杆器发出警告。

飞行员遇到超速的情况时，应该立即作出反应，减小功率至慢车位使飞机减速，柔和增加迎角也可以减小速度（事实上当高速告警系统启动时，带杆装置会自动采取这一措施），使用减速板也能帮助减慢飞机的速度。但如果带杆力过大，使用减速板将进一步加剧下俯的趋势。但在大多数情况下，这种下俯趋势都可以轻松控制，由于减速板在任何速度下都适用，使用起来非常方便。减速的最后一个选择是放起落架。放起落架将产生巨大的阻力，可能导致机头上仰，但通常对起落架本身没有损坏的风险。改装喷气式飞机的飞行员，要对局方批准的飞机飞行手册中针对特定机型推荐使用的处理超速的程序非常熟悉。

14.8 马赫抖振界限

迄今为止，人们只提到超速会引起马赫抖振。但对于改装的飞行员来说，必须理解马赫抖振是由流过机翼的气流速度过大引起的，并不一定是飞机的空速。在任何时候，如果作用在机翼上的升力过大，不管是由空速过大还是迎角过大引起，都会发生"高速抖振"。但是，低速时也可能发生抖振，称为"低速马赫抖振"。

由于飞机的重量和高度造成低速飞行时迎角过大及类似的情况会导致低速抖振。过大的迎角也会增大机翼上表面气流的速度，直到与激波产生的影响相同时，飞机就会发生与高速时一样的抖振。

不管是在飞机抖振的高速还是低速边界，机翼迎角变化最容易诱导产生马赫抖振。增大飞机迎角，进而增大流经机翼气流的速度并可能造成马赫抖振的情况为：

- 高高度——飞行高度越高，空气越稀薄，维持平飞所需升力的迎角就越大。
- 大重量——飞机越重，需要的升力越大，需要的迎角也越大。
- "G"过载——增大机翼的"G"过载和增加飞机总重产生的效果相同。无论是转弯、过猛操纵或者乱流造成的"G"过载对增加机翼迎角的影响都是相同的。

对于同样的真空速，高度越高，所对应指示空速越低。随着高度的增加，指示空速逐渐降低到低速抖振边界，此时如果飞机载荷为 1.0G，就会发生失速前抖振。高速马赫指示空速点和低速抖振指示空速边界，是飞机的绝对或气动升限。一旦飞机到达其空气动力升限（该值高于局方批准的飞机飞行手册所规定的高度），飞机在马赫极限值时，只有使用专门设计的带杆器才能加速，同样也只有使用专门设计的抖杆器或者推杆器才能减速。在飞机飞行包线上，该危险区域被称为"危角"。

流过机翼的气流速度达到超音速时将发生马赫抖振。在特定迎角下，流经机翼上表面的气流发生分离，升力下降，就会导致失速抖振。随着密度高度的增加，在机翼上表面产生气流分离所对应的迎角会减小，直到密度高度到达马赫抖振和失速抖振点（危角）。如果遇到这种现象，其严重后果是飞机失控。

飞机全重或者载荷因素增加，飞机发生低速抖振对应的速度将增加，马赫抖振所对应的速度将减小。典型的喷气式飞机如果在 51,000 英尺高度飞行，载荷因数为 1.0G，速度超过 M_{MO}（0.82 马赫）和 0.60 马赫时将发生轻微马赫抖振和低速抖振。但是，载荷因子为 1.4G 时，飞机可能在最佳马赫速度 0.73 时就发生抖振，而且微小的空速变化、坡度变化或者阵风都将使飞机过载，从而降低直线平飞 1.4G 过载保护，甚至根本没有保护。因此选择的最大巡航飞行高度，必须为必要的机动飞行和遭遇阵风留有足够的抖振余量。飞行员必须熟练使用巡航机动飞行和抖振极限图（图 14.11）。

飞行员必须记住，喷气式飞机的机动性是非常重要的，尤其是在高高度飞行时。一些喷气式飞机在高速和低速抖振之间有一个狭窄的平坦带。对于某一特定机型，飞行员必须牢记生产商推荐的阵风穿越空速。该速度通常在高速和低速抖振间的最大操纵余度，可认为高于设计机动速度（V_A）。这就意味着喷气式飞机与活塞式飞机不同，喷气式飞机在遇到乱流时可以超过 V_A 飞行。飞行员必须进行训练，以保证能安全驾驶喷气式飞机高速飞行。飞行员必须通过学习高高度下马赫飞行的相关航空动力知识（高速空气动力知识），才能完成改装培训。

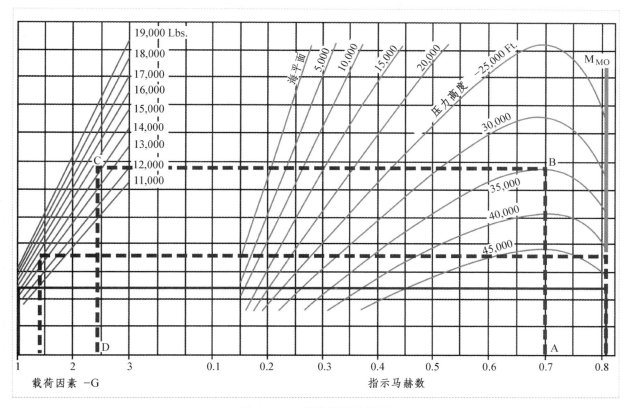

图 14.11　马赫抖振边界图

14.9　低速飞行

　　喷气式飞机的机翼主要是为高速飞行设计的，所以其低速特性较差。与常见活塞式飞机相反，喷气式飞机机翼面积较小，展弦比较小（长翼弦/短翼展），机翼前沿较尖，所有这些特征导致低速飞行时机翼产生的升力较小。后掠翼飞机的低速性能较差就是因为与机翼垂直的有效升力总是低于飞机的当前空速产生的总升力。换句话说，流经后掠翼的气流会诱导飞机减速，因此在给定空速和迎角时，机翼产生的升力会有所减小。

　　低速时的升力小导致的第一个后果是失速速度增大，第二是在低速范围内，升力和阻力随速度变化的幅度变小。当喷气式飞机速度接近最小阻力速度（V_{MD} 或者 L/D_{MAX}）时，总阻力比升力增加快得多，导致飞机下降。如果飞行员试图通过上仰机头来增加升力，飞机空速将进一步减小，阻力和下降率继续增加，飞机功率的变化规律符合功率曲线的左半部分（飞机速度将处于第二速度范围）。可以采用以下两种方式之一来减小下降率：

　　• 减小仰角，允许飞机加速超过 V_{MD}，便可重新建立稳定的飞行。但是该程序将导致大量的高度损失。

　　• 增加推力，加速飞机超过 V_{MD}，重新建立稳定飞行。需要记住，该方法需要大量的推力。增大的推力要能使飞机充分加速并恢复高度。如果飞机处于功率曲线的后半部分，阻力会非常大，所需推力也会特别大。

　　对于一架典型的活塞式飞机，清洁构型时的 V_{MD} 通常约为 $1.3V_{SO}$（图 14.12），活塞式飞机的 V_{MD}

比较容易识别和预测。相反，喷气式飞机在 V_{MD} 速度附近（1.5～1.6V_S）飞行时，除了稳定性变得稍差之外，没有其他明显的飞行性能变化。此时如果减小空速将导致阻力增加，从而进一步使速度减小，阻力进一步增大，最终导致速度异常。如果飞行员不能意识到飞机速度异常，飞机会出现恒定功率、看似正常的俯仰姿态，实际却是严重的下降率增大。实际上，低速时喷气式飞机的一个重要飞行特点就是阻力增加得比升力快，从而导致飞机迅速下降。

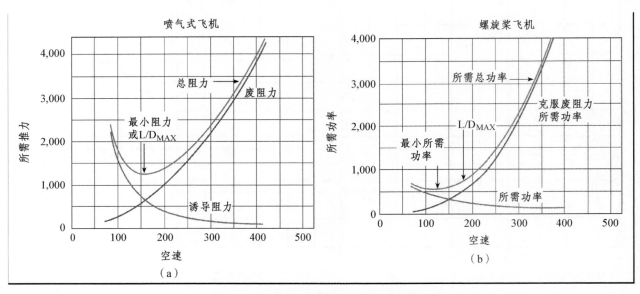

图 14.12　空速和所需推力及功率关系曲线

14.10　失　速

后掠翼喷气式飞机与普通平直机翼的失速特性差异也很大。飞行员需要注意的最大差异是升力与迎角的关系。增大平直机翼的迎角会产生充足稳定的升力，直到升力系数达最大值，而之后会马上发生气流分离，升力迅速降低。

相比而言，随迎角增大，后掠翼升力的增幅更平缓，最大升力系数不明显。即使迎角超过最大升力系数对应的迎角，虽然升力有所减小，也可以正常飞行。阻力曲线与升力曲线相反，如图 14.13 所示，后掠翼飞机的迎角增大会使阻力快速增加。

传统直翼/低水平安定面（非 T 型尾翼）飞机与后掠翼及 T 型尾翼飞机之间的失速特性差别主要有以下两个方面：

- 飞机在失速时的基本俯仰趋势。
- 改出失速时尾翼的效能。

对于传统的平直翼/低平尾飞机，重力方向向下，升力方向向上，其作用点在重心之后，所以需要平尾产生一个向下的平衡力。当升降舵缓慢上偏时，飞机的速度降低，飞机的静稳定性导致机头有下俯的趋势。为防止飞机低头，需要继续上偏升降舵，而速度继续下降。随着机头继续上仰，低置

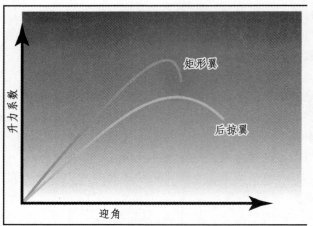

图 14.13　失速与迎角（后掠翼与直翼）

尾翼会处于机翼尾流中，尾流有轻微紊乱，能量较低，此时飞机会产生气动抖振，发出接近失速警告。尾翼效能的降低能防止飞行员增大失速的程度（图 14.14）。传统直翼飞机在失速时会出现相似的机头下俯趋势，使整架飞机明显下俯。在失速瞬间，机翼尾流几乎是直线向后移动流过飞机尾翼。尾翼立即处于高能量空气中，其迎角迅速增加并产生升力。尾翼的升力能帮助机头下俯，减小机翼迎角并从失速中改出（失速时的空气动力知识）。

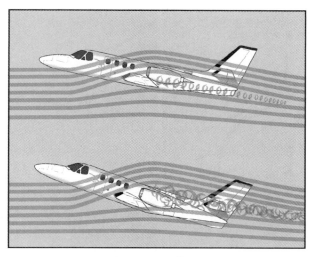

图 14.14　失速过程（典型直翼飞机）

后置发动机的后掠翼 T 型尾翼飞机与直翼/低平尾飞机的失速特性存在两点不同之处，即在失速时飞机的俯仰趋势不同以及尾翼效能的损失。高 T 型尾翼飞机在进入失速时与直翼飞机的操作性能类似，只是其尾翼一直不受机翼尾流的影响，所以也没有或只有很弱的失速前抖振警告。在速度减至失速速度的过程中，甚至在机翼已经开始失速时，尾翼一直处于全效能状态。这样飞行员可能操纵飞机使机翼迎角继续增大，使机翼进入深度失速。

失速时两种类型飞机的反应完全不同。失速后，后掠 T 型尾翼飞机会有抬头趋势而不是低头，T型尾翼陷入低能紊乱尾流。这将极大减小尾翼效能，降低飞机控制姿态上仰的能力。而且此紊乱速度相对较慢的气流流经尾翼时可能引起尾翼自身失速。如果发生这种状况，飞行员会失去所有俯仰姿态控制，不能压低机头。失速后升力大幅下降和阻力大幅增加导致飞机抬头更难，下降率进一步增大，机翼迎角的增速也变得更快（图 14.15）。

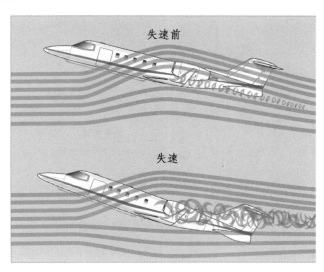

图 14.15　后掠翼飞机失速过程

后掠翼/梯形机翼飞机失速后的特性是机头有上仰趋势。这些类型的机翼在大迎角时会产生从翼展流向翼尖的强劲气流，这样会导致气流分离，并在翼尖先失速（图 14.16）。翼尖首先失速后会导致机翼升力中心相对飞机重心向前移动，并造成机头上仰。翼尖首先发生失速的另一个不利之处在于会影响副翼工作，造成滚转操纵困难。

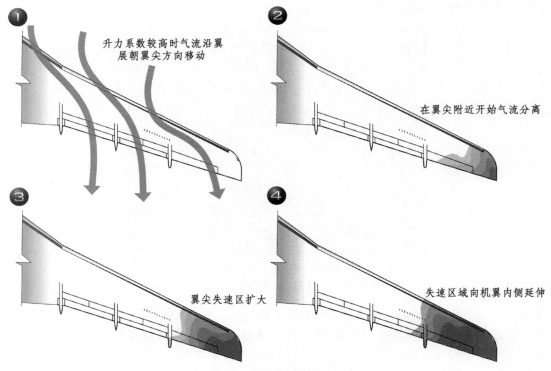

图 14.16　后掠翼飞机失速特性

如前面提到的那样，飞机在 V_{MD} 速度附近飞行时，增大迎角会造成阻力比升力增加更快，飞机会下降。飞行员必须明白，如果保持俯仰姿态不变，这种增加的下降趋势将导致迎角迅速增大（图 14.17）。此外，一旦完全失速，升力大幅减小，飞机会开始快速下降，同时迎角相应快速增大，最终导致深度失速。

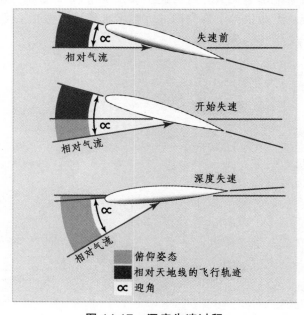

图 14.17　深度失速过程

当飞机进入深度失速后，阻力的增加会使飞行速度大大低于正常失速速度，下降率可以增加至每分钟几千英尺。最终飞机会稳定在垂直下降状态，迎角接近90°，而指示空速可能减小至零。当迎角为90°时，任何飞机的操纵面都将失效。需要强调的是，这种状况也可能发生在飞机机头没有过大上仰的姿态下。对于一些飞机，正常姿态下也可能发生深度失速，这种情况会误导飞行员，因为它与一般失速的改出初期类似。

深度失速几乎是不能改出的。但是只要认真遵守该机型的性能限制就很容易避免深度失速。对于一些允许深度失速的飞机（并不是所有的后掠翼/三角翼飞机），抖杆器和推杆器等精密失速告警系统是必须安装的设备。在飞机接近全失速状况之前，推杆器会自动减小飞机的迎角。

除非喷气式飞机的飞机飞行手册程序有特别规定，否则禁止进入全失速状态。喷气式飞机飞行学员必须清楚，飞行中一旦出现失速征兆，必须马上改出。通常，失速前会有失速声音告警/飞机抖杆。抖杆通常出现在飞机速度约为实际失速速度的107%时。在如此低的速度改出时，与大多数活塞式直翼飞机和轻型飞机类似，下俯飞机机头将导致飞机以大的下降率下降。因此，后掠翼飞机在较低高度改出失速时，如果发动机推力足够，可以通过使用最大可用功率，保持飞机机翼水平，保持微小正仰角来完成。飞机抬头量应足够以维持原高度或者小幅度爬升。

在高高度飞行时，由于没有足够的可用剩余推力进行失速改出，可以采用压低机头至天地线以下的方式以加速飞机，从而避免失速。使用该程序改出时可能损失几千英尺或更多的高度。不同飞机的失速改出程序各不相同，对于某一特定机型，可以查阅局方批准的飞机飞行手册中所描述的制造厂商推荐的失速改出程序。

14.11 阻力装置

对于过渡到喷气式飞机的飞行员，加速通常都不是问题，最难的反而是减速。这是因为喷气式飞机的流线型设计及推力较大，并且没有飞行员已经习惯的螺旋桨阻力。即使功率减至慢车位，喷气式发动机仍能产生推力，喷气式飞机的减速过程非常缓慢。喷气式飞机的下滑性能是活塞式飞机的两倍，飞行员通常不能按ATC的要求，在下降的同时减速。因此，喷气式飞机安装了增阻装置，如扰流板和减速板。

14.11.1 扰流板

扰流板的主要目的是减小升力。最普通的扰流板由一个或多个安装在机翼上表面的矩形金属板组成。它们一般与飞机横轴平行，铰接在机翼前沿。使用扰流板时，它会迎着相对气流上偏，干扰流经机翼的气流（图14.18）。这样既可以减小升力，还能增大阻力。扰流板通常安装在襟翼而不是副翼前面，这样就不会影响飞机的横滚操纵。

打开扰流板能产生足够的下降率，而空速并不降低太多。当扰流板打开时，一些飞机将呈现机头上仰的趋势，飞行员必须能够预先判断。

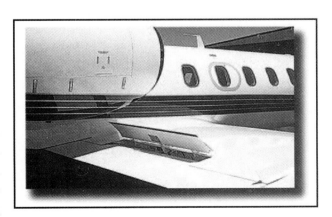

图 14.18 扰流板

在着陆时打开扰流板，机翼的大部分升力会消失。这样将飞机的重量都加在起落架上，使刹车更有效。在着陆过程中打开扰流板之后，另一个有利之处是能够产生阻力，使气动减速效果增强。然而着陆中扰流板的真正价值在于：让刹车效应更好。

14.11.2　减速板

减速板的主要目的是产生阻力。不同飞机减速板的尺寸和外形及安装位置各不相同，但其目的只有一个：帮助飞机快速减速。减速板包括一个液压控制板，使其能够逆着相对气流打开。打开减速板后空速迅速下降。在飞行的任何时候都可以打开减速板以帮助控制空速，但多数时候只在需要快速减速至起落架和襟翼的操纵速度时使用。使用减速板时，通常会伴随很大的噪声和抖振，燃油消耗也会增大。

不同的情况下特定机型的扰流板/减速板使用程序请参阅通过局方批准的飞机飞行手册。

14.12　反推装置

因为重量和速度较大，喷气式飞机在着陆滑跑时动能很大。由于喷气式飞机前轮接地时阻力很小且发动机在慢车位还能继续产生推力，所以着陆滑跑中很难减速。因此，在采用正常刹车的同时还需要其他的减速方法。理想的做法是利用反推装置产生阻力。

反推装置安装在发动机的排气系统，它能有效地使飞机喷气气流反向。虽然气流不能反向180°，但是能使排气方向变为与水平向前成45°夹角。这样就可以产生反向推力，使飞机的能量净消耗率达到50%。使用反推时如果转速小于最大值，能量消耗就会减少（反推原理知识）。

通常，喷气式发动机的反推装置有两种，一种是蛤式，另一种是阻流门式（图14.19）。蛤式反推有一个简单的蛤形门，装在发动机尾管处，旋转打开后可以阻止气流喷射并改变部分推力的方向。阻流门式的则更为复杂，该装置通常安装在涡扇发动机上，只是使通过风扇的气流反向。侧板上的挡块能阻碍风扇产生推力，并引导部分气流通过阻流门而反向。因为阻流门式反推只能使通过风扇的气流反向，不能影响发动机的核心部件，发动机依然能够产生推力，所以其工作效率通常比推力转向器低。

对于大多数反推装置，可以通过将油门杆放在慢车位，然后再向后拉反推杆以获得反推。发动机此时处于慢车位，进一步向后移动反推杆可以增加发动机功率。取消反推时可以通过将反推杆收至反推慢车位，然后再前推至慢车位来完成。

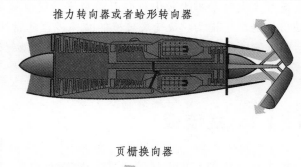

推力转向器或者蛤形转向器

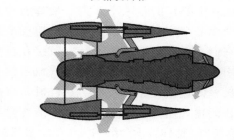

页栅换向器

图 14.19　反推装置

反推装置在飞机速度较快时的效率比速度较慢时更高，其原因有两个方面：第一，净反推力随速度的增加而增加；第二，速度越大，发动机的反推功率就越大。换句话说，飞机的速度越高，动能消耗率越大。为了获得反推力的最大效能，飞机接地后便可谨慎使用。

在考虑飞机接地后使用反推的正确时机的同时，飞行员还须记住，有些飞机在着陆中使用反推时飞机机头会有上仰的趋势，由于扰流板也会使机头上仰，所以飞机可能暂时再次离地。对于这些飞机，必须在飞机前轮稳定接地后才能使用反推。对于另外一些姿态不会发生变化的飞机，可以在主轮接地后前轮接地前将反推杆置于慢车反推位。特定机型的反推使用程序请参阅通过局方批准的飞机飞行手册。

螺旋桨的反桨和喷气式飞机的反推有很大区别。螺旋桨发动机慢车时反桨所产生的反推力约为满功率反桨时反推力的 60%，因此在无需使用满功率反桨时使用慢车反桨是非常有效的。但是对于喷气式飞机，选择慢车反推几乎不能产生实际反推力。所以飞行员不但要合理地选择使用反推，还必须尽快使用满功率反推。在飞机飞行手册的"限制"一章中明确提到，飞行员必须保持满功率反推，直到已经确定跑道可用长度能满足着陆的需要。

因为在无意中启动反推是非常危险的事情，因此在设计反推时必须考虑到此问题。反推系统一般包括几个锁定系统：一个是防止在空中使用反推，另一个是防止油门杆在慢车位之上就接通反推。飞行员不仅要了解使用反推的正常程序及各种限制，还要掌握处理反推的不正常程序。在这些紧急情况下，飞行员要能够快速地作出准确反应。

14.13 喷气式飞机的飞行感觉

进行喷气式飞机改装的飞行员将在以下方面感觉到一些不同，即惯性不同，操纵更灵敏，飞行节奏更快。

喷气式飞机功率的变化对空速的影响比较缓慢、滞后。其原因是喷气式飞机机身的流线型设计使其对发动机功率的变化反应较慢。

导致功率减小后阻力增加较慢的另一个原因是喷气式飞行没有螺旋桨的影响。飞行员必须习惯由此所带来的变化，如产生升力的翼面和操纵面上无有效滑流及无螺旋桨扭转效应。

后置发动机飞机对功率改变的反应有所不同。增大功率会引起机头轻微下俯的趋势，而减小功率不会像螺旋桨飞机机头下俯得那样明显。虽然这些特性不会给改装飞行带来多少问题，但是飞行员必须采取适当的修正。

对于喷气式飞机，要想记住各种指定性能所对应的不同功率几乎是不可能的。起初，飞行员可能觉得需要一个针对所有情况所需功率的详细列表，但也会怀疑其可行性。"需要多大的功率"的唯一标准是"只要能满足需要就行"。喷气式飞机的功率设定的变化之所以这么大，主要原因是在飞行中随着燃油的消耗，飞机全重变化较大。因此飞行员必须学会根据需要使用功率以达到期望的飞行性能。最后，飞行员就会发现功率设定的唯一参考标准就是防止超过最大功率或最大转速。

改装喷气式飞机的飞行员最初遇到的问题之一是不能合理地控制功率。虽然柔和推油门增大功率依然是基本规则，但飞行员必须明白，喷气式飞机的油门杆移动量要比活塞式飞机的大很多。飞行员还必须学会预判和提前改变功率，提前量比活塞式飞机大很多。必须牢记，喷气式飞机的最后 30% 转速对应了发动机的大部分推力，低于此转速，调整功率的效果就不明显。要使飞机减速，必须迅速减小功率，因为喷气式飞机不再有螺旋桨阻力，飞行员要判断是否需要使用增阻装置。

不同喷气式飞机的操纵灵敏度也不相同。但总的来说，与螺旋桨飞机相比，喷气式飞机的操纵要灵敏得多，尤其是俯仰控制。由于飞行速度很快，所以喷气式飞机的操纵效率更高，高速飞行时驾驶杆小幅度移动引起的俯仰姿态变化率为慢速飞机的两倍。改装飞行员注意到的第一个差异就是喷气式飞机的俯仰姿态控制非常灵敏，在初始训练飞行时，往往会有俯仰姿态操纵过量的倾向。当然，训练初期不必过分强调操纵的精确性和柔和性。

驾驶后掠翼喷气式飞机的飞行员会很快适应其在正常飞行时所需的较大仰角，在进近着陆中使用5°的仰角非常普遍，在恒定高度达到失速的仰角可能高达 15°～20°，起飞时使用的仰角也很大，有时可能达到 15°，虽然这并不是机翼与流过气流间的真实迎角，但飞行员必须习惯这种现象。

后掠翼喷气式飞机飞行时的俯仰姿态变化较大是由于其可用推力较多、低展弦比以及后掠翼的特性。保持大仰角飞行时很大程度上要依靠飞行仪表来操纵飞机，因为此时不能看到天地线或其他外部参考。由于喷气式飞机的飞行特征包括大的上升率和下降率、高速、高高度及频繁的姿态变化，所以只能在具备熟练的仪表飞行技术之后才可以对飞行进行准确控制。所以过渡到喷气式飞机时，适应仪表飞行是改装成功的关键。

大多数喷气式飞机在驾驶盘上都装有拇指操作的电动俯仰配平按钮，飞行员必须尽快熟悉此装置。喷气式飞机在放襟翼、起落架和打开增阻装置时产生的俯仰趋势不同，飞行员必须学会根据经验预判俯仰姿态的改变量，并正确操纵配平按钮以抵消此趋势。操作配平按钮的常用方法是朝预计方向少量多次地按压按钮，而不是长时间按住按钮不放，否则可能导致操纵过量。

14.14　喷气式飞机的起飞和爬升

所有局方认证的喷气式飞机都要通过 CCAR-25 部的认证，它包含了运输类飞机的适航性标准。通过局方批准的喷气式飞机都是性能等级得到验证、安全余量可靠的高精密性飞机。但是，对于特定机型，只有严格遵照局方批准的飞机飞行手册中的程序和极限操作飞机，其性能和安全余量才能够得以实现。

由于大多数民用喷气式飞机都需要至少两名驾驶员飞行，所以假设每次飞行的机组都是两个人。如果以下任何信息与局方批准的特定机型飞机飞行手册程序冲突，则以认证的飞机飞行手册为准。同样，如果以下程序与由特定飞行驾驶员或局方批准的培训中心或飞行学校课程设计程序冲突，则以通过局方批准的驾驶员或培训中心/飞行学校的程序为准。

14.14.1　相关速度

以下为影响喷气式飞机起飞性能的各种速度。飞行员必须完全理解以下每一种速度，并且知道在起飞计划中如何使用。

- V_S——失速速度。
- V_1——关键发动机故障速度或者决断速度。如果在低于此速度时发生发动机故障，要终止起飞；高于该速度应继续起飞。
- V_R——为获得起飞姿态，飞机开始抬前轮时的速度。该速度不能小于 V_1 或者 $1.05V_{MCA}$（空中最小操纵速度）。对于单发起飞，在跑道头离地 35 英尺高度时也要保证能够加速至 V_2。
- V_{LO}——飞机离地速度。这是一个工程术语，用于飞机认证，此速度必须满足一定的要求。如果飞机飞行手册中没有列出此速度，表示它符合要求，飞行员无须过多考虑。

● V_2——在跑道末端离地 35 英尺高时必须获得的起飞安全速度。这是单发最佳爬升角速度，起飞后应一直保持，直到完成越障或者高度达到离地至少 400 英尺。

14.14.2　起飞前程序

在每次起飞之前都要计算起飞数据并记录在起飞数据卡上。这些数据包括 V_1/V_R 和 V_2、起飞功率设定、所需跑道长度等。计算时要依据飞机重量、跑道可用长度、跑道梯度、机场温度、场压、风、积冰状况及跑道环境等。每个飞行员必须分别计算这些数据，并在驾驶舱利用起飞数据卡交叉检查。

起飞简令是驾驶舱资源管理（CRM）程序中的一个重要部分，在起飞前必须完成（图 14.20）。机长简令能够让飞行员复习起飞时机组间的协调程序，该阶段是飞行的最关键阶段。

机长简令

我操纵油门。

把手放在油门杆上跟着我操纵。
起飞滑跑过程中监视所有的仪表和警告灯，在速度达 V_1 之前如果仪表有任何偏差或故障，马上喊出，我将终止起飞。按我的指令准备好操纵反推。

在以下点给出视觉和听觉提示：
  · 速度80节时，我将脱离前轮转向机构
  · V_1 时，我将把手从油门杆移动到驾驶杆
  · V_R 时，我将抬前轮

在 V_1 或超过 V_1 时如果发生发动机故障，我会继续滑跑至 V_R，并抬前轮，建立 V_2 的爬升速度。我将确认发动机是否故障，并共同检查其原因。我将关闭故障发动机或由你按我指令关闭。

准备好适当的紧急检查单
收起落架和起飞后设置功率时我会给你视觉和听觉提示。

我们的VFR紧急程序在⋯⋯

我们的IFR紧急程序在⋯⋯

图 14.20　机长简令样本

起飞和爬升要按照为特定机型设计的标准起飞和离场剖面图来完成（图 14.21）。

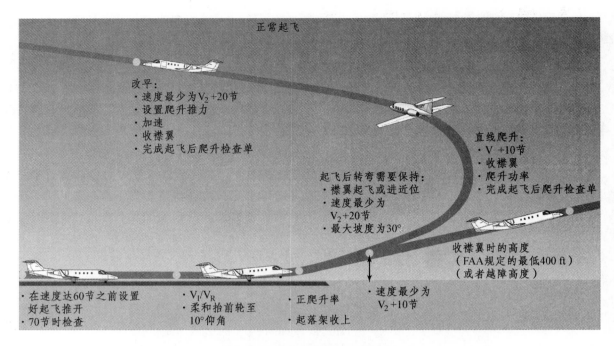

图 14.21 起飞和离场剖面图

14.14.3 起飞滑跑

起飞过程中应使用全跑道，尤其是在起飞性能计算时发现飞机会受跑道长度或障碍物限制时。在滑行到跑道头后，飞机必须和跑道中线对齐，使其与跑道两边等距。在油门杆推到超过引气活门范围（通常为垂直位）的过程中要踩住刹车，让发动机稳定下来。在松刹车或进一步增加功率之前，要检查发动机仪表是否正常工作。该程序能确保起飞滑跑中的推力对称均匀，有助于防止起飞推力设置过大。然后松开刹车，在起飞滑跑过程中柔和前推油门杆至所计算的起飞功率位。所有的起飞推力调整都应该在速度达到 60 节之前完成。发动机功率的最终调整通常由副驾驶来完成。一旦油门杆置于起飞功率位，速度超过 60 节后不要再次调整，除非发动机超出其极限，如超出 ITT、风扇或涡轮转速的极限值。

如果跑道可用长度足够，可以采用"滑跑起飞"，即在跑道头不停止飞机直接进行起飞滑跑。使用此程序起飞时，飞机滑到跑道上之后，柔和推油门杆至垂直位，允许发动机稳定下来，然后按照上述的静止起飞程序继续起飞。也可以在跑道头松刹车后从慢车位向前推油门杆完成滑跑起飞。

在起飞滑跑过程中，飞行员必须集中精力控制飞机的方向。由于喷气式飞机不像螺旋桨飞机存在偏转力矩，所以其方向控制比较容易。滑跑时必须将飞机严格保持在跑道中线上并保持机翼水平。这样一旦发动机出现故障，有助于飞行员控制飞机。如果有侧风，需压上风盘以保持机翼水平。在起飞滑跑过程中，没有操纵飞机的飞行员的主要职责是严密监视飞机系统，并按照起飞简令要求喊出正确的速度。

滑跑中应轻微推杆以保持前轮紧贴地面。如果使用了前轮转向机构，应该让副驾驶前推驾驶杆，机长监控前轮转弯机构，直到飞机速度达 80 节（对某些飞机是 V_{MCG}）。速度达 V_{MCG} 后，机长应用左手控制驾驶盘，右手放在油门杆上直到飞机速度达 V_1。尽管副驾驶在起飞滑跑过程中一直检查发动机仪表，但在出现任何情况时，作出继续还是中断起飞决定的应该是机长。如果决定中断起飞，需要立即收油门。

副驾驶在滑跑过程中要喊出 V_1。速度超过 V_1 后，机长不必再将手放在油门杆上，可以将两只手都放在驾驶盘上。当空速接近 V_R 时，驾驶杆需回至中立位。当速度达到预先计算的 V_R 时，副驾驶应及时喊出速度，机长柔和带杆至正确的起飞姿态。

14.14.4　抬前轮和离地

喷气式飞机的抬前轮和离地可以看作一个整体动作，其目的是在飞机达到 V_R 的同时开始抬前轮至飞机的起飞姿态，这样飞机就可以加速至 V_{LOF}，并在跑道端离地 35 英尺时速度达到 V_2。过早抬前轮会导致起飞滑跑增长或飞机过早离地，从而造成离地后爬升率较小，飞机不能按预定轨迹爬升。另一方面，抬前轮过晚将导致滑跑距离过长，速度过大，起飞和爬升的轨迹将低于预定轨迹。

每架飞机都有其特定的起飞姿态，而且不随重量的变化而改变。喷气式飞机的起飞仰角通常在 10° ~ 15° 之间。起飞带杆操纵应柔和谨慎，并保持拉杆速率恒定。根据机型不同，仰角增加速率一般应在每秒 2.5° ~ 3° 之间。

在训练飞行中，实际的 V_R 和 V_2 通常会超出预计的 V_R 和 V_2。因为副驾驶会在 V_R 或者刚过 V_R 时喊"带杆"，而机长需要反应并目视检查 V_R 后才会带杆，之后飞机会以 V_2 或大于 V_2 的速度离地。正常起飞时飞行员一般不需要考虑超速的问题，但是当跑道长度有限或越障受限时，延迟带杆就很危险。对于某些飞机来说，从初始爬升阶段的越障要求来讲，全发起飞可能比单发起飞所受到的限制还多。这是因为全发起飞时的速度增加较快，如果不能准确控制速度，会导致爬升轨迹低于单发起飞时的预定轨迹。改装飞行员应记住，在正确的速度、以正确的速率带杆、获得正确的起飞姿态就能使飞机以正确的速度和距离离地。

14.14.5　初始爬升

一旦获得正确的俯仰姿态，就必须保持，飞机离地后将以此姿态初始爬升。爬升过程中要保持起飞功率，以便飞机加速。在确定建立了正爬升率后，收上起落架。有些飞机在收起落架时由于打开了起落架门，飞机阻力会短时增大，过早收起落架会导致飞机朝跑道表面下沉。此外，由于地面效应，升降速度表和高度表可能在飞机距跑道 35 ~ 50 英尺高以后才指示正上升。

爬升过程中要继续保持爬升姿态，并将飞机加速到收襟翼速度。但是，只有飞机越障后或者离地真高超过 400 英尺后，才允许收襟翼。在此阶段，地面效应和起落架阻力的减小将导致飞机迅速加速，因此要仔细监控空速、高度、爬升率、姿态和航向。当飞机稳定爬升后，可以配平消除杆力。如果在这个阶段需要转弯，转弯坡度不能超过 15° ~ 20°。由于转弯的不稳定性以及方向舵和副翼配平可能还没有完全配平好，在转弯过程中需要密切监控坡度大小。如果需要减小功率，应该在减小俯仰的同时严密监控飞机是否无意识下降。当飞机以适当的巡航爬升速度建立稳定爬升后，就可以完全配平飞机并接通自动驾驶。

14.15　喷气式飞机进近和着陆

14.15.1　着陆要求

局方对喷气式飞机着陆场地的要求详见 CCAR-25 部。25 部定义了着陆距离。规章中还描述了从离跑道入口 50 英尺高开始，经过拉平接地着陆，再到使用最大减速在干跑道道面停止的距离的剖面。而实际可用距离要再增加 67%，局方批准的飞机飞行手册中称其为干跑道着陆距离。对于湿跑道，着陆距离要比干跑道着陆距离增加 15%。也就是说，干跑道最小着陆场地长度为实际所需最小空中和地面长度的 1.67 倍，湿跑道最小着陆场地长度是所需最小空中和地面长度的 1.92 倍（图 14.22）。

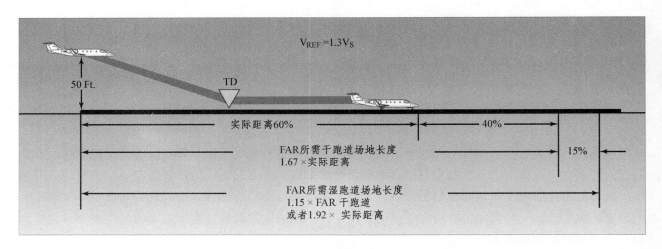

图 14.22　FAR 着陆场地长度要求

着陆场地距离要求是在使用减速板和最大刹车的情况下计算出的，计算中没有考虑使用反推。但在实际着陆时，反推是肯定要用的。

14.15.2　着陆速度

与准备起飞一样，驾驶喷气式飞机着陆时必须考虑几个特定的速度。这些速度是：

- V_{SO}——着陆构型时的失速速度。
- V_{REF}——着陆构型时失速速度的 1.3 倍。
- 进近爬升——能够保证一发失效时复飞所需的飞机性能的速度。必须限制飞机的总重，这样双发飞机就能以 2.1% 的爬升梯度爬升（三发和四发飞机的进近爬升梯度要达到 2.4% 和 2.7%）。这些规定是根据飞机进近襟翼构型、起落架收上、有效发动机能提供可用起飞推力的情况下计算的。
- 着陆爬升——在着陆最后阶段，能够保证飞机在全着陆构型及所有发动机能提供最大起飞功率情况下停止下降和复飞所需飞机性能的速度。

在每一次着陆前都要预先计算相应速度，并将其置于两个飞行员能看见的地方。V_{REF} 速度或入口速度在整个起落航线中可以作为参考速度。例如：

三边速度——V_{REF} + 20 节

四边速度——V_{REF} + 10 节

五边速度——V_{REF} + 5 节

跑道入口上空 50 英尺时的速度——V_{REF}

进近和着陆要按照为特定机型设计的标准进近和着陆剖面图上的顺序来完成（图 14.23）。

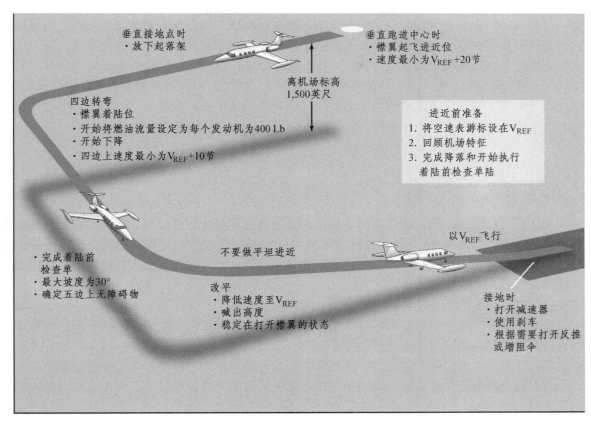

图14.23 典型进近和着陆剖面图

14.15.3 性能差异

对于任何类型的飞机，完成安全进近都需要在跑道入口上空获得特定的位置、速度和高度。整个进近的目标窗口就是五边上的飞行状况。螺旋桨飞机能够以较大的角度、速度和下滑角偏差进入五边。而喷气式飞机在五边上对功率和航道修正操纵的反应较慢，所以为了更精确地到达窗口，需要在五边上更稳定、更谨慎并以更恒定的速度飞行。改装的飞行员必须明白，尽管喷气式飞机的性能更好，但是在实施进近和在五边上修正误差时，与活塞式飞机相比，在以下六方面要差一些：

● 喷气式飞机无螺旋桨滑流，恒定空速时不能立即产生额外升力。当发现下滑道偏差时，不能通过马上前推油门来立即获得所需功率以进行修正。要获得额外升力必须让飞机增速，飞行员只能等待功率增加，而且只有在飞机速度增加后才能获得额外升力。

● 喷气式飞机无螺旋桨滑流，不能大幅度降低带功率失速速度。事实上，喷气式飞机的有功率和无功率失速速度基本相同。不能通过突然前推油门杆来防止飞机失速。

● 喷气式发动机在低转速时加速性较差。该特性要求飞机在五边上保持高阻力/高功率构型，以保证在需要时能够立即提供足够的可用功率。

● 喷气式飞机的动能较大，不能突然改变下滑道的位置。喷气式飞机一般都比类似大小的螺旋桨飞机更重，而且由于其机翼的高速特性，在五边上需要的指示空速更大。这两种特点造成喷气式飞机的动能更大，而改变速度或修正航道时需要克服飞机的动能，所以喷气式飞机对操纵的反应要比螺旋桨飞机的慢很多。

● 喷气式飞机的速度稳定性较差，可能造成飞机速度降低。对大多数喷气式飞机而言，其阻力曲线比螺旋桨飞机更平坦，所以改变速度时阻力变化不大。在飞机推力几乎维持恒定时，速度会有较小的变化，这样就导致速度稳定性变差。当速度增加或者减小时，阻力没有明显变化，喷气式飞机没有再次回到其原来速度的趋势。因此，飞行员必须注意根据需要调整速度，保持速度不变。

• 在低速时，阻力增加比升力增加快，造成下降率过大。喷气式飞机机翼在进近构型时阻力会显著增加。当下降率过大时，唯一的补救措施是使飞机抬头（增大迎角）。然而如果不能获得足够的功率，由于阻力比升力增大得更快，飞机俯仰姿态的变化会导致下降率进一步增大。

由于喷气式飞机具有这些飞行特性，所以进近时一定要建立稳定进近。

14.15.4　稳定进近

局方批准的飞机飞行手册中的性能图表和各种限制值是依据计划速度和总重获得的。跑道长度限制，是假定在跑道入口高度 50 英尺时飞机速度为 $1.3V_{SO}$ 来计算的。该"窗口"是稳定进近的关键。性能数据的前提还包括飞机穿过跑道入口窗口后将在离跑道头约 1,000 英尺处的目标接地带接地，接地后将使用飞机的最大停止能力。

稳定进近应具备五个基本要素：

• 飞机在进近初期就应建立着陆形态：起落架放下、襟翼着陆位、配平、燃油平衡。如果这些条件已满足，短五边时各种变量的变化就会最小。

• 飞机在下降到 1,000 英尺之前，应在下降剖面上飞行。在进近初期，飞机构型、配平、速度、下滑道等需保持或接近最佳参数值，以避免飞机在接近入口窗口时偏差过大。需要建立和维持的最佳下滑角为 2.5°～3°。

• 指示空速与目标空速的差别应保持在 10 节以内。对于大多数喷气式飞机而言，配平、速度和功率之间密切关联，相互影响。所以为了使它们的变化量最小，应保持速度稳定。

• 最佳下降率为 500～700 英尺/分。在进近的任何时候，下降率禁止超过 1,000 英尺/分。

• 如果需要快速增加功率，需将发动机的转速调整至飞机反应最快的位置。

在离地 500 英尺时要对每次进近进行预先评估。对于典型喷气式飞机，该位置距接地的时间约为 1 分钟。如果在该高度上进近不稳定，应执行复飞（图 14.24）。

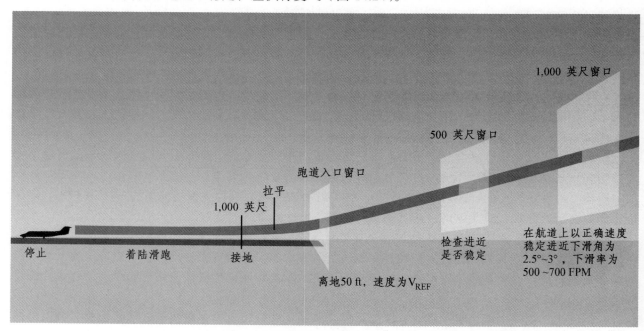

图 14.24　稳定进近

14.15.4.1　进近速度

在短五边上要用功率来控制空速。飞行员必须能够发现并修正任何偏离 V_{REF} 的速度变化。通常他们能够依靠经验觉察到飞机速度改变的趋势，进而通过对功率进行少量修正来修正速度。飞行员还必须留心由速度的不稳定性造成的低速情况，这样将伴随阻力增大，导致下降率增大的危险。随着下降率的加大，表面上正常的俯仰姿态将不能保证所需迎角的大小也正常。如果发现飞机的下降率加大，必须同时增加迎角和功率以补偿额外的阻力。修正量根据下降率而定，如果所需修正量较小，少量及时地调整就可以了；如果所需修正量较大，则需要大幅度修正，即使修正成功，进近也将变得不稳定。

驾驶喷气式飞机进近时通常易犯的错误就是进近速度过大。以过大的进近速度飞至跑道入口窗口会增加飞机的停止距离。在干跑道上每超速 1 节，停止距离将增加 20 ~ 30 英尺；湿跑道上则为 40 ~ 50 英尺。更严重的是超速会使飞机平飘过长，并增加飞机接地时离跑道头的距离。每超速 1 节所增加的距离约为 250 英尺。

在短五边上最重要的就是控制好飞行速度，飞行员必须对速度的趋势进行预判，这样的话调整量就会很小。飞机能够以正确的速度到达跑道入口窗口非常重要。

14.15.5　下滑道控制

在短五边上如果速度恒定，可以通过升降舵和飞机的俯仰姿态来调整飞机的下滑角和下降率。无论是否参考电子下滑道，最佳下滑角都是 2.5° ~ 3°。目视进近时飞行员可能有低下滑线进近的趋势。下滑剖面过于平缓将增加着陆距离，必须要避免这种情况。例如，如果下滑角为 2° 而不是推荐的 3°，着陆距离将增加 500 英尺。

常见的一种错误就是飞越跑道入口时高度过高，这可能引起不稳定进近，或者虽然稳定，但进近高度过高。在仪表进近时，接近复飞点或接近跑道入口时也可能发生此情况。无论是什么原因引起的，在跑道入口过高将导致在正常目测接地点时不能接地。在跑道入口的高度每超出 50 英尺，着陆距离将增加约 1,000 英尺。飞机到达跑道入口窗口时的高度正确是非常重要的（距跑道 50 英尺）。

14.15.6　拉　平

拉平可以减小下降率，使飞机更好地接地。喷气式飞机不像轻型飞机，接地时应该是"飞"到跑道上而不是随着速度减小"放"到跑道上。喷气式飞机即使在着陆构型时也是流线型外形，在慢车位发动机依然能产生剩余推力。在拉平过程中保持油门在慢车位以平稳着陆，会极大地增加着陆距离。通常喷气式飞机的接地应该是扎实接地，扎实落地并不是重着陆，而是一个主动地着陆。

对于大多数机场，飞机飞越跑道头时，起落架离地高为 30 ~ 45 英尺，此高度由襟翼设置和接地区域的位置而定。飞机飞越跑道头至接地需要 5 ~ 7 秒时间。当起落架离地接近 15 英尺时，要通过增加俯仰姿态开始拉平，直到下降率减为 100 ~ 200 英尺/分。对于大多数喷气式飞机，拉平只需使飞机抬头 1° ~ 3°。在拉平过程中要逐渐柔和减小推力至慢车位。

通常在飞越跑道头和接地之间，速度减小量约为 5 节，大多数减速发生在拉平过程中。如果拉平过长，拉平中需要额外减小速度，则所需的跑道长度会增加几百至上千英尺（图 14.25）。延长拉平也可能导致姿态增加过多而造成机尾擦地。因此，即使超速也要控制飞机飞向目标接地点。每次飞行训练都要练习主动地接地，这有助于防止拉平过长。

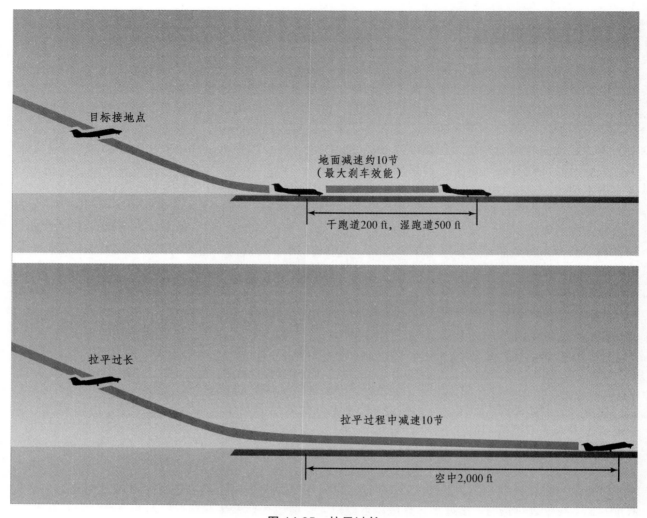

图 14.25　拉平过长

　　飞行员必须熟悉每种机型的拉平特性。由于"窗口"的几何位置和能见度不同，每次从座舱观察到的目视参考都不同。而且对于不同飞机，飞行员的视线与起落架之间的角度也不同。所以在正确的高度拉平飞机非常重要——不能太高也不能太低。

　　拉开始过高、减小油门过早或者飞行员带杆过快以防止以较大下降率接地，会导致擦机尾。拉开始太晚可能导致重着落。

　　在拉平过程中对功率的控制也很重要。对于大多数喷气式飞机，当改变功率时，发动机会对俯仰配平产生很大影响。改变功率时需要对升降舵作出快速调整。在拉平过程中，如果将油门杆收至慢车位过快，飞行员必须快速带杆；如果收油门杆柔和，带杆则更柔和。

14.15.7　接地和滑跑

　　如果进近和拉平正常，飞机会在目标接地区接地，接地区通常在距跑道入口 1,000 英尺处。一旦主轮接触跑道，飞行员必须保持方向，并开始减速，飞机必须在剩余跑道上停下。如果在目标点接地，则跑道的可用长度最长。如果没有超速，则需要消耗的能量最小。在任何情况下，飞机接地后立即减速都容易使飞机停下。

　　在接地点，飞机速度相对较高，动能很大。必须通过刹车、气动阻力、反推装置来消耗此能量。

在主轮接地后应马上放下前轮，因为喷气式飞机在抬头姿态时的减速性很差。放下前轮也有助于控制方向，同时还能减小机翼迎角，减小升力，将更多载荷加到轮胎上，增加机轮与地面的摩擦力。喷气式飞机的着陆距离图表是假设在接地后 4 秒放前轮计算的。

使飞机减速的力有三种，分别是机轮刹车、反推和气动阻力。在这三种力中，刹车是最有效的，也是停下飞机最重要的力。当跑道非常光滑时，反推和气动阻力会更有优势。反推和气动阻力都是在速度较高时最有效，它们不受跑道道面状况的影响。低速时，刹车则是最有效的。着陆滑跑距离由接地速度大小和使用何种阻力及何时使用决定。何时使用什么阻力由飞行员决定，不过最大刹车力可能受机轮与地面的摩擦系数限制。

飞行员要在飞机接地后机轮开始旋转就尽早使用刹车，然后平稳继续刹车直到飞机停止或者达到安全滑行速度。但如果飞机没有安装防滞（防抱死）系统，则需要谨慎使用刹车。在这种情况下，如果猛踩刹车，可能导致机轮锁死和轮胎抱死。

方向控制和刹车都利用了地面摩擦力。它们都利用了轮胎所能提供的最大摩擦力，两者此消彼长。对喷气式飞机飞行员来说，理解跑道污染如何影响机轮地面摩擦力，以及如何使用可用摩擦力获得最大利益是非常重要的。

在接地后应立即打开扰流板，因为扰流板在高速时是最有效的。适时打开扰流板可以增加 50%~60% 的阻力，更重要的是，扰流板会大大阻止机翼产生升力，使飞机更多的重量加载在机轮上。在着陆构型下，扰流板能增加机轮 200% 的载荷，这将增大机轮与地面的摩擦力，进而获得最大刹车效能和最大可用转弯力。

与扰流板类似，反推装置在高速时也是最有效的，在飞机接地后应立即使用。但是，飞行员只有在前轮接地后才能使用大反推；否则，反推力可能不对称而导致方向舵无法控制，飞机会向反推力较大一侧转弯，此时飞行员需要利用前轮转弯机构以维持方向控制。

15 应急程序

15.1 紧急情况

本章将介绍一些在飞行中可能发生的非正常状况和紧急状况的处置方法。正确处理紧急状况，防止非正常状况转变为真正的紧急状况的关键是完全熟悉，并且按照飞机制造商推荐的程序以及局方认可的飞机飞行手册/飞行员操作手册（AFM/POH）中给出的处理程序操作。以下介绍的方法是应急程序处理的一般程序，并不能替代飞机制造商推荐的处理紧急情况的程序。本章的内容主要是帮助飞行员提高非正常及应急操纵的相关知识水平。如果本章给出的方法与制造商针对对应型号的飞机推荐的程序有任何冲突，飞行员应当优先采取厂商推荐的程序。

15.2 紧急着陆

本节讨论小型固定翼飞机在紧急情况下的着陆技巧，这些技巧在非常不利的地形情况下也同样适用。其目的是让飞行员逐渐认识到，如果清楚了解如何利用飞机自身结构保护自己及乘客，那么几乎在任何地形下迫降都有生还的可能。

15.2.1 紧急着陆的种类

紧急着陆有以下几种不同类型：
- 迫降——飞机不能继续飞行需要在机场内或机场外立即进行的着陆。最典型的一个例子就是，发动机失效后必须迫降。
- 警戒着陆——飞机可以继续飞行但存在潜在危险，需要在机场内或机场外进行的警戒着陆。比如，当出现恶劣天气、迷航、燃油不足及持续恶化的发动机故障时，需要进行警戒着陆。
- 水上迫降——在水面上的迫降或警戒着陆。

通常情况下，警戒着陆的危险性要比迫降的危险性小，因为进行警戒着陆时，飞行员有更多的时间选择有利的着陆点和着陆程序；此外，出现偏差后，飞行员还能够通过调整功率进行修正。飞行员应当清楚，当遇到紧急情况时，如果不采取理性分析，而是过于理想化地假想，尤其是在处理由自身判断失误引起的紧急情况时，会使很多本可以用警戒着陆处理的状况恶化成迫降。例如，没有仪表等级的飞行员受困于恶劣天气，或当飞行员处于低燃油警告时，如果不采用警戒着陆，就可能变得相当危险。

15.2.2　心理危险

当面临紧急情况时，以下因素会影响飞行员作出准确、迅速的反应。

● 不愿接受已经出现紧急情况的事实。无论出现问题时飞行员的反应和期望如何，只要他意识不到飞机将很快落地，都认为他在处理紧急情况时存在严重的心理障碍，潜意识里期望严重的后果迟些出现，就会导致以下错误：不能减小飞机姿态以保持飞行速度；犹豫不决，不果断选择飞机所能到达范围内的最合适的着陆区；不顾飞机控制，只顾眼前故障。

● 希望保全飞机。飞行员一般已经习惯于在飞行教员关闭油门模拟迫降训练时寻找相对安全的着陆区域。所以在实际紧急情况下，飞行员可能为避免着陆时飞机损坏而忽视其他基本原则。典型的错误有：可用高度不够时仍做 180°转弯转回跑道；为了到达更好的着陆区域，不考虑最小控制速度而下滑时间过长；进近和着陆无偏差余度。不顾及可能涉及的危险，只希望能够保全飞机的心态，还可能是受到另外两个因素的影响：一是飞机受损将影响飞行员的自身利益；二是认为飞机不损坏，人的生命也必然能够保全。但是，有些时候，飞行员应当更倾向于选择牺牲飞机来保全机上人员的生命。

● 过分担心受到伤害。恐惧是人类自我保护意识中的一个重要部分。但是，我们一定要强调不要因为恐惧而使我们恐慌。在过去的几年中，飞行员保持冷静的头脑并且合理实施迫降程序，在紧急情况中生存下来的记录在逐年增长。迫降的成功关键就是：头脑清醒和技术过硬。

15.3　基本的安全理念

15.3.1　概　述

如果飞行员必须在一个可能引起飞机受到严重损伤的地方进行迫降，那么应当牢记避免机毁人亡的两个基本原则：① 在着陆过程中，在不伤害到飞机上人员的前提下，尽量让飞机不太重要的部位（如机翼，起落架和机身底部）承受冲击，以保证重要结构（驾驶舱/座舱区域）的完整。② 避免身体和飞机内部结构发生强烈碰撞。

在发生紧急情况时选择牺牲不重要部位的例子，在公路交通事故中也可以看到。对于一个正确使用了安全带的司机而言，当汽车以每小时二十英里的速度正面撞上大树比相同撞击力撞在车上侧面的危险要小很多。事故经验显示：在座位上的人和撞击力作用点之间的缓冲面越大，撞击力就被吸收得越多，对人撞击的严重程度就越小，从而人生存的概率越大。

避免与内部结构强有力的撞击关系到人的安全。除非座位上的人和内部的结构保持相对静止，否则，即便座位保持相对完整也没什么用，座位上的人由于惯性依然会受到二次撞击。

飞机上的次要结构并不是在紧急情况中唯一可以用于吸收能量的物件。植被，树木甚至人造建筑都可用于吸收能量。在紧急情况下，茂密的耕地，如麦田，几乎能和跑道上的紧急制动装置起到相同的作用使飞机停下，并且保证飞机所受到的损伤在着陆后可修理好（图 15.1）。灌木丛和小树能为飞机提供较大的缓冲和制动作用，且不会损坏飞机。当利用比飞机上的次要结构带来更大冲击力的自然建筑和人工障碍物缓冲时，飞行员必须提前计划着陆方式，尽量在减速过程中只用飞机上的次要结构进行缓冲。

图 15.1　使用植被吸收能量

减速过程中，总体机构损伤的严重性与着陆速度（地速）和停车距离密切相关。其中最重要的因素是速度，总的破坏能量的大小与地速的平方成正比，地速增大到原来的两倍，破坏能量增大到原来四倍；反之，地速减小到原来的一半，则破坏能量减小到原来的四分之一。甚至在着陆时，由于风的变化或是飞行员的操纵技术使地速产生了极其微小的变化，都会影响飞机的损坏程度。在紧急着陆时，应当尽量保证飞机以可控的最小空速落地，并且使用所有可用的空气动力装置完成迫降。

大多数飞行员会本能地寻找最平坦和开阔的地方进行迫降。事实上，如果能够保证飞机速度均匀迅速减小，也就是说，在减速的距离内，若减速力持续均匀分布，那么，只需要很短的距离飞机就可以停止。实际上飞机制造商在设计飞机机构时已经考虑并运用了这一理念。

在紧急着陆情况下，轻型飞机的设计要求承受向前的重力加速度为 9g。假设飞机以 80 公里/时的速度接地，以 9g 的加速度匀减速，停下来所需的距离大约为 9.4 英尺。若速度为 160 公里/时，接地以 9g 的加速度匀减速，则需要的停车距离大约为 37.6 英尺——约为 9.4 英尺的四倍（图 15.2）。尽管这些数据都是在理想的匀减速条件下获得的，但是可以说明只要有效减速，在一段较短的距离内飞机就可以停下。在地形复杂的地方降落，选择合适的降落条件，在短距离内对次要结构的破坏，保证有效减速就能降低对驾驶舱/座舱区域的冲击。

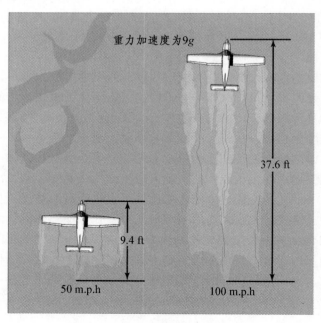

图 15.2　停止距离与地速的比较

15.3.2　姿态和下降率的控制

在计划和实施迫降的过程中，尽管着陆地形很理想，飞行员最容易犯的严重错误包括在降落时丢失对飞机姿态和下降率的主动控制；当降落的地点是在平坦而开阔的地方时，下俯姿态过大会造成机头撞地；接地前坡度过大，失速提前，使翼尖擦地等。

由于在降落时飞机速度的垂直分量会迅速降低至零，因此必须对下降率严格控制。飞机以较大的下降率（大于 500 英尺/分）在坚硬的地面上着陆虽然不会损坏驾驶舱/座舱区域，但也是非常危险的。下单翼飞机不放起落架迫降时，飞机坚硬的底部结构在变形的过程中产生的气垫效应可以起到缓冲作用。而对于上单翼飞机，如果受到同等大小的冲击，机体可能解体。同样，在松软的地面上降落时，过大的下降率会导致机头冲入地面并在向前的方向上产生非常大的加速度，这些都是十分危险的。

15.3.3　地形选择

飞行员对迫降地点的选择，应当考虑以下几点：
- 起飞前预先选择的路线。
- 发生紧急情况时飞机的高度。
- 剩余空速（剩余空速可以转换为相应的距离或/和高度）。

在低空低速的起飞阶段，飞行员的可选择余度非常有限。就是在这种情况下只要改变几度航向，也可以增加几分生还可能。

如果不能下滑至开阔区域，飞行员就要考虑利用有利地形来吸收能量。如果在离地足够高的高度上发生了紧急情况，飞行员首先应该考虑选择着陆的区域而不是某个确定的着陆点。从飞机所在高度观察地形，飞行员可能不好发现最佳接地点，当飞机下降一定高度，确定了最佳着陆点之后，飞行员就应该毫不犹豫地选择在最佳着陆点着陆，而不能再次改变计划。在较差地形上实施良好的迫降比让飞机以失控的状态在最佳地点降落的危险性更小。

15.3.4　飞机构型

由于在低速飞行时，使用襟翼可以改善飞机的操纵性，减小失速速度，所以如果时间和环境允许，建议在最后进近阶段使用襟翼。但是，由于使用襟翼会增大阻力和减小下滑距离，所以应该注意放襟翼的时机。过早放襟翼会使飞机过多损失高度，迫降场选择的范围变小。

对于在接地时是否放下起落架，没有一个固定的标准。在崎岖的地区或树林着陆或者以较大下降率着陆时，放下起落架能够有效保护座舱区域不受损害。但是，在确定是否放下起落架之前应该衡量一下损坏起落架所带来的负面影响，比如，起落架毁坏可能导致油箱破裂等。应该遵从飞机飞行手册/飞行员操作手册上给出的飞机制造厂商推荐的方案实施。

如果确定可以正常接地，同时也有足够的可用停止距离，在平整且柔软的道面着陆或需要穿越耕地着陆时，收起起落架比放下起落架造成的飞机损坏要小很多（图 15.3）。

在飞机接地前关闭飞机电气系统可以降低接地后起火的可能性。但是，必须在飞行员确定不再需要电源操纵飞机的重要系统后才能关闭蓄电池总电门。在最后进近阶段，对飞机的控制应该优先于其他所有事项（包括飞机构型和座舱检查）。飞行员应当尽量使用发动机所能提供的功率；但是，通常在接地前最好关闭发动机和燃油开关。这样，不但确保了飞行员对飞行的控制，还可以降低发动机的温度，从而大大减少起火的危险性。

图 15.3　有意收起落架着陆

15.3.5　进　近

如果飞行员有充裕时间进行操纵，则做进近计划时应当考虑下面三个因素：
- 风向和风速；
- 选定的着陆区域的面积和坡度；
- 最后进近航段上的障碍物情况。

大多数情况下很难同时满足这三个因素。必须综合考虑风/障碍物/地形三者的影响，保证在最后进近航段飞行员有足够的操纵余度。如果飞行员高估了下滑距离，可能尝试在航道上飞越障碍物，从而变得非常危险。因此，选择在没有障碍物的区域着陆更为理想，而不需考虑风向。经验表明，在地面滑跑的最后阶段与障碍物相撞，要比在到达接地点前以飞行速度与障碍物相撞的危险性小很多。

15.4　地形种类

飞行员在平时的训练中，已经熟悉了该如何在适宜的地形条件下进行迫降。下面仅就一些特殊情况进行讨论。

15.4.1　受限区域

飞行员在选取飞机的着陆区域时，一般都不会选择那些必须采用大下降率才能到达的，处于树木或障碍物之间的开阔地带。

一旦到达预定接地点，就应该尽快接地，因为留给飞行员的开阔无障碍空间非常有限，不要延误到失速时才着陆。接地后，飞机会比在空中时减速更快，同时还应当考虑飞机在降落时可能在地面上发生失控的打地转，或在特定情况下应该收起起落架着陆。

在地形崎岖时，河流或小溪可以作为备选的接地点。飞行员应当确保机翼能够在不受阻绊的条件下到达水面或河床。同样，在公路上着陆也应当保证这一点。但应注意，飞行员有可能在最后进近时才能看清道路两边的行人和障碍物。

计划在公路上降落时，应注意在大部分的公路甚至一些泥泞的乡间小道的上空，平行于道路的方向上都分布着电线或是电话线，只有通过快速观察电线/电话线的支架结构或电线杆来判断。

15.4.2 树木（森林）

尽管在树上迫降并不是最好的选择，但以下几条基本原则可以对必须在树木上迫降提供帮助。

• 使用正常的着陆构型（襟翼全放，起落架放下）。

• 保持较小的地速逆风飞行。

• 保持最小的指示空速着陆，但不能小于失速速度，并且以机头上仰的着陆姿态"悬挂"在树枝上。注意避免树枝穿透挡风玻璃，机身下部和两个机翼在和树木接触的初始阶段起到了最主要的缓冲作用（图 15.4）。

图 15.4 树上迫降

• 避免机身与粗壮树干直接相撞。

• 树木低矮、密集，树木间覆盖着广阔而浓密的植被（枝干），要比树木高大而树冠稀疏好些，因为后者使飞机自由坠落的距离更长（从 75 英尺的高度自由落下，会产生 40 节或 4,000 英尺/分的碰撞速度）。

• 理想条件下，与树木的最初接触应当是对称的，即两边的机翼应当受到树枝相同大小的阻力。这种载荷的分布有利于保持适当的飞机姿态，也可以避免损伤单个机翼，一旦单个机翼受到损伤，会导致飞机以更加快且无法预料的速度坠地。

• 一旦飞机着陆后，如果不能避免它与树干相撞，最好操纵两边机翼同时撞向两棵适当间距的树木。但是，当还在空中时，禁止尝试这种操作。

15.4.3　水面（水上）和雪地迫降

相对于树上迫降或在极为不平的地面上着陆，成功地水上迫降后减速所带来的冲击要小很多；并且，如果飞机能够以最小指示空速和标准着陆构型完成水上迫降，着陆时飞机并不会在刚接触水面就立刻沉没。对于一架上单翼飞机，即使座舱部分沉到水位线以下，机翼和油箱（特别是空油箱）至少还可以提供几分钟的浮力。

在宽阔平静的水面上着陆时飞行员可能丧失深度知觉，这样飞机就有扎入水里或是在较高的高度失速后掉入水中的危险。为避免这种危险，在有条件时应当让飞机受阻力后再"接地"。对于下单翼飞机，不要使用超过中度的襟翼。襟翼全放时受到的来自水的阻力可能不平衡并使飞机不对称减速。除非飞机飞行手册/飞行员操作手册推荐，着陆时都应该收起起落架。

在雪地上着陆，应该像在水面着陆那样操纵飞机，即保持相同的飞机构型，同时还要考虑在较低能见度及在开阔地带着陆时可能丧失对高度的感知（雪盲）。

15.5　起飞后发动机失效（单发）

在很多情形下，飞行高度是决定迫降能否成功的决定性因素。通常，如果在飞机起飞后，获得安全操纵高度前就发生了发动机失效的情况，再返回机场是不明智的。较安全的做法是，立刻建立合适的下滑姿态，并且直接从起飞路线前方或两侧视野范围内选取合适的地点着陆。

通常，飞行员很难作出继续向前飞行的决定，除非飞行员已经认真考虑过返回机场已不可能。首先，飞机一般都是在逆风中起飞，为了返回起机场，必须做一个顺风转弯，这样会增大飞机的地速，时间会非常仓促。其次，在转弯的过程中，飞机损失高度可能很快，且在着陆时可能仍然处于带坡度的状态，导致飞机侧身翻跟斗（这对飞机和机上人员而言是灾难性的）。顺风转弯后，地速明显增大会导致飞行员提前减速从而引起飞机失速。另一方面，如果继续向前飞行或是只做小坡度转弯，则可以为飞行员提供更多的时间将飞机调整到安全的着陆姿态，并且尽量在低速条件下完成着陆。更为重要的是，整个着陆过程中飞行员都能够控制飞机。

这里讨论一下起飞后单发失效，飞机返回跑道的情况。尝试做上述机动时，飞行员要确定飞机所需的最低高度。在安全高度做飞行试验可以知道在慢车位做180°下降转弯过程中飞机大约下降的高度。再增加25%的安全余度就是飞行员的实际决断高度。飞机能够完成180°转弯并不意味着可以无功率下滑至跑道降落。能否下滑至跑道还取决于风的情况、在爬升阶段飞过的距离、飞机到达的高度和飞机发动机失效后下滑的距离。飞行员应当记住：事实上，飞机返回跑道可能需要超过180°的转弯。

现在来看下面的这个例子：飞机起飞离场后爬升至离地面300英尺时发动机失效（图15.5）。4秒的反应时间后，飞行员选择返回跑道。使用标准转弯率（3°/s），转过180°需要1分钟。保持65节的下滑速度，转弯半径为2,100英尺。完成转弯过程后，飞机将位于跑道一侧4,200英尺处。要将机头对准跑道，飞行员必须再转过45°。此时，飞机总共转过了225°，转弯时间等于以标准转弯率飞行了75秒，再加4秒的反应时间。如果飞机保持1,000英尺/分的下降率，飞机会下降1,316英尺，这样飞机将位于跑道平面以下1,016英尺。

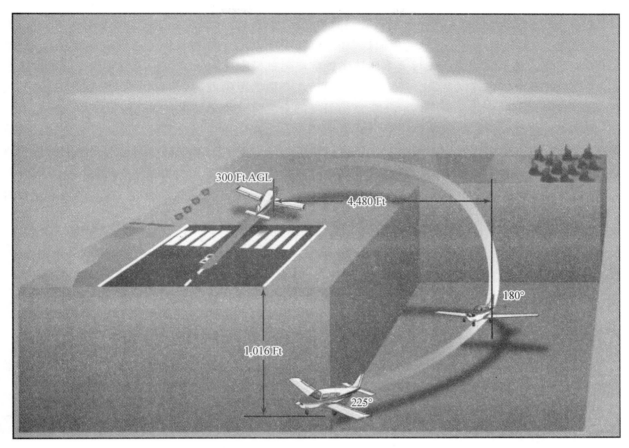

图 15.5　发动机失效后返回跑道

15.6　紧急下降

　　紧急下降是在紧急着陆时需要迅速下降飞机高度而采取的一种机动飞行（图 15.6）。当飞机出现无法控制的火情、突然的座舱释压等需要飞机立刻快速下降高度的状况时，也需要采用这种机动飞行。进行这种机动飞行的目的在于，在飞机结构载荷极限范围内，使飞机尽快下降高度。模拟紧急下降应在转弯中完成，这样可以检查飞机下方有没有其他航空器，并且可以在四周寻找一个可用的迫降区域。下降前需要用无线电告知空中的其他航空器。当开始下降时，需要建立 30°～45° 的转弯坡度以确保飞机上的载荷因素为正值。

　　紧急下降时应当根据飞机制造厂商推荐的实施程序，包括飞机构型和空速。除非制造商禁止使用，应当将功率减至慢车位，并将变距杆（如

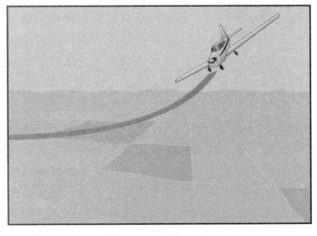

图 15.6　紧急下降

飞机安装）推至小桨叶角位（或转速高位）。这样螺旋桨就可以起到增加阻力的作用，避免在下降过程中空速过大。襟翼和起落架应该放至厂商推荐的位置。这样可在下降过程中为飞机提供最大阻力，使飞机尽快下降，且不会超速。飞行员不能让飞机空速超过极限速度（V_{NE}）、起落架放下的最大速度（V_{LE}）或放襟翼最大速度（V_{FE}），应当让空速保持在合适的范围内。如果发生发动机起火，飞机快速下降会起到灭火的作用，但是同时飞机结构强度的余度将减小。如果是在颠簸气流中飞行，飞行员必须将飞机速度保持在机动速度（V_A）限制范围内。下降中应当结合实际情况，以最大允许空速下降。这样，飞机的阻力会不断增大，飞机可以快速下降。紧急下降应该在一定的高度上就开始改出，确保飞机能够安全地返回平飞状态或可以进行警戒着陆。

在实际训练中，当建立了稳定下降后应当终止继续下降。对于活塞式发动机，应当尽量避免长时间的紧急下降，防止发动机气缸温度过冷。

15.7 飞行中起火

飞行中起火需要飞行员作出迅速而准确的判断，飞行员必须熟悉特定飞机飞行手册中处理这种紧急情况的程序。手册中将飞行中起火总结为三种情况：发动机起火、电气系统起火和座舱起火。

15.7.1 发动机起火

飞行中发动机起火通常是因为出现了飞机故障，使得易燃物质如燃料、滑油或液压油和发动机炽热的表面接触引起的。这可能是由于发动机自身的机械故障、由发动机带动的附件、进气或排气系统的缺陷或老化的电线引起的。飞机维护不当也可能造成发动机起火，如线路和/或配件安装/固定不当导致燃油泄漏等。

从飞机引擎区域发出的烟雾或火焰可以被视为发动机起火。如果飞行员看不到烟雾或火焰，飞机引擎罩表面变色、起泡或熔化也表示发动机已经起火。在飞行中当飞行员意识到起火时，火情可能已经发展得很严重了。除非飞机制造商在飞机飞行手册/飞行员操作手册中给出了其他操作方法，否则在发现火情时第一步需要做的是将混合比杆拉至慢车关断位，同时将燃油选择器活门置于关断位，停止对发动机供油。为了将残留在输油管路中和发动机与燃油开关阀门之间的燃油用尽，应当将点火电门继续保持在"开"位。以上操作可使发动机燃油耗尽从而使火熄灭。如果火被扑灭，不能重新启动发动机。

由汽油引起的起火会发出明亮的橙色火焰。如果发动机只是发出浓黑色的烟雾，则表明起火可能是由滑油引起的。飞行员应该通过使螺旋桨顺桨或其他方法停止螺旋桨旋转。恒速螺旋桨飞机可以将变距杆置于最小转速位，并抬起机头减小飞机空速从而使螺旋桨停转。采用此方法会使由发动机带动的滑油泵（或液压传动装置）停止抽送导致起火的易燃滑油。

有些轻型飞机的检查单需要飞行员在起火后关闭电气系统的主电门。但是，飞行员应当考虑到，除非火情是由电引起的，或飞机即将坠毁，否则不应当断开电气系统开关。因为关闭电气系统将无法使用无线电台发送遇险信号，空中交通管制员（ATC）也不能接收应答机信号。

如果单发飞机的发动机失效，飞行员只能立刻迫降。双发飞机的飞行员还可以选择继续飞往最近的机场。但是，飞行员必须考虑到火情可能使机翼严重受损，从而导致结构损坏。即便是一簇细小的强烈火苗都可能引起严重的结构损坏。有些情况下，火苗可能继续在机翼下（或单发飞机的飞机引擎罩）继续燃烧，而飞行员无法看到。当气流和空速发生变化时，看起来已经熄灭的火还可能重新燃烧起来。

飞行员必须熟悉飞机紧急下降程序，并且应将下列事项牢记于心：

- 飞机结构可能严重损坏，飞行员随时都有可能失去对飞机的控制。
- 飞机可能继续着火并引起爆炸。
- 机上人员的安全最重要。

15.7.2　电气系统起火

通常情况下，电气系统起火的最初征兆是闻到绝缘体燃烧的味道。一旦发现电气系统起火，飞行员应当检查电路断路器、仪表、电子设备和照明设备，以确定出现故障的电路。如果不容易确定出现故障的电路，且飞行条件允许，飞行员应当切断起火的源头——关闭电气系统蓄电池主电门和交流发电机/发电机的电门。注意，已经着火的物品会继续燃烧。

如果飞行中必须用电，可以通过下列步骤识别并确定出现故障的电路：

（1）将总电门关闭；

（2）将所有分系统的电门关闭；

（3）重新接通主电门；

（4）逐个接通电气系统电门，接通各个电门之间应有时间间隔，利用此时间间隔检查是否有异味、烟雾或火花，从而确定发生故障的电路。

但是，这种方法会重新导致起火。最谨慎的做法是尽快着陆。

15.7.3　座舱起火

座舱起火的原因通常有以下三种：① 飞行员和/或乘客在飞机上吸烟；② 电气系统故障；③ 供热系统故障。座舱一旦起火，飞行员必须立刻采取以下两个措施：灭火和尽快安全着陆。座舱内起火或冒烟后，应该立即确定并关闭出现故障的系统从而控制火情。大多数情况下，可以打开座舱通风口排出烟雾，但是只有在用灭火器（如果飞机配备）灭火后，才能这样做。紧接着就可以打开座舱空调，清除座舱内的烟雾和烟味。如果打开座舱通风口后，烟雾浓度增加，则应当立刻关闭通风口。这表明可能是供热系统、前行李舱（如果装有行李）起火，或是气流会助长火势。

在装有增压系统的飞机上，增压空气系统可以将烟雾从座舱排除；但是，如果烟雾浓度增大，氧气够机上所有人员使用，可以选择在此高度上释压，也可以执行紧急下降程序。

对于没有装备增压系统的单发飞机和轻型的双发飞机，飞行员可以通过打开迎风窗口以驱散座舱内的烟雾。如果火势变得更加严重，则需要立刻关闭这些窗口。如果烟雾很重，乘客和机组人员应当戴上氧气面罩，同时飞行员应当立刻开始下降高度。飞行员还应清楚，在一些飞机上，放下起落架和/或襟翼都会使座舱内的烟尘状况恶化。

15.8　飞行操纵机构故障/失效

15.8.1　襟翼全部失效

如果襟翼无法放下，就只能做不放襟翼的进近和着陆。对于轻型飞机，不放襟翼的进近和着陆并不是特别困难或非常危险。但是，在实施此机动飞行时也必须考虑一些影响因素：不放襟翼着陆需要的跑道长度比正常情况下长很多，增加的长度甚至可达正常着陆距离的 50%。

在起落航线上飞行时，与放襟翼相比，襟翼收起时飞机必须以抬头的姿态飞行以保持高度。同时，如果没有襟翼提供的阻力，下降高度将变得相对困难。为了避免飞机采用俯冲的方法下降高度并引起飞机空速过大，需要增大起落航线的长度和宽度。

在五边上，机头上仰会使观察跑道困难。如果飞行员对这种情况没有预先准备，在判断高度和距离时可能出现严重偏差。以机头相对上仰的姿态接近跑道时，飞行员会有飞机接近失速的感觉。这会使飞行员突然前推驾驶杆，造成前轮先接地的危险。

着陆时无襟翼和无功率状态会降低飞机在横轴和纵轴方向上的稳定性。不使用襟翼拉平时，飞机更容易平飘。飞行员应当避免强迫飞机以高速接地，同时也不要拉平过高，因为无襟翼时拉平过高可能导致机尾擦地。

15.8.2　不对称襟翼

不对称襟翼是指一侧襟翼放下或收起而另一侧保持原位的情况。当收放襟翼时，如果飞机有向襟翼偏转较少一侧明显滚转的趋势，则表示出现了不对称襟翼情况。

发生不对称襟翼时可以通过压反盘来停止飞机的滚转。而放下的襟翼产生的额外阻力会引起飞机偏转，需要飞行员蹬反舵。为了保持机翼水平，几乎需要使用全副翼，特别是进近和着陆小空速时。因此，飞行员不能尝试在襟翼下偏一侧的侧风条件下着陆，因为可能无法继续控制飞机滚转来消除侧风的影响。

飞行员必须清楚，不对称襟翼发生时，两侧机翼的失速速度不同。襟翼未放下一侧机翼会比放下襟翼一侧的机翼更早失速。这种不对称的失速会导致飞行员失去对飞机滚转的控制。如果高度足够高，将会发生螺旋。

不对称襟翼情况下着陆的速度应大于正常情况下的着陆速度。飞行员不能拉平过早，造成不对称失速及失去坡度控制的危险，而应该操纵飞机"飞"到跑道上，使接地时的空速大于襟翼收起的失速速度。

15.8.3　升降舵失控

许多飞机的升降舵都是由两条钢索控制：一条"下行"钢索和一条"上行"钢索。通常，其中一条断开时升降舵不会完全失控。在大多数飞机上，一条钢索失效只会导致俯仰操纵部分失效。"上行"钢索失效时（"下行"升降舵完好且可用），后拉驾驶杆会变得很容易但升降舵不会有反应。不过前推驾驶杆至中立位之前，飞机会低头。相反的，"下行"钢索失效时，前推驾驶杆，飞机将无反应，但仍能通过向后拉杆改变飞机姿态。

当升降舵不能上偏时，飞行员可以通过以下方法保持对俯仰姿态的控制：

- 适当向后打配平。
- 前推驾驶杆使飞机获得并保持需要的姿态。
- 增大向前推杆力使机头下俯，释放推杆力使机头上仰。
- 着陆时通过释放推杆力拉平。

当升降舵不能下偏时，飞行员可以通过以下方法保持对俯仰姿态的控制：

- 适当向前打配平。
- 后拉驾驶杆使飞机获得并保持需要的姿态。
- 释放拉杆力下俯机头，增大拉杆力上仰机头。
- 着陆时通过增大带杆力拉平。

如果在飞行中主操纵面失效，配平装置会变得非常有用。比如，如果飞行中驾驶舱和升降舵之间的钢索断开，升降舵自由偏转，可以使用配平片操纵升降舵偏转，但偏转量有限。低速飞行时，配平片的效率比正常时的操纵装置低，但对控制飞机会产生积极的影响——通常能够保证飞机安全着陆。

如果升降舵卡住，飞行员会完全丧失对升降舵的控制，通过调整功率大小和襟翼偏转量也只能有限地控制飞机姿态。在这种情况下，成功着陆将会比较困难。

15.9 起落架故障

飞行员按照 AFM/POH 中推荐的常规或备用方法操纵放下起落架时，其中一个或多个起落架没有反应，表明起落架发生故障。有几种方法可以应急放下起落架，一种是让飞机俯冲（仅限于在稳定大气中），当速度增加到 V_{NE} 时（空速表上的红色指标，）再突然拉升（安全操纵范围内）。对于正常类飞机，这种操作会使飞机结构载荷达 3.8G，起落架将会比其本身重量重 3.8 倍，在某些情况下起落架有可能放下并锁好。这种方法要求飞行员具有良好的飞机感觉和操纵感。使用此方法时，飞行员必须避免超过飞机的设计过载极限，同时在注意力大部分都集中在如何解决放下起落架的情况下，还要避免加速失速以及失去对飞机的控制。

另一种很有效的方法是迅速偏转。当飞机速度稳定为机动速度（V_A）或略小时，大力快速来回蹬舵，这样飞机产生的偏转运动有可能使起落架放下。

如果所有的方法都试过，起落架仍然无法放下，因此不得不采用起落架收上着陆，飞行员应当选择有救生设施的机场着陆，并且应当立刻请求地面准备紧急救援。

选择着陆地点时，飞行员应当考虑到，平坦、坚硬的道面比粗糙、荒废的草地对飞机的损伤更小。但是，在坚硬的道面着陆时会擦出火星，引燃燃油。如果机场有软化道面的设备，飞行员可以要求跑道上放上泡沫材料。飞行员应当在空中将燃油耗尽，这样会减小着陆速度，而着火的可能性也会变小。

如果仅有一侧的主起落架故障，飞行员应尽可能多地消耗故障侧油箱中的燃油，从而减少故障一侧的机翼重量。机翼重量降低，能够使该侧没有支撑的机翼在着陆滑跑时擦地的时刻延后。飞机速度越小，擦地时的损伤越小。

如果仅有一个起落架无法放下，飞行员可以选择利用其余可用的起落架着陆，或者收起所有的起落架着陆。只用一个主起落架着陆通常会导致飞机在接地后向失效的起落架一侧强烈偏转。如果着陆跑道非常狭窄，或跑道边缘有沟渠和障碍物，飞机接地后飞行员要最大限度地保持对方向的控制。这种情况下，将三个起落架收起进行着陆可能更安全。

如果飞行员选择在主起落架一侧收起（另一主起落架和前起落架放下并锁好）的情况下着陆，着陆时应保持飞机机头上仰、机翼水平的姿态。在跑道上减速的过程中，飞行员应当尽量压盘延迟未放下起落架一侧的机翼接地的时间（图 15.7）。一旦机翼与地面接触，飞机会向该方向极度偏转。飞行员必须准备好向反方向蹬满舵，并且用力踩刹车以保持对飞机的方向控制。

图 15.7 一个主起落架收起时着陆

当飞机收起前轮着陆时（主起落架放下并锁好），飞行员应一直带杆保持机头离地，直到升降舵满偏（图 15.8），然后再逐步释放拉杆力使机头慢慢回到道面。升降舵满偏时，随着空速的降低，机头会突然落向地面，这可能导致飞机在跑道上撞出大洞。着陆滑跑期间，除非为了避免与障碍物相撞一定需要刹车，其余时候都不应该踩刹车。

图 15.8 前轮收起时着陆

如果必须在只放前起落架的条件下着陆，接地时应当保持机头上仰姿态，使机身后部先接地。这种方法有助于避免跳跃或"独轮手推车"。飞行员应使前轮逐渐下落接地，并根据需要使用前轮转弯机构控制飞机方向。

15.10　系统故障

15.10.1　供电系统故障

供电功率减小会使许多重要的系统失效，即便是在昼间或目视飞行条件下，也不能轻易减小供电功率。飞行中大部分供电系统失效的情况都是由于发电机故障引起的。一旦发电机失效，一般轻型飞机上的电源就只有蓄电池。如果在仅有一个发电系统的飞机上，警告灯或电流表显示发电机或交流发动机可能发生故障，那么飞行员可以用蓄电池进行飞行的时间非常有限。

飞机上蓄电池的额定功率指示出了它还可以持续供电的时间。蓄电池的载荷越大，供电时间越短。一个 25 安培小时的蓄电池供应 5 安培的负载可以工作 5 小时；但是如果负载增大到 10 安培，可能只能工作 2 小时；若负载为 40 安培，蓄电池充分放电，只能工作 10 或 15 分钟。供电系统失效时，可继续飞行时间的长短主要取决于蓄电池的情况。如果蓄电池已经用了几年，因为其内阻增大，它的功率会损失很大一部分。如果没有及时发现系统失效，当发现系统失效的时候，大部分储藏的电能可能已经被用光了。因此，在发电机失效时，飞行员有必要立刻关掉不必要的负载（图 15.9），计划在最近的合适机场着陆。

轻型单发飞机的负载	负载个数	电流总大小
A. 持续性负载		
全压管加温	1	3.30
翼尖灯	4	3.00
点火嘴加热	1	1~20
** 导航接收设备	1~4	每个 1~2
** 通信接收设备	1~2	每个 1~2
燃油指示器	1	0.40
仪表灯（头上的）	2	0.60
发动机仪表	1	0.30
罗盘灯	1	0.20
起落架位置指示器	1	0.17
襟翼指示器	1	0.17
B. 间歇性负载		
启动机	1	100.00
着陆灯	2	17.80
热风吹送器马达	1	14.00
襟翼马达	1	13.00
起落架马达	1	10.00
点烟器	1	7.50
无线电收发机（键控的）	1	5~7
燃油增压泵	1	2.00
襟翼罩马达	1	1.00
失速警告器	1	1.50

** 无线电装置不同，电流也不同。一般来说，型号越新，所需电流越小。

注意：仪表板和指示灯所需电流一般小于 1 安倍。

图 15.9 轻型单发飞机的电载荷

发电机系统发生故障后，"应急"负载的构成情况是不固定的，因为实际情况总会不同。比如，飞行规则是 VFR 还是 IFR，白天飞行还是夜间飞行，云中飞行还是能见条件下飞行。此外，离最近适用于着陆的机场的距离也是一个影响因素。

飞行员应当记住，当蓄电池仅剩余部分电能时，由电能（或可选用电）驱动的起落架和襟翼是不能正常工作的。控制起落架和襟翼偏转的马达功率比其他大部分用电装置都大。选择用蓄电池的剩余功率来驱动这些马达可能导致电源功率立刻全部丧失。

如果飞行员在飞行中遇到了电源功率全部丧失的情况，应当采取下列步骤：

• 保留必需的电气设备，关闭其余装置。

• 对于小飞机而言，丧失供电都很危险，飞行员应当立刻向 ATC 报告危险情况，请求雷达引导至最近的适宜降落的机场着陆。

• 如果起落架或襟翼是电动操纵的，最好提前做好着陆计划，做好无襟翼着陆和手动应急放起落架的准备。

15.10.2　全静压系统故障

全静压系统是空速表、升降速度表和高度表工作的压力源。其主要组成部件是全压膜盒和全压管、静压膜盒和静压管。每个部件都可能部分或全部被堵塞，如冰、灰尘和/或其他一些外界物质。全静压系统被堵塞会影响仪表正确指示（图 15.10）。

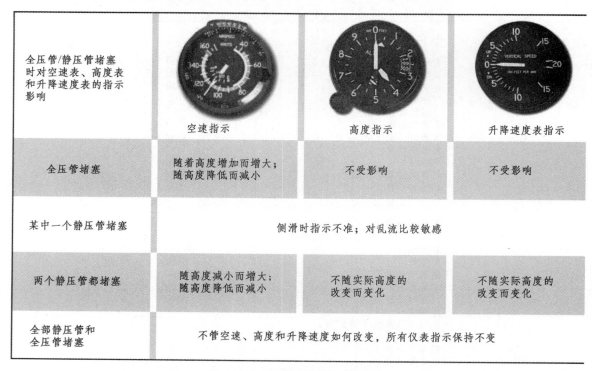

全压管/静压管堵塞时对空速表、高度表和升降速度表的指示影响	空速指示	高度指示	升降速度表指示
全压管堵塞	随着高度增加而增大；随高度降低而减小	不受影响	不受影响
某中一个静压管堵塞	侧滑时指示不准；对乱流比较敏感		
两个静压管都堵塞	随高度减小而增大；随高度降低而减小	不随实际高度的改变而变化	不随实际高度的改变而变化
全部静压管和全压管堵塞	不管空速、高度和升降速度如何改变，所有仪表指示保持不变		

图 15.10　全静压源堵塞的结果

局部全静压系统的堵塞是很难察觉的，直到飞行中出现了很危险的现象才可能被发现。在起飞、爬升和保持水平气压高度巡航期间，高度表、空速表和升降速度表可能都工作正常。而当飞机下降时，才可能发现全静压系统故障。

飞机下降时，如果静压参考系统严重堵塞，但是没有全部堵塞，仪表利用的静压变化会滞后于外界实际静压变化。飞机下降过程中，由于堵塞减缓了气流从静压孔流向高度表，高度表的指示高度会大于真实的高度。由于参考压力和外界空气压力的变化率不同，升降速度表的指示表明高度表的变化率。由于动压变高也可能是静压变低，空速表指示可能大于实际空速。对于飞行员来说，仪表指示飞机的高度比实际高度高、空速比实际更大且下降率比预期要小。

如果飞行员改平飞机后接着开始爬升，高度表指示可能仍会延迟，升降速度表的指示小于真实的爬升速度，但是，指示空速表会指示空速快速减小。最小的上仰姿态可能导致空速表的指针指示在失速速度附近。

处理静态系统故障，需要飞行员清楚地了解飞机的全静压系统。如果察觉到了系统故障，飞行员应当在爬升或下降过程中打开备用静压源以确认原来的系统是否真的发生故障。如果采取这种措施后，仪表指针偏转量较大，说明静压系统存在问题，在之后的飞行过程中应当使用备用静压系统。

15.11　发动机仪表指示异常

发动机仪表指示异常时需要采取的措施请参考相应飞机的飞机飞行手册/飞行员操作手册。表15.1为飞行中常见的发动机仪表指示异常的可能原因及需要采取的措施。

表 15.1　常见的发动机仪表指示异常

故　　障	可能原因	修正措施
巡航时转速降低 （非高度发动机）	汽化器或进气道结冰或空气过滤器阻塞	打开汽化器加温。如果可能由于空气过滤器变脏导致空气没被过滤，将选择器调至不过滤位
巡航时进气压力降低	同上 涡轮增压器故障	同上 可能尾气泄漏，关闭发动机或使用最低可用功率。尽快着陆
巡航时进气压力增高	油门控制失效，变距杆移动使转速降低，或减小功率方法不当	重新调节油门和拧紧制动锁 先减小进气压力，再减小转速
滑油温度过高	滑油在冷却器内凝固 发动机冷却不当 发动机爆震或提前点火 即将发生发动机内部故障 滑油冷却调温装置操纵不当	减小功率。着陆。预热发动机 减小功率，增大空速 检查气缸头温度是否过高。减小进气压力增大油气比 尽快着陆或顺桨停止发动机工作 尽快着陆。请机务人员鉴定故障
滑油温度过低	暖机时发动机温度没有达到运行温度	按规定进行发动机暖机
滑油压力过高	滑油温度低 可能内部阻塞	同上 减小功率，尽快着陆
滑油压力过低	释压活门故障 滑油油量不足 轴承烧坏	尽快着陆或顺桨停止发动机工作 同上 同上
滑油压力起伏不定	滑油供给不足，油管不满，释压活门工作不正常	同上
气缸头温度过高	鱼鳞板使用不当 冷却空气的速度不足 混合比调节不当 爆震或提前点火	调节鱼鳞板 增大空速 调节混合比 减小功率，增大混合比，增大冷却气流量
气缸头温度过低	鱼鳞板打开过多 混合比过富油 下滑时间过长	调节鱼鳞板 调节混合比杆 避免长时间下降，清洁发动机保持温度在正常范围内
电流表指示放电	交流发电机或电动机故障	关闭非必需的电负载。尽快着陆
过载表指零	同上	同上
抖动或超转	螺旋桨故障 发动机故障 螺旋桨调速器故障 转速表故障 混合比设置不当	调节变距杆 咨询机务人员 调节变距杆。尝试恢复正常操作 咨询机务人员 重新调节混合比
进气压力和转速不变而空速降低	一个或多个气缸不工作	尽快着陆
发动机运转不畅	混合比杆设置不当 点火或节气门故障 爆震或点火过早 进气口漏气 燃油喷嘴堵塞 燃油压力或燃油量过大	调节油气比 咨询机务人员 减小功率，增大混合比，打开鱼鳞板以减小气缸头温度。根据实际情况尽快着陆 减小功率，咨询机务人员 同上 收混合比杆
烧油压下降	燃油泵故障 燃油耗尽	打开电动增压泵 转换油箱，打开电动增压泵

15.12　飞行中舱门意外开启

大多数情况下，无意中舱门打开不会危及飞行安全，但如果飞行员过分关注，反而会造成危险。飞行中，舱门打开通常会伴随着较大的声响，声音会持续不断并且飞机可能振动。尽管此时从舱门进入的气流的破坏性很小，但如果飞行员将注意力从控制飞机上转移到打开的舱门上，可能造成对飞机控制的丢失。

在起飞或者飞行过程中，如果出现了舱门无意间打开的情况，飞行员应当遵从以下几点进行处理：

- 将注意力集中在驾驶飞机飞行上。特别是对于轻型的单发和双发飞机，飞行中，座舱舱门很少会打开，如果出现，可能影响飞机的性能，比如使飞机产生滚转和/或偏航，但是大多数情况下飞行员都能克服这些不利影响。

- 如果飞机在离地过程中舱门打开，不要立刻飞回地面。应该以标准的飞行姿态爬升到标准高度，然后按照标准的起落航线正常着陆。

- 在试着接近舱门时，不要松开安全带和肩带，就让舱门开着。根据实际情况尽快着陆，并且在安全到达地面后关上舱门。

- 记住，大部分的舱门不会一直敞开着。它们通常会猛地打开，然后又慢慢闭合一部分。朝门的方向侧滑会使门开得更大，而向相反的方向侧滑可能关上舱门。

- 不要惊慌。试着忽略门打开产生的噪声和振动。飞行员想迅速着陆的心态可能造成在低高度转弯时坡度过大。

- 完成着陆检查单上的所有项目。

- 飞行事故大部分都不是由舱门打开本身造成的，而是由飞行员分心或是无法继续操纵飞机引起的。

15.13　目视飞行时无意进入仪表气象条件

15.13.1　概　述

本手册内容不包括基本姿态仪表飞行的训练课程，相关的信息可以查阅仪表飞行手册。飞行员要获取仪表执照及相应等级，必须进行仪表飞行训练并且通过仪表实践考试标准。飞行员或者飞行教员应该根据这些标准来完成训练。飞行员应该谨记：除非对这些科目进行持续地训练，不然的话，飞行员的技能会很快退步。在较短时间内，飞行员往往会过度自信，对自己的评估超过自己实际的能力。

事故分析表明，那些没有受过仪表飞行训练，或仪表飞行技术已经退化的飞行员，在被迫只能依靠仪表进行飞行的情况下，在10分钟内就会失去对飞机的控制。本节的目的是，当飞机在目视飞行过程中无意进入仪表气象条件时，为VFR飞行员提供一些实际的应急方法，以便他们仍然能够控制飞机。其主要目的不是讲述精确的仪表飞行，而是帮助VFR飞行员在重新获得适当的目视参考之前，保持对飞机的操纵。

VFR飞行员在仪表气象飞行条件（IMC）下飞行时，为保证安全，首先应该做的是：

- 识别所遇到情况的严重性并且立即采取相应的补救措施。

- 继续保持对飞机的控制。

- 努力获取安全着陆的相应援助。

15.13.2　识　别

处于 IMC 条件下飞行的 VFR 飞行员，无论飞行环境或天气如何，在任何时候都不可能通过参考自然天地线保持对飞机的姿态控制。此外，VFR 飞行员在有意或无意进入 IMC 飞行条件后视觉会变得模糊，无法通过参考地面地标导航或建立飞机地理位置感觉。飞行员必须认为此情况为紧急情况，并需要采取相应措施。

飞行员必须明白，除非已经接受过仪表飞行训练并且具有仪表飞行资格，否则不能够仅仅参考仪表来持续操纵飞机。由于飞行员对自己参考飞行仪表操纵飞机的能力过度自信，长时间参考姿态仪进行 VFR 飞行时，飞行员会对飞行安全产生错觉。因为在 VFR 条件下，即使飞行员认为他是参考仪表控制飞机的，但还是能够看到天地线，并下意识地依靠天地线而不是飞机仪表来确定飞机姿态。如果天地线突然消失，未经训练的飞行员会感到眩晕，产生空间失定向，必然会失去对飞机的控制。

15.13.3　保持对飞机的控制

一旦飞行员意识到并且接受了所面临的情况，安全控制飞机的唯一方法是，使用并且信任飞行仪表提供的信息。如果飞行员只是部分参考飞行仪表，同时还向座舱外扫视，企图找到目视参考以验证飞行仪表提供的信息是否准确，将无法对飞机进行有效控制。这会引起空间定向障碍，同时还可能对飞机完全失去控制。

需要强调的一点是，飞行员绝不能慌乱。因为此时的飞行环境给飞行员的压力特别大，同时还可能伴随极大的忧虑，但是飞行员必须有意识放松自己。

飞行员必须明白，此时最需要关注，也是唯一需要关注的问题是：保持机翼水平。进入失控状态下的转弯通常会导致飞行员很难获得需要的飞行状态。良好的坡度控制会使俯仰控制变得更为容易。

应当记住，握杆太紧将不能感觉到操纵力。放松并学着用眼睛和大脑而不是肌肉去"控制"飞机。

无论感官感受到的姿态如何，飞行员必须相信飞行仪表指示的飞机姿态。前庭知觉（内耳感受到的运动）会使飞行员对飞机姿态产生错觉。由于惯性，内耳的感应区无法察觉到飞机姿态的微小变化，也不能准确地感受到一段时间内以固定速率改变的飞机姿态变化。另一方面，飞行员也常常会产生错觉，在飞机姿态没变的情况下感觉飞机姿态发生了改变。这些错觉都会导致飞行员产生空间失定向。

15.13.4　姿态控制

每架飞机都具有稳定性，只要正确配平，除了遇到颠簸，飞机基本上都能够保持直线平飞。飞机能够保持横轴、纵轴和立轴稳定性。但是，飞行员必须明白，其中一个轴的位置发生变化会影响另外两个轴的稳定性。典型的轻型飞机的立轴稳定性最好，横轴稳定性略差，而纵轴稳定性最差。因而，应急情况下控制飞机姿态的关键是：

- 配平飞机升降舵。这样飞机就不需要操纵并以巡航速度保持平飞。
- 防止对飞机操纵过量。柔和控制飞机姿态，除非必要，不要轻易改变飞机姿态。
- 要柔和、少量操纵飞机。姿态仪上姿态的微小改变所对应的飞机实际姿态变化很大。
- 在控制姿态时，使用任何可用的辅助设备，如自动驾驶仪或副翼配平。

用于控制姿态的主仪表是姿态仪（图 15.11），配平后将不需要对飞机进行操作，它会以巡航速度保持平飞，直到飞机必须减速着陆时，才需要改变。所有的转弯、爬升和下降都必须在巡航速度下进行。柔和操纵驾驶盘使机翼水平，保持飞机直线飞行。所有的俯仰姿态改变，都不能使姿态仪上的指示超过一格。

图 15.11　姿态仪

15.13.5　转　弯

对于没有经过仪表飞行训练的飞行员来说，转弯可能是最具潜在危险的机动飞行，原因有以下两方面：

● 通常飞行员都会操纵过量，导致转弯坡度过大，有可能造成"墓地盘旋"。

● 飞行员不能处置转弯带来的不稳定。

当必须进行转弯时，飞行员必须预先判断并处置纵轴的相对不稳定。转弯时应当使用最小可用的转弯坡度——任何情况下都不能大于 10°（图 15.12）。以较小坡度转弯对机翼上的升力影响很小，不会造成很大的高度变化。如果需要大幅度改变航向，较好的方法是每转过一定角度后就改平坡度时间，然后继续转弯。重复上述操作，直到飞机转至要求的角度。这个过程可以防止由于长时间转弯造成坡度过大。

图 15.12　水平转弯

15.13.6　爬　升

如果需要爬升，操作飞机使姿态仪上的小飞机姿态上仰，同时增大功率，但小飞机上仰不能超过一格（图 15.13）。飞行员不要去追求特定的爬升速度，而应保持该姿态下对应的速度。这样做的目的是尽量使飞机接近平飞姿态，对其平衡性的破坏程度最小。如果飞机进行了恰当配平，飞机会根据功率增加量自动获得相应的抬头姿态。扭矩和 P 因素会引起飞机产生向左滚转的趋势，飞行员必须预判这种情况并采取相应的操纵抵消此趋势。如果最初增加的功率不够获得所需的爬升率，应以 100 转/分的转速增量或 1 英尺的进气压力增量逐渐加大功率，直到获得需要的爬升率，不使用最大可用功率。增加的功率越大，飞机向左滚转的趋势越强。

改平飞时，柔和稳杆下俯机头，使姿态仪上的小飞机到平飞位置，当空速增加至巡航速度后减小功率。

图 15.13　水平爬升

15.13.7　下　降

如果飞机配平恰当，能够不施加操纵而保持直线平飞，下降的程序和上面讲述的爬升程序基本相反。如果功率减小，不管多小，空速都会轻微降低。然而，即使速度减小量很小，也会导致机尾载荷减小，飞机机头的重量会使飞机下俯以获得配平时的速度。随后飞机会以与功率减少量成比例的速率下降。应以 100 转/分的转速减少量或 1 英尺的进气压力减少量减小功率，而下降率不能超过 500 fpm。姿态仪上的小飞机机翼应该保持水平，而且姿态改变量不能超过一格（图 15.14）。

图 15.14　水平下降

15.13.8　综合机动飞行

如果一个未经仪表飞行训练的飞行员处于紧急情况时，应当避免进行综合机动飞行，如爬升转弯或下降转弯等。进行综合机动飞行会增大失控的风险。飞行员的目标是：尽量少地偏离直线平飞姿态，尽量保持飞机的稳定性。

当空中交通管制员发布航向或高度指令提供导航帮助时，飞行员可能感觉遇到了紧急情况。这种感觉主要是对管制员指令的安全性的关注。但飞行员不能因此而尝试进行可能引起飞机失控的机动动作。

15.13.9　转为目视飞行

对于接受过训练并具有仪表等级的飞行员，着陆前从仪表飞行转为目视飞行也不是一件容易的事情，对于未经过训练的飞行员则更加困难。

困难集中在对环境变化的适应和空间定向。仪表进近时，受过仪表飞行训练的飞行员必须提前做好转为目视飞行的准备。飞行员必须想象在转为目视飞行时将要看到的情景并迅速适应新环境。在转为目视飞行之前也要进行定位，在转换时通过目视确定飞机与机场或跑道的相对位置，以确保能够参考地面完成进近和着陆。

理想情况下，如果飞机有足够的高度，并且在当前能见度下，飞行员能够快速适应新环境和完成定位，那么他就有充足的时间来完成目视飞行的转换。但是，实际情况并不总是如此。未经仪表飞行训练的飞行员会发现，接近机场时能见度仍然不太好，地形完全不熟悉，而且此时的离地高度不能够进行机场起落航线进近和着陆。此外，飞行员自己施加给自己的安全着陆的心理压力也很大，必须将这些因素考虑在内。可能的话，可以尝试在进近着陆之前花费适当时间进行环境适应和定位，哪怕需要直线平飞一段时间或绕机场盘旋。在夜航时尤其需要采用这种方法。

参考文献

[1] FEDERAL AVIATION ADMINISTRATION. Airplane Flying Handbook, 2004.

[2] 李书文，李宜，余绍焱. 飞行员训练教材. 中国民航飞行学院，1993.

[3] 何永威，白宏秋. 多发飞行手册. 中国民航飞行学院，2006.

[4] PENGLIS G M. The Complete Guide to Flight Instruction. Rainbow Books, 1994.

[5] 王大海，杨俊，余江. 飞行原理. 成都：西南交通大学出版社，2004.